"十三五"普通高等教育系列教材

工程教育创新系列教材

电气控制技术
与综合实践

主　编　焦玉成

副主编　杜逸鸣　杨　洁　黄石红　徐行健

编　写　俞　娟　项桂萍　黄　捷　路　明

　　　　丁　宇　王　平　徐　智

主　审　郁汉琪

微课总码

扫一扫 **重点难点**
轻松掌握

温馨提示：免费购物码见封二。

扫码 ▶ 输入免费
购物码 ▶ 观看
资源

中国电力出版社

CHINA ELECTRIC POWER PRESS

内 容 提 要

本书为"十三五"普通高等教育系列教材，工程教育创新系列教材。

第一篇入门篇，电气控制基础入门。本篇共三章，第一章主要介绍安全用电常识与常用工具的选择及使用；第二章主要介绍用于电力拖动及自动控制系统中常用的一些低压电器以及低压电器元件选择；第三章主要介绍由继电器－接触器实现的常见基本控制电路。

第二篇基础篇，电气控制实现智能控制器控制。本篇共两章，第四章主要介绍可编程控制器的硬件结构、工作原理、逻辑控制指令及简单的算术运算指令、梯形图与顺序控制图的编写；第五章主要介绍 PLC 电气控制系统实例，一是继电器－接触器控制系统的 PLC 改造范例，二是 PLC 控制系统设计范例，包括硬件接线、地址分配、软件编程与调试。

第三篇提高篇，电气控制综合设计。本篇共三章，第六章主要介绍变频器工作原理和结构、分类，并详细说明变频器的操作与应用；第七章主要介绍基于 PLC 与变频器的电气控制综合应用设计与实践；第八章主要介绍由 PLC、变频器控制的电路原理、故障分析与排除。

为辅助教学，本书配套 16 个微课，详细讲解相关电气控制器件的结构、工作原理、动作过程，以及典型电路的控制原理和实际 PLC 控制程序的仿真调试。

本书可作为普通高等院校电气控制技术课程教材，也可作为高职院校学生教材，同时可供相关工程技术人员参考。

图书在版编目（CIP）数据

电气控制技术与综合实践／焦玉成主编 . —北京：中国电力出版社，2018.2（2022.7 重印）
"十三五"普通高等教育规划教材
ISBN 978-7-5198-1532-5

Ⅰ . ①电⋯　Ⅱ . ①焦⋯　Ⅲ . ①电气控制－高等学校－教材　Ⅳ . ① TM921.5

中国版本图书馆 CIP 数据核字（2017）第 324349 号

出版发行：中国电力出版社
地　　址：北京市东城区北京站西街 19 号（邮政编码 100005）
网　　址：http://www.cepp.sgcc.com.cn
责任编辑：雷　锦
责任校对：王小鹏
装帧设计：张　娟
责任印制：吴　迪

印　　刷：北京雁林吉兆印刷有限公司
版　　次：2018 年 2 月第一版
印　　次：2022 年 7 月北京第四次印刷
开　　本：787 毫米 ×1092 毫米　16 开本
印　　张：15.75
字　　数：381 千字
定　　价：45.00 元

序

近年来，计算机、通信、智能控制等前沿技术的日新月异为高等教育的发展注入了新活力，也带来了新挑战。而随着中国工程教育正式加入《华盛顿协议》，高等学校工程教育和人才培养模式开始了新一轮的变革。高校教材，作为教学改革成果和教学经验的结晶，也必须与时俱进、开拓创新，在内容质量和出版质量上有新的突破。

教育部高等学校电气类专业教学指导委员会按照教育部的要求，致力于制定专业规范或教学质量标准，组织师资培训、教学研讨和信息交流等工作，并且重视与出版社合作编著、审核和推荐高水平的电气类专业课程教材，特别是"电机学""电力电子技术""电气工程基础""继电保护""供用电技术"等一系列电气类专业核心课程教材和重要专业课程教材。

因此，2014 年教育部高等学校电气类专业教学指导委员会与中国电力出版社合作，成立了电气类专业工程教育创新课程研究与教材建设委员会，并在多轮委员会讨论后，确定了该套教材的组织、编写和出版工作。这套教材主要适用于以教学为主的工程型院校及应用技术型院校电气类专业的师生，按照工程教育认证和国家质量标准的要求编排内容，参照电网、化工、石油、煤矿、设备制造等一般企业对毕业生素质的实际需求选材，围绕"实、新、精、宽、全"的主旨来编写，力图引起学生学习、探索的兴趣，帮助其建立起完整的工程理论体系，引导其使用工程理念思考，培养其解决复杂工程问题的能力。

优秀的专业教材是培养高质量人才的基本保证之一。此次教材的尝试是大胆和富有创造力的，参与讨论、编写和审阅的专家和老师们均贡献出了自己的聪明才智和经验知识，引入了"互联网＋"时代的数字化出版新技术，也希望最终的呈现效果能令大家耳目一新，实现宜教易学。

胡敏强

教育部高等学校电气类专业教学指导委员会主任委员

2018 年 1 月于南京师范大学

前 言

本书根据高等工程教育人才培养的目标而编写，旨在促进工程教育的改革，培养创新型工程技术人才。

本书从实际应用的角度出发，特别强调学生工程实践能力和创新精神的培养。本书详细介绍了电气控制基础知识和应用技术，以三菱可编程控制器（PLC）工作原理在实践中的应用为基础，通过大量范例进行深入浅出的讲解，内容全面、语言简捷、通俗易懂，易入门、易上手、易操作、适应性强、使用方便。同时，本书还结合了维修电工技师和高级技师的培训和技能考核内容，可通过动手实践逐步提高实践技能。通过本书的学习，读者可以从易到难，循序渐进，更好地掌握三菱可编程控制器在各个生产领域中的应用。

本书由三江学院焦玉成任主编，并编写第 1、3、4 章部分内容；三江学院杜逸鸣编写第 2、3、4、7 章部分内容，东南大学黄石红和三菱电机上海有限公司徐行健编写第 5 章；南京正德职业技术学院杨洁编写第 1、6 章部分内容；南京技师学院项桂萍编写第 8 章；三江学院俞娟参与了第 6 章部分内容的编写；江苏城市职业技术学院王平参与第 1、2 章部分内容的编写；南京浩德公司丁宇编写第 7 章部分内容。

本书由南京工程学院郁汉琪教授主审，提出了很多建设性意见，在此致以衷心的感谢。

本书在编写过程中，参考了一些书刊内容，并引用了其中的一些资料，难以一一列举，在此一并向有关作者表示衷心的感谢。

限于编者水平，加之时间仓促，书中难免出现不妥与错误之处，恳请广大读者批评指正。

编 者

2017 年 12 月

目　录

提 高 篇

微课目录

微课总码

扫一扫　**重点难点**
　　　　轻松掌握

———————— 温馨提示：免费购物码见封二。

扫 码　➡　输入免费
购物码　➡　观看
资源

入门篇

第1章　安全用电与电工工艺

本章主要介绍安全用电常识与常用工具的选择及使用。

1.1　有关人体触电的知识

1.1.1　触电的种类和方式

1. 人体触电的种类

人体触电分电击和电伤两类。

（1）电击。电击是指电流通过人体时所造成的内伤。它可使肌肉抽搐、内部组织损伤，造成发热、发麻、神经麻痹等。严重时将引起昏迷、窒息甚至心脏停止跳动、血液循环中止而死亡。通常说的触电，多是指电击。触电死亡中绝大部分系电击造成。

（2）电伤。电伤是在电流的热效应、化学效应、机械效应以及电流本身作用下造成的人体外伤。常见的有灼伤、烙伤和皮肤金属化等现象。

1）灼伤是由电流的热效应引起，主要是指电弧灼伤，造成皮肤红肿、烧焦或皮下组织损伤；

2）烙伤亦是由电流的热效应引起，是指皮肤被电气发热部分烫伤或由于人体与带电体紧密接触而留下肿块、硬块，使皮肤变色等；

3）皮肤金属化是指由电流热效应和化学效应导致熔化的金属微粒渗入皮肤表层，使受伤部位皮肤带金属颜色且留下硬块。

2. 人体触电的方式

（1）单相触电。这是常见的触电方式。人体的一部分接触带电体的同时，另一部分又与大地或中性线（零线）相接，电流从带电体流经人体到大地（或中性线）形成回路，这种触电称为单相触电，如图 1-1 所示。在接触电气线路（或设备）时，若不采用防护措施，一旦电气线路或设备绝缘损坏漏电，将引起间接的单相触电。若站在地上，误接触带电体的裸露金属部分，将造成直接的单相触电。

（2）两相触电。人体的不同部位同时接触两相电源带电体而引起的触电称为两相触电，如图 1-1 所示。对于这种情况，无论电网中性点是否接地，人体所承受的线电压将比单相触电时高，危险性更大。

（3）跨步电压触电。雷电流入地时或载流电力线（特别是高压线）断落触地时，会在导线接地点及周围形成强电场。其电位分布以接地点为圆心向周围扩散，逐步降低而在不同位置形成电位差（电压）；人、畜跨进这个区域，两脚之间将存在电压，

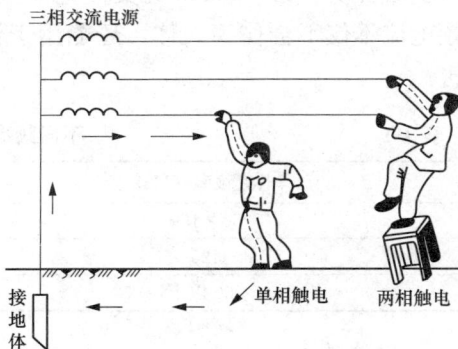

图 1-1　单相触电和两相触电

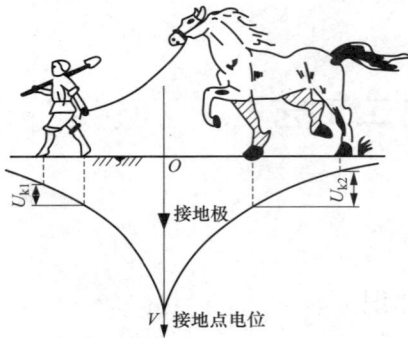

图1-2　跨步电压触电

该电压称为跨步电压。在这种电压作用下，电流从接触高电位的脚流进，从接触低电位的脚流出，这就导致跨步电压触电，如图1-2所示。图中坐标原点表示带电体接地点，横坐标表示位置，纵坐标负方向表示电位分布，U_{k1}为人两脚间的跨步电压，U_{k2}为马两脚之间的跨步电压。

（4）悬浮电路上的触电。220V工频电压通过变压器相互隔离的一次侧、二次侧绕组后，从二次侧输出的电压中性线不接地，变压器绕组间不漏电时，即相对于大地处于悬浮状态。若人站在地上接触其中一根带电导线，不会构成电流回路，没有触电感觉。如果人体一部分接触二次侧绕组的一根导线，另一部分接触该绕组的另一根导线，则会造成触电。例如电子管收音机、电子管扩音机、部分彩色电视机，它们的金属底板是悬浮电路的公共接地点，在接触或检修这类电器的电路时，如果一只手接触电路的高电位点，另一只手接触低电位点，即用人体将电路连通而造成触电，便是悬浮电路触电。在检修这类电器时，一般要求单手操作，特别是电位比较高时更应如此。

1.1.2　影响电流伤害人体的因素

1. 电流的大小

人体对电流的反应非常敏感，触电时电流对人体的伤害程度与电流的大小有关。

触电时，流过人体的电流是造成损伤的直接因素。人们通过大量实验，证明流过人体的电流越大，对人体的损伤越严重。

2. 电压的高低

人体接触的电压越高，流过人体的电流就越大，对人体的伤害也就越严重。但在触电案例的分析统计中，70%以上的死亡者是在对地电压为250V低压下触电的。如以触电者人体电阻为1kΩ计，在220V电压作用下，通过人体的电流是220mA，能迅速使人致死。对地250V以上的高压，危险性更大，但由于人们接触少，且对它警惕性较高，所以触高压电死亡案例约在30%以下。

3. 频率的高低

实践证明，40～60Hz的交流电对人最危险，随着频率的增高，触电危险程度将下降，高频电流不仅不会伤害人体，还能用于治疗疾病。表1-1表明不同频率电流对人体的不同伤害。

表1-1　　　　　　　　　　　不同频率的电流对人体的伤害

电流频率（Hz）	对人体的伤害
50～100	有45%的死亡率
125	有25%的死亡率
200以上	基本上消除了触电的危险

4. 时间的长短

技术上，常用触电电流与触电持续时间的乘积（称为电击能量）来衡量电流对人体的伤害程度。触电电流越大，触电时间越长，则电击能量越大，对人体的伤害越严重。若电击能量超过 150mA·s，触电者就有生命危险。

5. 电流通过的路径

电流通过头部可使人昏迷，通过脊髓可能导致肢体瘫痪，通过心脏可造成心跳停止、血液循环中断，通过呼吸系统会造成窒息。可见，电流通过心脏时，最容易导致死亡。

表 1-2 表明了电流在人体中流经不同路径时，通过心脏的电流占通过人体总电流的百分比。

表 1-2　　　　　　　　　　　　　电流通过不同的路径对人体的伤害

电流通过人体的路径	通过心脏的电流占通过人体总电流的百分数（％）
从一只手到另一只手	3.3
从右手到右脚	3.7
从右手到左脚	6.7
从一只脚到另一只脚	0.4

从表中可以看出，电流从右手到左脚危险性最大，同时可参见图 1-3。

6. 人体状况

人的性别、健康状况、精神状态等与触电伤害程度有着密切关系。女性比男性触电伤害程度约严重 30％，小孩与成人相比，触电伤害程度也要严重得多。体弱多病者比健康人容易受电流伤害。另外，人的精神状况，对接触电器有无思想准备，对电流反应的灵敏程度，都影响触电的伤害程度。醉酒、过度疲劳等都可能增加触电事故的发生次数并加重受电流伤害的程度。

7. 人体电阻的大小

人体电阻越大，受电流伤害越轻。通常人体电阻可按 1～2kΩ 考虑，这个数值主要由皮肤表面的电阻值决定。如果皮肤表面角质层损伤、皮肤潮湿、流汗、带着导电粉尘等，将会大幅度降低人体电阻，增加触电伤害程度。

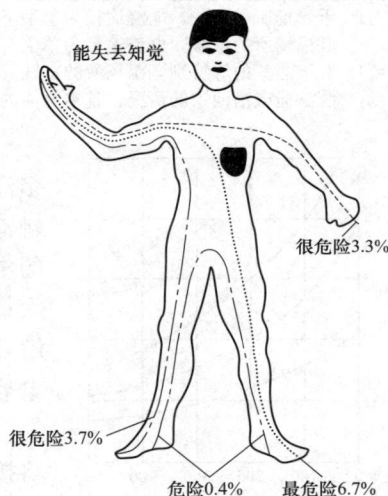

图 1-3　电流通过人体的路径

1.2　安　全　电　压

触电时，人体所承受的电压越低，通过人体的电流越小，触电伤害就越轻。当电压低到某一定值以后，对人体就不会造成伤害。在不带任何防护设备的条件下，当人体接触带电体时对各部分组织（如皮肤、神经、心脏、呼吸器官等）均不会造成伤害的电压值，称为安全电压。它通常等于通过人体的允许电流与人体电阻的乘积，但在不同场合，安全电压的规定是不相同的。

1.2.1　人体电阻的电气参数

当电流通过人体时，也会遇到阻力，这个阻力就是人体电阻。人体电阻不是纯电阻，人体电阻主要由体内电阻、皮肤电阻和皮肤电容组成。皮肤电容很小，一般可以忽略不计。

体内电阻基本上不受外界因素的影响，其数值约为 500Ω。皮肤电阻随着不同的条件在很大的范围内变化，使得人体电阻也在很大的范围内变化。皮肤表面 $0.05\sim0.2mm$ 厚的角质层的电阻高达 $10\sim100k\Omega$。但角质层不是一张完整的薄膜，而且很容易遭到破坏，计算人体电阻时不宜考虑在内。除去角质层，人体电阻一般不低于 $1k\Omega$。

不同条件下的人体电阻可按表 1-3 考虑。一般情况下，人体电阻可按 $1\sim3k\Omega$ 考虑。

表 1-3　　　　　　　　　　　　　不同条件下的人体电阻（Ω）

接触电压（V）	人体电阻			
	皮肤干燥①	皮肤潮湿②	皮肤湿润③	皮肤浸入水中④
10	7000	3500	1200	600
25	5000	2500	1000	500
50	4000	2000	875	440
100	3000	1500	770	375
250	1500	1000	650	325

① 干燥场所的皮肤，电流途径为单手至双足。
② 潮湿场所的皮肤，电流途径为单手至双足。
③ 有水蒸气的等特别潮湿场所的皮肤，电流途径为双手至双足。
④ 游泳池或浴池中的情况，基本为体内电阻。

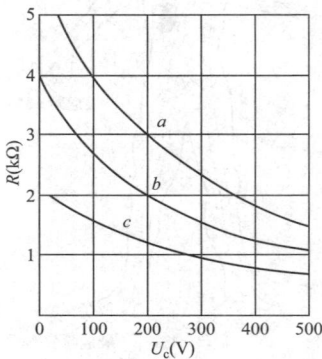

图 1-4　人体电阻与
接触电压的关系

影响人体电阻的因素很多。除皮肤厚薄外，皮肤潮湿、多汗、有损伤、带有导电性粉尘等都会降低人体电阻，接触面积加大、接触压力增加也会降低人体电阻，通过人体的电流加大，通电时间加长，会增加发热出汗，也会降低人体电阻，接触电压增高会击穿角质层，并增强机体电解，也会降低人体电阻，包括体内电阻、皮肤电阻和皮肤电容。

人体电阻还与接触电压有关，接触电压升高，人体电阻将按非线性规律下降，如图 1-4 所示。图中，曲线 a 表示人体电阻的上限，曲线 c 表示人体电阻的下限，曲线 b 表示人体电阻的平均值，a、b 之间相应于干燥皮肤，b、c 之间相应于潮湿皮肤。

1.2.2　人体允许电流

人体允许电流是指发生触电后触电者能自行摆脱电源，解除触电危害的最大电流。在通常情况下，人体的允许电流，男性为 9mA，女性为 6mA。一般情况下，人体允许电流应按不引起强烈痉挛的 5mA 考虑。在设备和线路装有触电保护设施的条件下，人体允许电流可达 30mA。在容器中，在高空、水面上等场所，可能因电击造成二次事故（再次触电、摔死、溺死），应尤为注意。

必须指出，这里所说的人体允许电流不是人体长时间能承受的电流。

1.2.3　安全电压值

我国有关标准规定，12、24V 和 36V 三个电压等级为安全电压等级。不同场所选用的电压等级也不同。

在湿度大、狭窄、行动不便、周围有大面积接地导体的场所（如金属容器内、矿井内、隧道内等）并使用手提照明灯，应采用 12V 安全电压。

凡手提照明器具、在危险环境或特别危险环境的局部照明灯、高度不足 2.5m 的一般照明灯、携带式电动工具等，若无特殊的安全防护装置或安全措施，均应采用 24V 或 36V 安全电压。安全电压的规定是从总体上考虑的，对于某些特殊情况或某些人也不一定绝对安全。是否安全与人的当时状况，主要是人体电阻、触电时间长短、工作环境、人与带电体的接触面积和接触压力等都有关系。所以，即便在规定的安全电压下工作，也不可粗心大意。

1.3　触电原因及保护措施

本节首先分析触电的常见原因，从而提出几种预防措施。详细讨论保护接地、保护接零、家用电器的接零与接地和漏电保护装置的应用。

1.3.1　触电的常见原因

触电的场合不同，引起触电的原因也不同，下面根据在工农业生产、日常生活中所发生的不同触电事例，将常见触电原因归纳如下。

1. 线路架设不合规格

室内外线路对地距离及导线之间的距离小于允许值；通信线、广播线与电力线间隔距离过近或同杆架设；线路绝缘破损；有的地区为节省电线而采用一线一地制送电等。

2. 电气操作制度不严格、不健全

带电操作时，不采取可靠的保护措施；不熟悉电路和电器而盲目修理；救护已触电的人时，自身不采取安全保护措施；停电检修时，不挂警告牌；检修电路和电器时，使用不合格的保护工具；人体与带电体过分接近而又无绝缘措施或屏护措施；在架空线上操作时，不在相线上加临时接地线（中性线）；无可靠的防高空跌落措施等。

3. 用电设备不合要求

电器设备内部绝缘损坏，金属外壳又未加保护接地措施或保护接地线太短、接地电阻太大；开关设备、灯具、携带式电器绝缘外壳破损，失去防护作用；开关、熔断器误装在中性线上，一旦断开，就使整个线路带电。

4. 用电不谨慎

违反布线规程，在室内乱拉电线；随意加大熔断器熔丝规格；在电线上或电线附近晾晒衣物；在电杆上拴牲口；在电线（特别是高压线）附近打鸟、放风筝；未断电源移动家用电器；打扫卫生时，用水冲洗或用湿布擦拭带电电器或线路等。

1.3.2　接地与接零保护措施

电气设备漏电或击穿碰壳时，平时不带电的金属外壳、支架及其相连的金属部分就会呈现电压，人若触及这些意外带电部分，就会发生触电事故。为防止意外事故的发生，应采取保护措施。

在低压配电系统中采用的保护措施有两种。当低压配电系统变压器中性点不接地时，采用接地保护；当低压配电系统变压器中性点接地时，采用接零保护。

1. 保护接地

为防止触电事故而装设的接地，称为保护接地。如电气设备不带电的金属外壳、支架及相连的金属部分的接地就是保护接地。设备接地后将会起到保护作用。如图 1-5（a）所示三相电源，中性点不接地，如果接在这个电源上的电动机的外壳没接地而发生一相漏电或碰壳时，它的外壳就带有较高的对地电压，这时如果人接触到电动机外壳，就有电流流过人体和大地，并经线路与大地之间的分布电容构成回路，这是很危险的。

如果电动机外壳接了地，由于人体电阻与接地电阻并联，而人体电阻又远大于接地电阻，大部分电流经接地装置流入大地，通过人体的电流就很小，保护了人的安全，如图 1-5 （b）所示。保护接地仅适用于中性点不接地的电网，凡接在这个电网中的电气设备的金属外壳、支架及相连的金属部分均应接地。

图 1-5　保护接地原理图
（a）未保护接地；（b）有保护接地

2. 保护接零

在中性点直接接地的三相四线制电网中，电气设备应采用保护接零（即保护接中性线）。将电气设备正常运行时，不带电的金属外壳与电网的中性线连接起来。当一相发生漏电或碰壳时，由于金属外壳与中性线相连，形成单相短路；当电流很大时，能使电路保护装置迅速动作，切断电源。这时，外壳不带电，保护了人身安全和电网其他部分的正常运行，如图 1-6 所示。

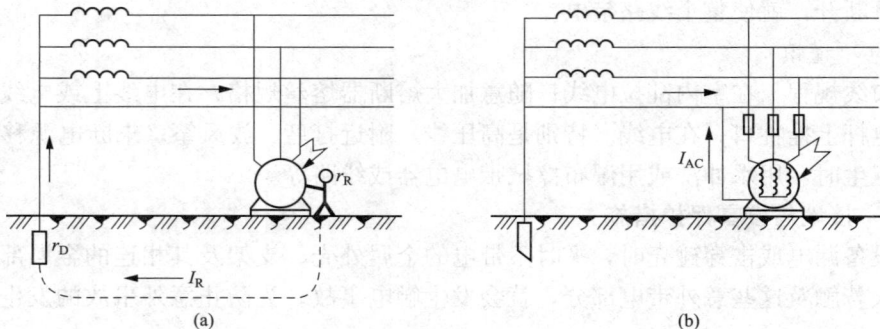

图 1-6　保护接零原理图
（a）未保护接零；（b）有保护接零

在采用保护接零时，电源中性线不允许断开，如果中性线断开，则保护失效。所以，在电源中性线上不允许安装开关和熔断器。在实际应用中，用户端常将电源中性线再重复接地，以防止中性线断线，如图 1-7 所示，重复接地电阻一般小于 10Ω。

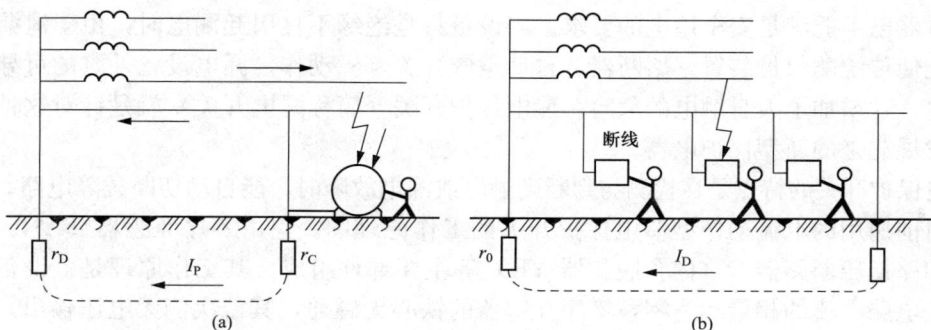

图 1-7　重复接地

（a）设备零处加重复接地；（b）有重复接地时中性线断线示意图

在中性点接地的电源上使用的电气设备，必须采用保护
接零，而不能采用保护接地。如果将设备的金属外壳接地，
如图 1-8 所示，一旦发生漏电或碰壳事故，通过短路相的熔
丝电流 I_D 并不是很大，熔丝如果不动作，设备的外壳将出现
$U = U_{ph} r_C / (r_C + r_D)$ 这样的一个电压，如果 $r_0 = r_C$，$U_{ph} =$
220V，$U = 110$V，保护中性线对地的电压也为 110V。

也就是说，不仅这台设备的外壳带有危险的电压，而且
使接在这个电网中的所有接零设备的外壳，全部带有危险的
电压。

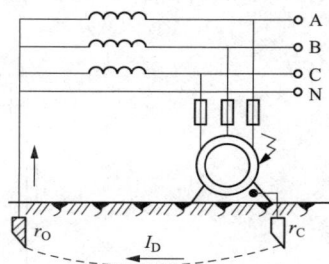

图 1-8　错误的接地保护

3. 家用电器的接零与接地

如果居民区供电变压器低压输出的三相四线电源中性点不接地，家用电器须采用保护接
地作为保安措施。

如三相四线电源中性点接地，应采用保护接零。居民住宅一般是单相供电，即一根相
线，一根中性线。家用电器多采用三脚插头和三眼插座。图 1-9 为三眼插座的接法，接三眼
插座时，不准将插座上接电源中性线的孔与接地线的孔连接，如图 1-9（a）所示。三眼插座
的正确接法，是将插座上接中性线的孔同接地的孔分别用导线并联到中性线上，如图 1-9
（c）所示。

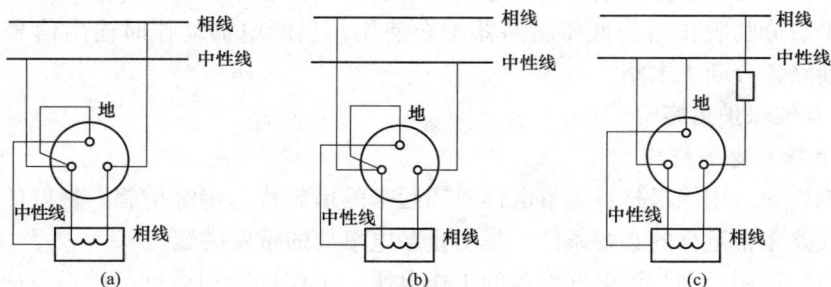

图 1-9　三眼插座的接法

（a）中性线与接地线连接图；（b）中性线与相线接反时连接图；（c）正确接法

1.3.3　漏电保护装置

普通民用住宅的配电箱大多数采用熔断器作为保护装置。随着家用电器的日益增多，这

类保护电器已不能满足安全用电的要求。当设备只是绝缘不良引起漏电时，由于泄漏电流很小，不能使传统的保护装置（熔断器、自动空气开关等）动作。漏电设备外露的可导电部分长期带电，这增加了人身触电的危险。漏电保护开关（简称漏电开关）就是针对这种情况在近年来发展起来的新型保护电器。

漏电保护开关的特点是在检测与判断到触电或漏电故障时，能自动切断故障电路。图 1-10 所示为目前通用的电流动作型漏电保护开关的工作原理图。它由零序互感器 TAN、放大器 A 和主回路低压断路器 Q（内含脱扣器 YR）等主要部件组成。其工作原理是：设备正常运行时，主电路电流的相量和为零，零序互感器的铁心无磁通，其二次侧无电压输出。如设备发生漏电或单相接地故障时，由于主电路电流的相量和不再为零，零序互感器的铁心有零序磁通，其二次侧有电压输出，经放大器 A 判断、放大后，输入脱扣器 YR，令低压断路器 Q 跳闸，从而切除故障电路，避免人员发生触电事故。

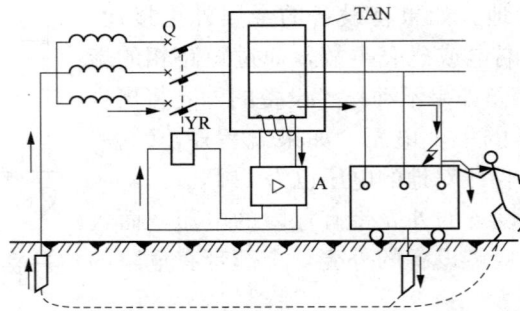

图 1-10　电流工作型漏电保护开关工作原理图
TAN—零序互感器；A—放大器；
YR—脱扣器；Q—低压断路器

按保护功能分，漏电保护开关有两种。一种是带过电流保护的，它除具备漏电保护功能外，还兼有过载和短路保护功能，使用这种开关，电路上一般不需再配用熔断器。另一种是不带过电流保护的，它在使用时还需配用相应的过电流保护装置（如熔断器）。

漏电保护继电器也是一种漏电保护装置，与漏电保护开关稍有不同，它只具有检测与判断漏电的能力，本身不具备直接开闭主电路的功能。它由零序互感器、放大器和控制触点组成。通常与带有分励脱扣器的低压断路器配合使用，当断电器动作时输出信号至低压断路器，由低压断路器分断主电路。

1.3.4　其他保护措施

1. 预防直接触电的措施

（1）绝缘措施。用绝缘材料将带电体封闭起来的措施称为绝缘措施。良好的绝缘是保证电气设备和线路正常运行的必要条件，是防止触电事故的重要措施。

绝缘材料的选用必须与该电气设备的工作电压、工作环境和运行条件相适应，否则容易造成击穿。常用的电工绝缘材料有瓷、玻璃、云母、橡胶、木材、塑料、布、纸、矿物油等。其电阻率多在 $10^7\,\Omega/m$ 以上。但应注意，有些绝缘材料如果受潮，会降低甚至丧失绝缘性能。绝缘材料的绝缘性能往往用绝缘电阻表示。不同的设备或电路对绝缘电阻的要求不同。新装或大修后的低压设备和线路的绝缘电阻不应低于 0.5MΩ；运行中的线路和设备的绝缘电阻不应低于每伏 1kΩ，在潮湿工作环境下，则要求不低于每伏 0.5kΩ；携带式电气设备的绝缘电阻不应低于 2MΩ；配电盘二次线路的绝缘电阻不应低于每伏 1kΩ，在潮湿环境下不低于每伏 0.5kΩ；高压线路和设备的绝缘电阻不应低于每伏 1000MΩ。

（2）屏护措施。采用屏护装置将带电体与外界隔绝开来，以杜绝不安全因素的措施称为屏护措施。常用的屏护装置，如电器的绝缘外壳、金属网罩、金属外壳、变压器的遮栏、栅栏等都属于屏护装置。凡是金属材料制作的屏护装置，应妥善接地或接零。

屏护装置不直接与带电体接触，对所用材料的电气性能没有严格要求，但必须有足够的机械强度和良好的耐热、耐火性能。

（3）间距措施。为防止人体触及或过分接近带电体，为避免车辆或其他设备碰撞或过分接近带电体，为防止火灾、过电压放电及短路事故和操作的方便，在带电体与地面之间、带电体与带电体之间、带电体与其他设备之间，均应保持一定的安全间距，称为间距措施。安全间距的大小取决于电压的高低、设备的类型、安装方式等因素。如导线与建筑物最小距离见表 1-4。

表 1-4　　　　　　　　导线与建筑物最小距离

线路经过地区	线路电压（kV）				
	≤1	1～10	35～110	220	330
居民区	6.0	6.5	7.5	8.5	14
非居民区	5.0	5.0	6.0	6.5	7.5

2. 预防间接触电的措施

（1）加强绝缘措施。对电气线路或设备采取双重绝缘与加强绝缘，或对组合电气设备采用共同绝缘，称为加强绝缘措施。采用加强绝缘措施的线路或设备绝缘牢固，难以损坏，即工作绝缘损坏后，还有一层加强绝缘，不易发生带电的金属导体裸露而造成间接触电。

（2）电气隔离措施。采用隔离变压器或具有同等隔离作用的发电动机，使电气线路和设备带电部分处于悬浮状态叫做电气隔离措施。即使该线路或设备工作绝缘损坏，人站在地面与之接触也不易触电。应注意，被隔离回路的电压不得超过 500V，其带电部分不得其他电气回路或大地相连，方能保证其隔离要求。

（3）自动断电措施。在带电线路或设备上发生触电事故或其他事故（短路、过载、欠电压）时，在规定时间内能自动切断电源而起保护作用的措施称为自动断电措施。如漏电保护、过电流保护、过电压或欠电压保护、短路保护、接零保护等均属自动断电措施。

1.4　常用工具与使用

正确使用电工工具，不但能提高工作效率和施工质量，而且能减轻疲劳、保证操作安全和延长工具的使用寿命。

电工常用工具是指一般专业电工都要使用的工具。

1. 验电器

验电器是检验导线和电气设备是否带电的一种电工常用工具。其分低压验电器和高压验电器两种。

（1）低压验电器。低压验电器又称测电笔（简称电笔），是广大电工常用的安全工具，有钢笔式和螺丝刀式（又称旋凿式或起子式）两种，如图 2-1 所示。

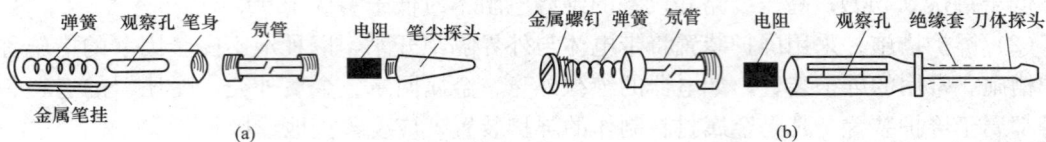

图 1-11　低压验电器
（a）钢笔式低压验电器；（b）螺丝刀式低压验电器

钢笔式低压验电器由氖管、电阻、弹簧、笔身和笔尖等组成，如图 1-12（a）所示。螺丝刀式低压验电器也由氖管、电阻、弹簧、刀体探头等组成，如图 1-12（b）所示。

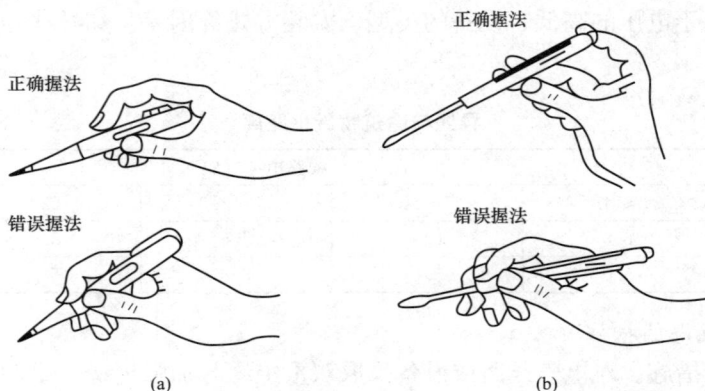

图 1-12　低压验电器使用方法
（a）钢笔式握法；（b）螺丝刀式握法

使用低压验电器时，必须按照图 1-12 所示的正确方法进行操作，以手指触及尾部的金属体，使氖管小窗背光朝向自己，便于观察；要防止金属探头部分触及皮肤，以避免触电。

当用验电器测试带电体时，电流经带电体、验电器、人体到大地形成通电回路，只要带电体与大地之间的电位差超过 60V 时，验电器中的氖管就发光。

低压验电器检测电压的范围为 60～500V，是用来检验对地电压在 500V 及以下的低压电器设备和线路是否有电的专用工具。除此之外，它还有以下功能和用途：

1）区别相线与中性线：在交流电路中，当验电器触及导线时，氖管发亮的即是相线，不亮的则是中性线。正常的情况下，中性线是不会使氖管发亮的。

2）区别直流电与交流电：交流电通过验电器时，氖管里的两个极同时发亮，而直流电通过验电器时，氖管里两个电极只有一个极发亮。

3）区别直流电的正负极：将验电器连接在直流电的正负极之间，氖管发亮的一端即为直流电的负极。

4）区别电压的高低：测试时可根据氖管发亮的强弱来估计电压的高低。如果氖光灯暗红，轻微亮，则电压低；如氖光灯泡发黄红色，很亮，则电压高；如果有电、不发光，则说明电压低于 36V，为安全电压。

5）判别同相与异相：两手各持一支验电器，同时触及两条线，同相不亮而异相亮。值得注意的是，由于我国 380/220V 供电系统，变压器中性点普遍采用直接接地，因此做该试验时人体（两脚）应与地绝缘，避免构成回路，造成误判断。

6）识别相线碰壳：用验电器触及电动机、变压器等电气设备外壳，若氖管发亮，则说明该设备相线有碰壳现象。如果壳体上有良好的接地装置，氖管是不会发亮的。

7）识别相线接地：用验电器触及三相三线制星形接法的交流电路时，有两根比通常稍亮，而另一根的亮度较暗则说明亮度较暗的相线有接地现象，但还不大严重。如果两根很亮，而另一根不亮，则这一相有接地现象。在三相四线制电路中，当单相接地后，中性线用验电器测量时，也会发亮。

8）判断用电事故：在照明线路发生故障（断电）时，如果检验相线和中性线上均有电，且发出同样亮度的光，说明中性线或中性线上熔断器熔丝熔断。如果两根导线上均无电，可能是电源停电（包括漏电保护器跳闸），或是相线或相线熔丝熔断。在三相四线制电网，若发生两相相线发光正常，一相不发光，且中性线也发光，则证明不发光的相线接地。

9）判断设备漏电：在变压器中性点不接地或经高阻抗接地的供电系统中，若用验电器检验电气设备外壳，氖光灯发光时，说明该设备绝缘损坏。

（2）使用验电器的安全知识。

1）验电器在每次使用前，应先在确认有电的带电体上试验，检查其是否能正常验电，以免因氖管损坏，在检验中造成误判，危及人身或设备安全。只有证明验电器确实良好，方可使用。凡是性能不可靠的，一律不准使用。要注意防止验电器受潮和强烈震动，平时不得随便拆卸。螺丝刀式验电器裸露部分较长，可在金属杆上加绝缘套管，以确保使用安全。

2）使用时，应使验电器逐渐靠近被测物体，直至氖管发亮；只有在氖管不亮时，它才可与被测物体直接接触。

2．螺丝刀

（1）螺丝刀的规格及选择。螺丝刀又称旋凿或起子，它是一种紧固或拆卸螺钉的工具。按照功能和头部形状不同，可分为一字形和十字形，如图 1-13 所示。若按握柄材料的不同，螺丝刀又可分木柄和塑料两大类。

一字形螺丝刀以柄部以外的刀体长度表示规格，单位为 mm，电工常用的有 100、150、300mm 等几种。

十字形螺丝刀按其头部旋动螺钉规格的不同，分为四个型号：Ⅰ、Ⅱ、Ⅲ、Ⅳ号，分别用于旋动直径为 2～2.5mm、3～5mm、6～8mm、10～12mm 等规格的螺钉。其柄部以外的刀体长度规格与一字形螺丝刀相同。

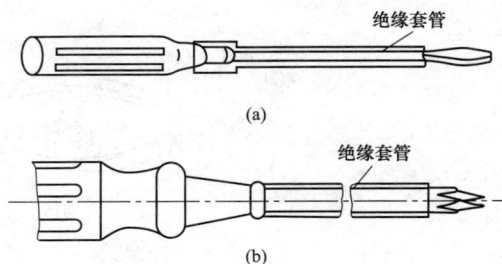

图 1-13　一字形和十字形旋凿
（a）一字形螺丝刀；（b）十字形螺丝刀

现在流行一种组合工具，由不同规格的螺丝刀、锥、钻、凿、锯、锉、锤等组成，柄部和刀体可以拆卸使用；柄部内装氖管、电阻、弹簧，作测电笔使用。

螺丝刀使用时，应按螺钉的规格选用适合的刀口。以小代大或以大代小均会损坏螺钉或电气元件。根据螺钉规格可选用螺丝刀有三种，即大螺钉螺丝刀（改锥）、小螺钉螺丝刀、较长螺钉螺丝刀。

（2）螺丝刀的使用。

1）大螺钉螺丝刀（改锥）的使用：大螺钉螺丝刀（改锥）一般用来紧固较大的螺钉。使用时，除大拇指、食指和中指要夹住握柄外，手掌还要顶住柄的末端，这样就可防止旋转时滑脱。

2）小螺钉螺丝刀的使用：小螺钉螺丝刀一般用来紧固电气装置接线柱上的小螺钉，使用时，可用大拇指和中指夹着握柄，用食指顶住柄的末端捻旋。

3）较长螺钉螺丝刀的使用：可用右手压紧并转动手柄，左手握住螺钉螺丝刀的中间部分，以使螺丝刀不滑脱，此时左手不得放在螺钉的周围，以免螺丝刀滑出时将手划破。

（3）使用螺钉螺丝刀的安全知识。

1）电工不可使用金属杆直通柄顶的螺钉螺丝刀，否则很容易造成触电事故。

2）使用螺钉螺丝刀紧固拆卸带电的螺钉时，手不得触及螺丝刀的金属杆，以免发生触电事故。

3）为了避免螺钉螺丝刀的金属杆触及皮肤或触及邻近带电体，应在金属杆上穿套绝缘管。

3. 钢丝钳

钢丝钳是电工用于剪切或夹持导线、金属丝、工件的常用钳类工具。

钢丝钳有铁柄和绝缘柄两种，绝缘柄为电工用钢丝钳，常用的规格有 150、175、200mm 三种。

（1）电工钢丝钳的构造和用途。电工钢丝钳由钳头和钳柄两部分组成，钳头有钳口、齿口、刀口和铡口四部分组成。钢丝钳的不同部位有不同的用途：钳口用来弯绞或钳夹导线线头或其他金属、非金属物体；齿口用来紧固或松动螺母；刀口用来剪切导线、起拔铁钉或剖削软导线绝缘层；铡口用来铡切电线线芯、钢丝或铅丝等软硬金属。其构造及用途如图 1-14 所示。

电工所用的钢丝钳，在钳柄上应套有耐压为 500V 以上的绝缘管。使用时的握法如图 1-14（b）所示，刀口朝向自己面部。

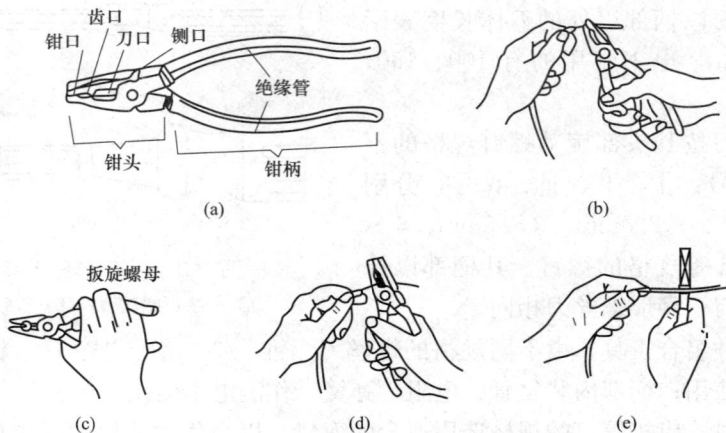

图 1-14　电工钢丝钳的构造及用途
（a）构造；（b）弯绞导线；（c）板旋螺母；（d）剪切导线；（e）铡切钢丝

（2）使用电工钢丝钳的安全知识。使用电工钢丝钳以前，必须检查绝缘柄的绝缘是否完好。绝缘如果损坏，进行带电作业时会发生触电事故。

用电工钢丝钳剪切带电导线时，不得用刀口同时剪切相线和中性线，或同时剪切两根相线，以免发生短路故障。

4. 尖嘴钳及断线钳

尖嘴钳的头部尖细，适用于在狭小的工作空间操作。尖嘴钳也有铁柄和绝缘柄两种，绝缘柄为电工用尖嘴钳，绝缘柄的耐压为 500V，其外形如图 1-15（a）所示。尖嘴钳的规格以其全长的毫米数表示，有 130、160、180mm 等几种。

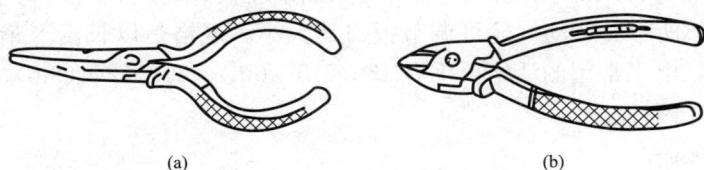

(a)　　　　　　　　　　　　(b)

图 1-15　尖嘴钳和断线钳

尖嘴钳的用途：

1）带有刃口的尖嘴钳能剪断细小金属丝；

2）尖嘴钳夹持较小螺钉、垫圈、导线等元件；

3）在装接控制电路板时，尖嘴钳能将单股导线弯成一定圆弧的接线鼻子；

4）还可剪断导线、剥削绝缘层。

断线钳又称斜口钳，其头部扁斜，钳柄有铁柄、管柄和绝缘柄三种形式，其中电工用的绝缘柄断线钳的外形如图 1-15（b）所示，其耐压为 1000V。

断线钳是专供剪断较粗的金属丝、线材及电线电缆等用。

5. 剥线钳

剥线钳是用于剥落小直径导线绝缘层的专用工具，其外形如图 1-16 所示。其钳口部分分设有几个咬口，用以剥落不同线径导线的绝缘层。其手柄是绝缘的，耐压为 500V。

使用剥线钳时，将待剥落的绝缘长度用标尺定好以后，即可把导线放入相应的刀口中（比导线直径稍大），用手将钳柄一握，导线的绝缘层即被剥落并自动弹出。

使用剥线钳时，不允许用小咬口剥大直径导线，以免咬伤导线芯；不允许当钢丝钳使用。

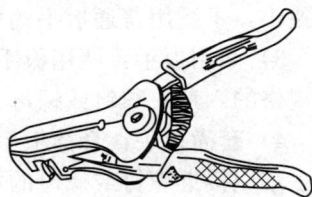

图 1-16　剥线钳

6. 电工刀

电工刀是用来剖削电线线头，切割木台缺口，削制木槽的专用工具，其外形如图 1-17 所示。

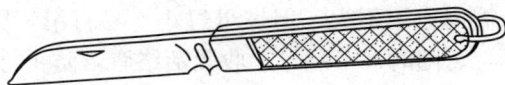

图 1-17　电工刀

使用电工刀时，应将刀口朝外削，以免伤手，剖削导线绝缘层时，应使刀面与导线成45°角切入，以免割伤导线。

使用电工刀的安全知识：

1）使用电工刀时应注意避免伤手；

2）电工刀用毕，随即将刀身折进刀柄；

3）电工刀刀柄是无绝缘保护的，不能在带电导线或器材上剖削，以免触电。

7．活络扳手和其他常用扳手

（1）活络扳手的构造和规格。活络扳手又称活络扳头，是用来紧固和松动螺母的一种专用工具。活络扳手由头部和柄部组成，头部由活络扳唇、呆扳唇、扳口、蜗轮和轴销等组成，如图 1-18（a）所示。旋动蜗轮可调节扳口的大小。规格是以长度×最大开口宽度（单位：mm）来表示，电工常用的活络扳手有 150×19（6in）、200×24（8in）、250×30（10in）和 300×36（12in）四种。

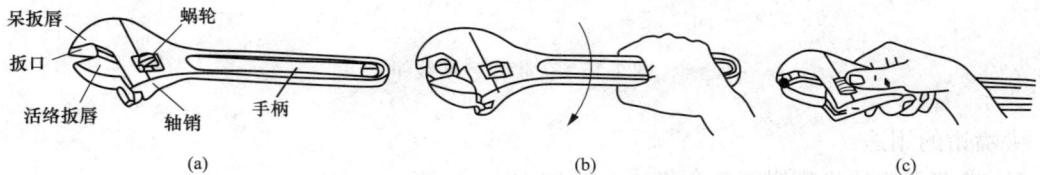

图 1-18　活络扳手
（a）活络扳手构造；（b）扳较大螺母时握法；（c）扳较小螺母时握法

（2）其他常用扳手。扳手是用于螺纹连接的一种手动工具，种类和规格很多，下面介绍用于紧固、拆卸六角头螺钉和螺母的几种扳手。

1）呆扳手：又称死扳手，其开口宽度不能凋节，有单端开口和两端开口两种形式，分别称为单头扳手和双头扳手。单头扳手的规格是以开口宽度表示，双头扳手的规格是以两端开口宽度（单位：mm）表示，如 8×10、32×36 等。

2）梅花扳手：梅花扳手都是双头形式，它的工作部分为封闭圆，封闭圆内分布了 12 个可与六角头螺钉或螺母相配的牙里。其两端具有带六角孔或十二角孔的工作端适用于工作空间狭小，不适用普通扳手的场合。

3）两用扳手：两用扳手的一端与单头扳手相同，另一端与梅花扳手相同，两端适用同一规格的六角头螺钉或螺母。

4）套筒扳手：套筒扳手是由一套尺寸不同的梅花套筒头和一些附件组成，可用在一般扳手难以接近螺钉或螺母的场合。

5）内六角扳手：用于旋动内六角螺钉，其规格以六角形对边的尺寸来表示，最小的规格为 3mm，最大的为 27mm。

（3）活络扳手的使用方法。

1）扳动大螺母时，需用较大力矩，手应握在近柄尾处，如图 1-18（b）所示。

2）扳动较小螺母时，需用力矩不大，但螺母过小，易打滑，因此手应握在接近头部的地方，如图 1-18（c）所示，可随时调节蜗轮，收紧活络唇，防止打滑。

3）活络扳手不可反用，以免损坏活络扳唇，也不可用钢管接长手柄来施加较大的扳拧力矩。

4）活络扳手不得当作撬棒或手锤使用。

8. 数字式万用表

数字式万用表由功能变换器、转换开关和直流数字电压表三部分组成。其原理框图如图 1-19 所示。直流数字电压表是数字式万用表的核心部分，各种电气量或参数的测量，都是首先经过相应的变换器，将其转化为直流数字电压表可以接收的直流电压，然后送入直流数字电压表，经模/数转换器变换为数字量，再经计数器计数并以十进制数字将被测量显示出来。数字式万用表的测量值由液晶显示屏直接以数字的形式显示，读取方便，有些还带有语音提示功能。数字式万用表表盘如图 1-20 所示。

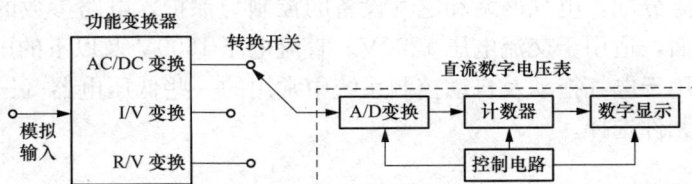

图 1-19 数字万用表原理

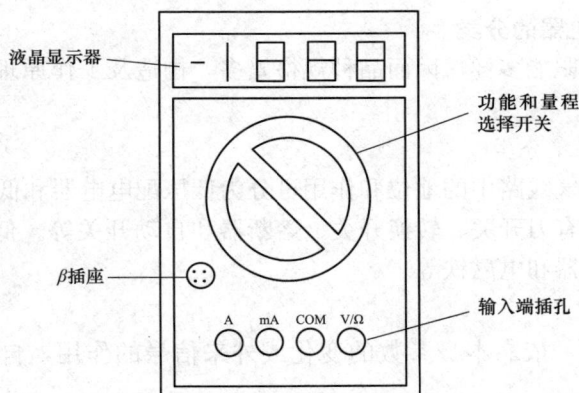

图 1-20 数字式万用表表盘

（1）输入端插孔：黑表笔总是插"COM"插孔，测量交直流电压、电阻及通断检测时，红表笔插"V/Ω"插孔，测量 200mA 以下交直流电流时，红表笔插"mA"插孔，测量 200mA 以上交直流电流时，红表笔插"A"插孔。

（2）功能和量程选择开关：交、直流电压挡的量程为 200mV、2V、20V、200V、1000V，共 5 挡。交、直流电流挡的量程为 $200\mu A$、2mA、20mA、200mA、10A，共 5 挡。电阻挡的量程为 200Ω、$2k\Omega$、$20k\Omega$、$200k\Omega$、$2M\Omega$、$20M\Omega$、•))200，共 7 挡，其中•))200 挡用于判断电路的通、断。

（3）β 插座：测量三极管的 β 值，注意区别管型是 NPN 还是 PNP。

数字表一般用 9V 的电池。在电阻挡，表笔极性不变，即红表笔对应电池的正极性，黑表笔对应电池的负极性，电路接通时，蜂鸣挡可以使扬声器发出响亮的"嘟"声，当红表笔接二极管的阳极，黑表笔接二极管阴极，可以点亮发光二极管（LED）。

第 2 章　常用低压电器

根据外界特定的信号和要求,自动或手动接通和断开电路,断续或连续地改变电路参数,实现对电路或非电气量的切换、控制、保护、检测和调节的电气设备均称为电器。电器在输配电系统、电气拖动和自动控制系统中,均起着极其重要的作用。它广泛应用于电能的生产,电力的输送与分配,电气网络和电气设备的控制与保护,电路参数的检测和调节,非电现象的转换等方面,适用于交流电压 1200V、直流电压 1500V 及以下的电器为低压电器。

本章主要介绍用于电气拖动及自动控制系统中常用的一些低压电器(三菱电动机低压电器)以及低压电器元件选择。

2.1　低压电器的基本知识

2.1.1　常用低压电器的分类

电器的用途广泛、职能多样,因而品种规格繁多,构造及工作原理各异,有各种的分类方法。

1. 按用途或控制对象分类

低压电器按其在电气线路中的地位和作用可分为低压配电电器和低压控制电器两大类。

低压配电电器主要有刀开关、转换开关、熔断器和自动开关等。低压控制电器主要有接触器、继电器、主令电器和电磁铁等。

2. 按动作方式分类

(1) 自动切换电器:依靠本身参数的变化或外来信号的作用,自动完成接通或分断等动作。

(2) 非自动切换电器:主要是用手直接操作来进行切换。

3. 按执行功能分类

(1) 有触点电器:有可分离的动触点和静触点,利用触点的接触和分离来实现电路的通断。

(2) 无触点电器:没有触点,主要利用晶闸管的开关效应,即导通或截止来实现电路的通断。

2.1.2　低压电器产品标准

低压电器产品标准内容通常包括产品的用途、适用范围、环境条件、技术性能要求、试验项目和方法、包装运输的要求等,它是制造厂和用户制造及验收的依据。

低压电器标准按内容性质可分为基础标准、专业标准和产品标准三大类。按批准标准的级别则分国家标准(GB)、部标准(JB)和局批企业标准(JB/DQ)三级。

2.1.3　常用术语

(1) 闭合时间。开关电器从闭合操作开始瞬间起到所有极的触点都接触瞬间为止的时间间隔。

（2）断开时间。开关电器从断开操作开始瞬间起到所有极的触点都分开瞬间为止的时间间隔。

（3）通断时间。从电流开始在开关电器一个极流过瞬间起到所有极的电弧最终熄灭瞬间为止的时间间隔。

（4）分断能力。电器在规定的条件下，能在给定的电压下分断的预期分断电流值。

（5）接通能力。开关电器在规定的条件下，能在给定的电压下接通的预期接通电流值。

（6）通断能力。开关电器在规定的条件下，能在给定电压下接通和分断的预期电流值。

（7）操作频率。开关电器在每小时内可能实现的最高操作循环次数。

（8）通电持续率。电器的有载时间和工作周期之比，常以百分数表示。

2.1.4　低压电器的主要技术参数

（1）额定电压。额定电压是指在规定的条件下，能保证电器正常工作的电压值，通常指触点的额定电压值。对于电磁式电器还规定了电磁线圈的额定工作电压。

（2）额定电流。额定电流是指在额定电压、额定频率和额定工作制下所允许通过的电流。它与使用类别、触点寿命、防护等级等因素有关。同一开关可以对应不同使用条件下规定的不同工作电流。

（3）使用类别。使用类别是指有关操作条件的规定组合，通常用额定电压和额定电流的倍数及其相应的功率因数或时间常数等来表征电器额定通断能力的类别。

（4）通断能力。通断能力包括接通能力和断开能力，以非正常负载时接通和断开的电流值来衡量。接通能力是指开关闭合不会造成触点熔焊的能力。断开能力是指断开时能可靠灭弧的能力。

（5）寿命。寿命包括电寿命和机械寿命。电寿命是电器在所规定使用条件下不需修理或更换零件的操作次数。机械寿命是电器在无电流情况下能操作的次数。

2.2　开　关　电　器

低压开关主要用作隔离、转换以及接通和分断电路。低压开关多数作为机床电路的电源开关、局部照明电路的控制，有时也可用来直接控制小容量电动机的启动、停止和正反转控制。低压开关一般为非自动切换电器，常用的主要类型有刀开关、转换开关和断路器等。断路器具有操作安全、使用方便、工作可靠、安装简单、动作值可调、分断能力较高、兼顾多种保护功能、动作后不需要更换元件等优点，因此获得广泛的应用。

2.2.1　刀开关

普通刀开关是一种结构简单且应用广泛的低压电器。

刀开关的典型结构由操作手柄、动触刀、静夹座、进线座、出线座和绝缘底板组成，推动手柄使动触刀插入静夹座中，电路就会被接通。

刀开关的种类很多，这里只介绍常见的带有熔断器的刀开关。

1. 瓷底胶盖刀开关（以下简称刀开关）

瓷底胶盖刀开关又称开启式负荷开关。图 2-1 为 HK 系列瓷底胶盖刀开关结构图。它由刀开关和熔断器组合而成，均装在瓷底板上。

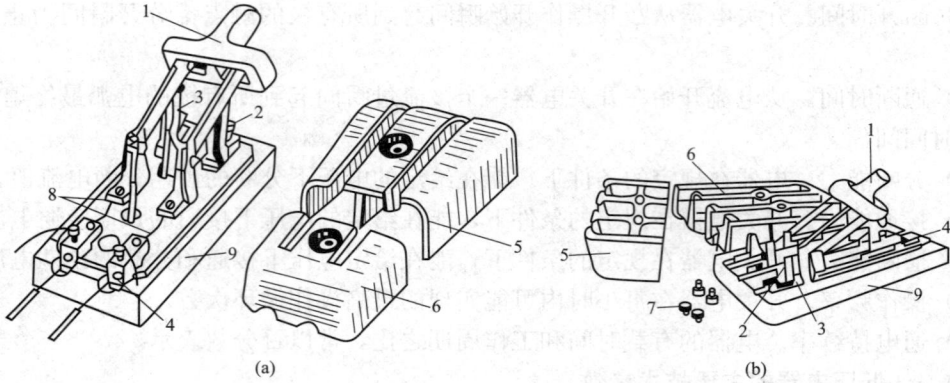

图 2-1　HK 系列瓷底胶盖刀开关

（a）二极刀开关；（b）三极刀开关

1—瓷质手柄；2—进线座；3—静夹座；4—出线座；5—上胶盖；
6—下胶盖；7—胶盖固定螺母；8—熔丝；9—瓷底座

　　刀开关装在上部，由进线座和静夹座组成；熔断器装在下部，由出线座、熔丝和动触刀组成；动触刀上端装有瓷质手柄便于操作，上下两部分用两个胶盖以紧固螺丝固定，将开关零件罩住防止电弧或触及带电体伤人；胶盖上开有与动触刀数（极数）相同的槽，便于动触刀上下运动与静夹座分合操作。

　　HK 系列刀开关不设专门的灭弧装置，仅利用胶盖的遮护以防电弧灼伤人手，因此不宜带负载操作。若带一般性负载操作时，应动作迅速，使电弧较快的熄灭，一方面不易灼伤人手，同时也减少电弧对动触刀和静夹座的灼伤。

　　由于这种开关易被电弧灼损，引起接触不良等故障，因此不宜分断有负载的电路，适于接通或断开有电压而无负载电流的电路。但因其结构简单、操作方便、价格便宜，在一般的照明电路和功率小于 5.5kW 电动机的控制电路中仍可采用。这种开关用于照明电路时可选用额定电压 220V 或 250V，额定电流等于或大于电路最大工作电流的两极开关；用于电动机的直接启动时，可选用额定电压 380V 或 500V，额定电流等于或大于电动机额定电流 3 倍的三极开关。

　　对于刀开关的安装也应加注意，一般情况下必须垂直安装在控制屏或开关板上，不能倒装，接通状态手柄应该朝上，否则在分断状态下刀开关有松动落下造成误接通的可能。接线时进线和出线不能接反，否则在更换熔丝时会发生触电事故。

　　刀开关的电气图形符号见图 2-2。

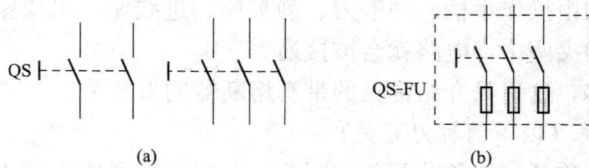

图 2-2　刀开关电气图形符号

（a）刀开关；（b）带熔断器刀开关

常用的刀开关有 HK1 系列、HK2 系列，HK1 系列为全国统一设计产品。

HK1 系列开启式负荷开关基本技术参数见表 2-1。

表 2-1　　　　　　　　　　　　　　HK1 系列开启式负荷开关基本技术参数

型号	极数	额定电流（A）	额定电压（V）	可控制电动机最大容量（kW）		配用熔丝规格			
				220V	380V	熔丝成分（%）			熔丝线径（mm）
						铅	锡	锑	
HK1-15	2	15	220	—	—	98	1	1	1.45～1.59
HK1-30		30	220	—	—				2.30～2.52
HK1-60		60	220	—	—				3.64～4.00
HK1-15	3	15	380	1.5	2.2				1.45～1.59
HK1-30		30	380	3.0	4.0				2.30～2.52
HK1-60		60	380	4.5	5.5				3.36～4.00

2. 铁壳开关

铁壳开关又称封闭式负荷开关。它是在刀开关基础上改进设计的一种开关，其灭弧性能、操作性能、通断能力、安全防护性能等都优于刀开关。因外壳多为铸铁或用薄钢板冲压而成，故称为铁壳开关。

常用的铁壳开关有 HH3、HH4 系列，其中 HH4 系列为全国统一设计产品，可取代同容量的其他系列老产品。外形及结构如图 2-3 所示。

铁壳开关主要由触头系统（包括动触刀和静夹座）、操动机构（包括手柄、转轴、速断弹簧）、熔断器、灭弧装置及外壳构成。

HH 系列铁壳开关的触头和灭弧有两种形式：一种是双断点楔形转动式触头，其动触刀为 U 形双刀片固定在方形绝缘转轴上，静夹座固定在瓷质 E 形灭弧室上，两断口间还隔有瓷板；另一种是单断点楔形触头，其结构与一般刀开关相仿，灭弧室是由钢纸板夹上去离子栅片构成的。

铁壳开关配用的熔断器，额定电流为 60A 及以下者，配用瓷插式熔断器，额定电流为 100A 及以上者，配用无填料封闭管式熔断器。铁壳开关的操动机构具有以下两个特点：一是采用储能分合闸方式，这种储能操动机构是一根一端装在外壳上，另一端扣在操作手柄转轴上的弹簧。当转动操作手柄使开关合闸或分闸时，在开始阶段，闸刀不移动，只是弹簧被拉伸，从而储存一定的能量，一旦转轴转过某一角度，弹簧

力就使动触刀迅速插入或离开静夹座，其分合速度与手柄操作速度无关。这样一来，手柄大大地提高了开关的合闸和分闸速度，缩短了开关的通断时间，因而也提高了开关的通断能力和降低了触头系统的电气磨损，延长了开关的使用寿命；第二是设有联锁装置，保证开关在合闸状态。

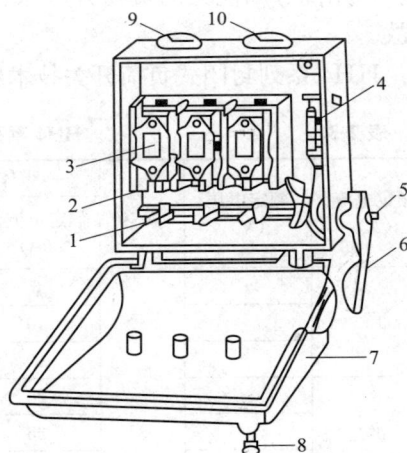

图 2-3　HH 系列铁壳开关

1—U 形动触刀；2—静夹座；
3—瓷插式熔断器；4—速断弹簧；
5—转轴；6—操作手柄；
7—开关盖；8—开关盖锁紧螺栓；
9—进线孔；10—出线孔

开关盖不能开启，而当开关盖开启时又不能合闸。联锁装置的采用，既有助于充分发挥外壳的防护作用，又保证了更换熔丝等操作的安全。

铁壳开关可分为一般用途负荷开关和高分断能力的负荷开关两种。额定电流为 60A 及以下者为一般用途的负荷开关，且有一定的分断能力，可接通、分断 4 倍额定电流 10 次，接通、分断额定电流不少于 5000 次，适用于工矿企业电气装置，农村电力排灌及电热照明等各种配电设备，作为手动不频繁地通断有负载电路，或启动与停止电动机以及作为线路末端的短路保护之用。对于控制小型异步电动机，开关的额定电流可根据表 2-2 选择。

表 2-2　　　　　　　　　　封闭式负荷开关与可控制电动机容量的配合

额定电流值 （A）	可控电动机最大容量值（kW）		
	220V	380V	500V
10	1.5	2.7	3.5
15	2.0	3.0	4.5
20	3.5	5.0	7.5
30	4.5	7.0	10
60	9.5	15	20

额定电流为 100A 及以上者为高分断能力负荷开关，分断能力为 50kA，额定电流至 400A，能用作手动不频繁地接通与分断负载电路，并运用于短路电流较大的场合。根据使用经验，用高分断能力的负荷开关来控制较大容量的电动机很不相宜，有可能发生飞弧灼伤事故。

HH4 系列封闭式负荷开关技术数据见表 2-3。

表 2-3　　　　　　　　　　HH4 系列封闭式负荷开关基本技术参数

额定电流 （A）	额定电压 （V）	极数	熔体主要参数（A）			触头极限接通电流值		熔断器极限分断电流	
			额定电流值 （A）	材料	线径 （mm）	电流 （A）	cosφ	电流 （A）	cosφ
15			6	软铅丝	1.08	60		500	0.8
			10		1.25				
			15		1.98				
30		3	20	紫铜丝	0.61	120	0.4	1500	0.7
			25		0.71				
			30		0.80				
60			40		0.92	240		3000	0.6
			50		1.07				
			60		1.20				

铁壳开关使用注意事项：

（1）铁壳开关不允许随意放在地面上使用。

（2）操作时要在铁壳开关的手柄侧，不要面对开关，以免意外故障电流使开关爆炸铁壳飞出伤人。

（3）开关外壳应可靠接地，防止意外漏电造成触电事故。

HH4 系列封闭式页荷开关型号说明如图 2-4 所示。

图 2-4　铁壳开关型号说明

封闭式负荷开关　设计序号　极数　额定电流

铁壳开关在电气原理图中的符号和图 2-2（b）所示相同。

2.2.2　转换开关

转换开关又称组合开关，它实质上也是一种特殊刀开关，只不过一般刀开关的操作手柄是在垂直于安装面的平面内向上或向下转动，而转换开关的操作手柄则是在平行于其安装面的平面内向左或向右转动而已。它具有多触头、多位置、体积小、性能可靠、操作方便、安装灵活等特点，多用在机床电气控制电路中作为电源的引入开关，也可以用作不频繁地接通和断开电路、换接电源和负载以及控制 5kW 及以下的小容量异步电动机的正反转和星三角启动。

转换开关按操作机构可分为无限位型和有限位型两种，其结构略有不同。

1. 无限位型转换开关

无限位型转换开关手柄可以在 360°范围内旋转，无固定方向、无定位限制。常用的是全国统一设计产品 HZ10 系列，其外形与结构如图 2-5 所示。它是由多节触片分层组合而成，故又称组合开关。

由图中可以看出，开关的动触片分别装在数层成型的胶木绝缘垫板内，绝缘垫板可以一层一层地堆叠起来，最少的为一层，最多的可达六层。通过选择不同类型的动触片，按照不同方式配置动触片和静触片，然后叠起来，可得到 30 余种接线方案，使用十分方便。

动触片由两片磷钢片或硬紫铜片与具有良好消弧性能的绝缘钢纸板铆合而成，它们一起套在附有手柄的方形绝缘转轴上，两个静触片则分置于胶木绝缘垫板边沿上的两个凹槽内。当方轴转动时，便带动动触片与静触片接触或分离，达到接通或分断电路的目的。

采用弹簧储能，可使开关快速闭合或分断，能获得快速动作，从而提高开关的通断能力，使动静触片的分合速度与手柄旋转速度无关。

转换开关在电气原理图中的符号如图 2-5（c）所示。

图 2-5　HZ10-10/3 型转换开关
（a）外形；（b）结构；（c）电气图形符号
1—手柄；2—转轴；3—弹簧；4—凸轮；5—绝缘垫板6—动触片；7—静触片；8—绝缘杆；9—接线柱

2. 有限位型转换开关

有限位型转换开关也叫可逆转换开关或倒顺开关，它只能在 90°范围内旋转，有定位限制，类似双掷开关，即所谓两位置转换类型。

常用的为 HZ3 系列，其外形与结构如图 2-6 所示。

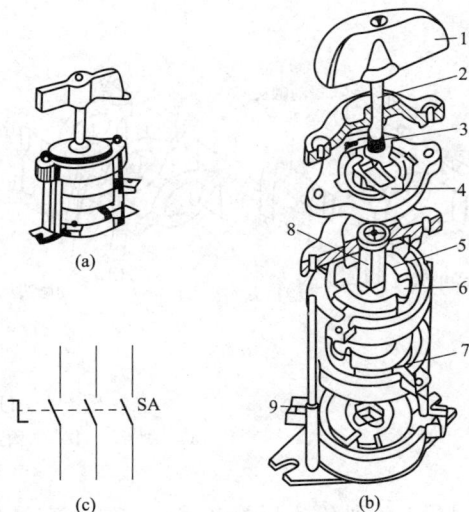

　　HZ3-132 型转换开关的手柄有倒、停、顺三个位置，手柄只能从"停"位置左转 45°和右转 45°。移去上盖可见两边各装有三个静触头，右边标符号 L1、L2 和 W，左边标符号 U、V 和 L3，如图 2-6（b）所示。转轴上固定着六个不同形状的动触头，其中四个 Ⅰ₁、Ⅰ₂、Ⅰ₃、Ⅱ₁ 是同一形状，余者 Ⅱ₂、Ⅱ₃ 为另一种形状，如图 2-6（c）所示。六个动触头分成两组，每组三个，其中 Ⅰ₁、Ⅰ₂、Ⅰ₃ 为一组，Ⅱ₁、Ⅱ₂、Ⅱ₃ 为一组。两组动触头不同时与静触头接触。

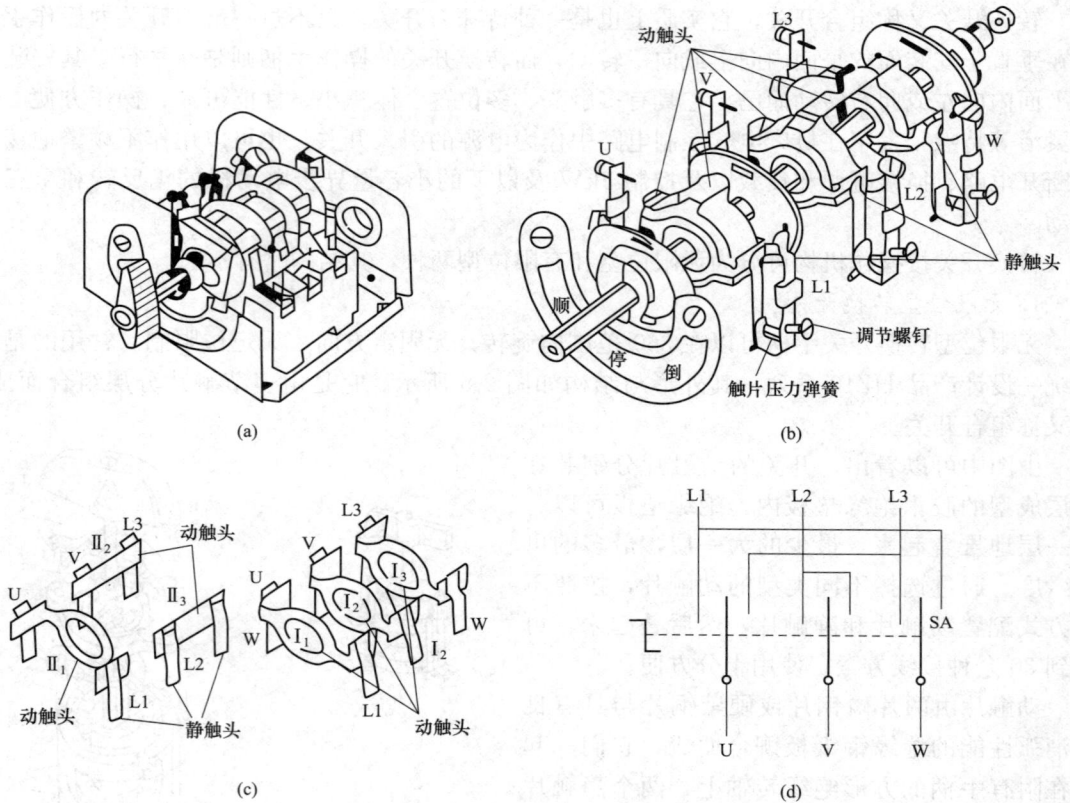

图 2-6　HZ3-132 型转换开关
（a）外形；（b）结构；（c）触头；（d）电气图形符号

　　HZ3 系列转换开关多用于控制小容量异步电动机的正、反转及双速异步电动机△/丫丫、丫/丫丫的变速切换。

　　转换开关是根据电源种类、电压等级、所需触头数、接线方式进行选用。应用转换开关控制异步电动机的启动、停止时，每小时的接通次数不超过 15～20 次。

　　转换开关的额定电流也应选得略大一些，一般取电动机额定电流的 1.5～2.5 倍。其用于电动机的正、反转控制时，应在电动机完全停止转动后，方可允许反向启动，否则会烧坏开关触头或造成弧光短路事故。

　　HZ5、HZ10 系列转换开关主要技术数据见表 2-4。

表 2-4 　　　　　　　　　　　　　常用转换开关主要技术数据

型号	额定电压（V）	额定电流（A）	控制功率（kW）	用途	备注
HZ5-10 HZ5-20 HZ5-30 HZ5-40	交流 380	10 20 40 60	1.7 4 7.5 10	在电气设备中用于电源引入，接通或分断电路，换接电源或负载（电动机）等	可取代 HZ1～3 等老产品
HZ10-10 HZ10-25 HZ10-60 HZ10-100	直流 220	10 25 60 100		在电气线路中用于接通或分断电路，换接电源或负载，测量三相电压，控制小型异步电动机正反转	可取代 HZ1、HZ2 等老产品

2.2.3　低压断路器

低压断路器又称自动空气开关，按极数可分为单极、两极和三极，按保护形式分可电磁脱扣器式、热脱扣器式、复式脱扣器式和无脱扣器式，按全分断时间可分一般式和快速式（先于脱扣机构动作，脱扣时间在 0.02s 以内），按结构型式可分塑壳式、框架式、限流式、直流快速式、灭磁式和漏电保护式。

1. 低压断路器的工作原理。

低压断路器的工作原理如图 2-7 所示。

图中 1、2 为低压断路器的三副主触点（1 为动触点，2 为静触点），它们串联在被控制的三相电路中。当按下接通按钮 14 时，外力使锁扣 3 克服反力弹簧 16 的斥力，将固定在锁扣上面的动触点 1 与静触点 2 闭合，并由锁扣锁住搭钩 4，使开关处于接通状态。

当低压断路器接通电源后，电磁脱扣器、热脱扣器及欠电压脱扣器若无异常反应，低压断路器运行正常。

当线路发生短路或严重过电流时，短路电流超过瞬时脱扣整定值，电磁脱扣器 6 产生足够大的吸力，将衔铁 8 吸合并撞击杠杆 7，使搭钩 4 绕转轴座 5 向上转动与锁扣 3 脱开，锁扣在反力弹簧 16 的作用下，将三副主触点分断，切断电源。

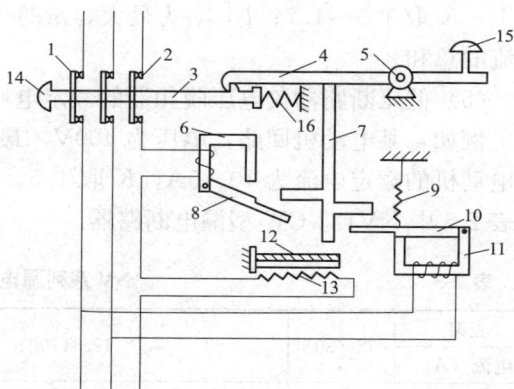

图 2-7　低压断路器原理示意图

1—动触点；2—静触点；3—锁扣；4—搭钩；5—转轴座；
6—电磁脱扣器；7—杠杆；8—电磁脱扣器衔铁；
9—拉力弹簧；10—欠电压脱扣器衔铁；
11—欠电压脱扣器；12—热双金属片；13—热元件；
14—接通按钮；15—停止按钮；16—反力弹簧

当线路发生一般性过载时，过载电流虽不能使电磁脱扣器动作，但能使热元件 13 产生一定的热量，促使双金属片 12 受热向上弯曲，推动杠杆 7 使搭钩与锁扣脱开将主触点分断。

欠电压脱扣器 11 的工作过程与电磁脱扣器恰恰相反。当线路电压正常时，电压脱扣器 11 产生足够的吸力，克服拉力弹簧 9 的作用将衔铁 10 吸合，衔铁与杠杆脱离，锁扣与搭钩才得以锁住，主触点方能闭合。当线路上电压全部消失或电压下降到某一数值时，欠电压脱扣器吸力消失或减小，衔铁被拉力弹簧拉开并撞击杠杆，主电路电源被分断。同样道理，在无电源电压或电压过低时，也不能接通电源。

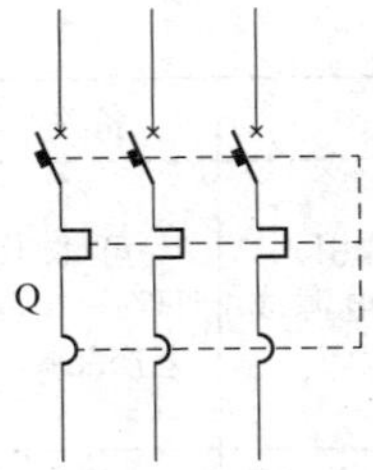

图 2-8　低压断路器
电气图形符号

图 2-8 所示为低压断路器的电气图形符号。

2. 低压断路器的选型

低压断路器一般都用于过电流保护，它的额定电流以及过电流脱扣器的额定电流大于或等于线路计算负荷电流。

低压断路器的一般选用原则：

（1）低压断路器的额定工作电压≥线路额定电压。

（2）低压断路器的额定电流≥线路计算负载电流。

（3）热脱扣器的整定电流≥所控制负载的额定电流。

（4）电磁脱扣器的瞬时脱扣整定电流≥负载电路正常工作时的峰值电流。

对于单台电动机而言，瞬时脱扣整定电流 I_Z 计算式为

$$I_Z \geqslant KI_{ST} \tag{2-1}$$

式中：K 为安全系数，可取 $1.5\sim1.7$；I_{ST} 为电动机的启动电流。

对于多台电动机来讲，可按 I_Z 计算式为

$$I_Z \geqslant K(I_{STMAX} + \sum I_N) \tag{2-2}$$

式中：K 取 $1.5\sim1.7$；I_{STMAX} 为最大容量的一台电动机的启动电流；$\sum I_N$ 为其余电动机额定电流的总和。

（5）低压断路器欠电压脱扣器的额定电压＝线路额定电压。

例如，某电动机回路，电压为 400V，最大容量的一台电动机的启动电流为 50A，另两台电动机的额定电流为 10、5A，K 取 1.5，计算出瞬时脱扣整定电流最小值为 97.5，可选择表 2-5 中 NV125-CW 型漏电断路器。

表 2-5　　　　　　　　　　　　　　　**NV 系列漏电断路器产品型号**

壳架 电流（A）	32（30）	63	125（100）	250	400	630	800
NV 系列		NV63-CW	NV125-CW	NV250-CW	NV400-CW	NV630-CW	
NV-S 系统	NV32-SW	NV63-SW	NV125-SW	NV250-SW	NV400-SW	NV630-SW	NV800-SEW
NV-H 系列		NV63-HW	NV125-HW	NV250-HW	NV400-HEW	NV630-HEW	NV800-HEW
NV-Z 系列		NF63-ZCW	NF125-ZCW	NF250-ZCW	NF400-ZCW	NF630-ZCW	NF800
		NF63-ZSW	NF125-ZSW	NF250-ZSW	NF400-ZSW	NF630-ZSW	-ZEW
		NF63-ZHW	NF125-ZHW	NF250-ZHW	NF400-ZHW	NF630-ZHW	

2.3　接　　触　　器

接触器是用来频繁地遥控接通或断开交直流主电路及大容量控制电路的自动控制电器。它不同于刀开关类手动切换电器，因为它具有手动切换电器所不能实现的遥控功能；它也不同于自动空气开关，因为它虽然具有一定的断流能力，但却不具备短路和过载保护功能。接触器在电力拖动和自动控制系统中，主要控制对象是电动机，也可用于控制电热设备、电焊机、电容器组等其他负载。接触器不仅仅能遥控通断电路，还具有欠电压、零电压释放保护，操作频率高、工作可靠、性能稳定、使用寿命长、维护方便等优点。

2.3.1　CJ0 系列交流接触器的结构

以 CJ0-20 型交流接触器为例，其外形及结构如图 2-9 所示。

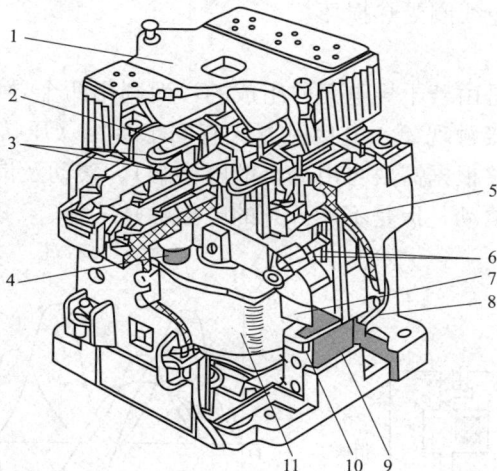

图 2-9　CJ0-20 型交流接触器外形及结构

1—灭弧罩；2—触点压力弹簧片；3—主触点；4—反作用弹簧；5—辅助动断触点；6—辅助动合触点；
7—动铁心；8—缓冲弹簧；9—静铁心；10—短路环；11—线圈

CJ0 系列交流接触器，主要由电磁机构、触头系统、灭弧装置及辅助部件等组成。

1. 电磁机构

电磁机构包括线圈、铁心（静铁心）和衔铁（动铁心）三部分。

（1）铁心与衔铁。对于额定电流为 40A 及以下的 CJ0 系列交流接触器的衔铁的运动方式；采用衔铁直线运动的螺管式；对于额定电流为 60A 及以上的，多采用衔铁绕轴转动的拍合式。铁心及衔铁形状均为 E 形，一般用硅钢片叠压铆成，以减少交变磁场在铁心中产生的涡流和磁滞损耗，防止铁心过热。

交流接触器的电磁机构在实际运行过程中，衔铁不但受到释放弹簧及其他机械阻力的作用，同时还受到交流励磁电流过零时的影响，这些作用和影响都使衔铁有释放的趋势，从而使衔铁产生振动，发出噪声。消除衔铁振动和噪声的措施，是在铁心和衔铁的两个不同端部各开一个槽，槽内嵌装一个用钢、康钢或镍铬合金材料制成的短路环，又称减振环或分磁环。交流接触器衔铁运动方式如图 2-10 所示。

铁心嵌装短路环后，当电磁线圈通以交流电时，线圈电流 I_1 产生磁通 Φ_1，Φ_1 的一部分穿过短路环，在环中便产生感应电流 I_2，I_2 又会产生一个磁通 Φ_2，由电磁感应定律可知，Φ_1、Φ_2 相位不同，即 Φ_1、Φ_2 不同时为零，这样在 Φ_1 经过零值时，Φ_2 不为零而产生吸力仍将衔铁吸住，如图 2-11（b）所示。从而保证了铁心在任何时刻都在吸力 F_1 或 F_2 的作用下衔铁将始终被吸引，振动和噪声会显著减小。

（2）线圈。交流接触器的线圈是利用绝缘性能较好的电磁线绕制而成，是电磁机构动作的能源，一般并接在电源上，线圈的匝数多、阻抗

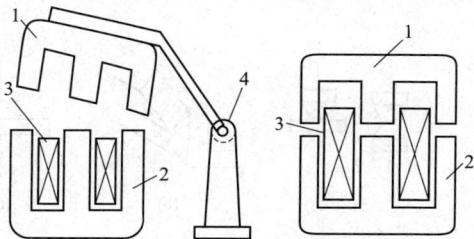

图 2-10　交流接触器衔铁运动方式示意

1—衔铁；2—铁心；3—吸引线圈；4—轴

大、额定电流较小。因构成磁路的铁心存在磁滞和涡流损耗，铁心发热是主要的，所以线圈一般做成粗而短的圆筒形且绕在绝缘骨架上，使铁心与线圈之间有一定间隙，这样既增加了铁心的散热面积，又能避免线圈受热损坏。

　　2. 触点系统

　　各种电器的导电回路是由若干导电元件组成的，而利用两个导电元件之间的相互接触来实现导电的现象，称为电接触现象。电接触方式有固定接触（压接或焊接的电接触）、可分合接触（在工作过程中能够根据需要自由分合的电接触）、滚动及滑动接触（在工作过程中，接触面间可以相互滑动或滚动，但是不能分开的电接触）三种。

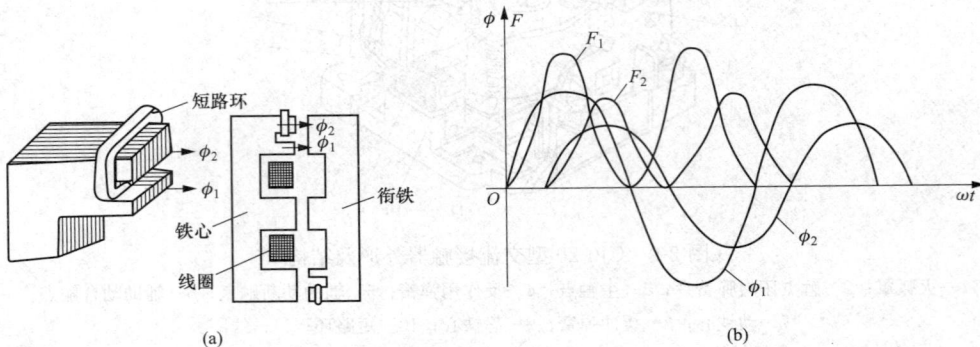

(a)　　　　　　　　　　　　　(b)

图 2-11　加短路环后的磁通和电磁吸力图

（a）磁通示意图　　（b）电磁吸力图

　　交流接触器的触点系统，按电接触方式属可分合接触，即利用触点的分合，达到断开和接通电路的目的。

　　可分合接触方式有点接触、线接触和面接触三种。

　　图 2-16 （a）所示为点接触，它由两个半球形触点或一个半球形触点与一个平面形触点构成，在触点压力较小及触点载流能力不大时，采用点接触较为合适，它能使压力集中，表面氧化膜容易破裂，可减小接触电阻。

　　图 2-16 （b）为线接触，它的接触区域是一条线，由两个弧形面触点构成。

　　图 2-16 （c）为面接触，它的接触区域是一个面，由两个平面触点构成，适用于大电流的场合。

　　触点的结构型式有双断点桥式触点和指形触点两种，如图 2-13 所示。

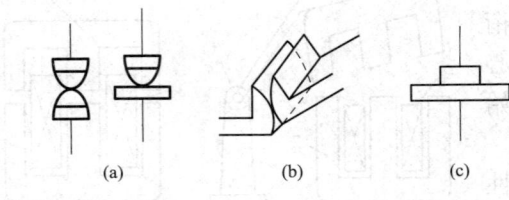

图 2-12　触点的三种接触方式
（a）点接触；（b）线接触；（c）面接触

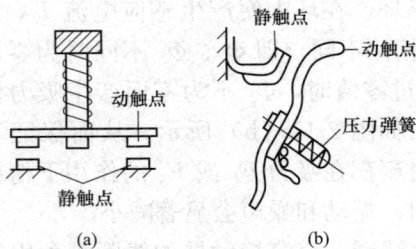

图 2-13　触点结构型式
（a）双断点桥式触点；（b）指形触点

CJ0 系列交流接触器触点一般采用双断点桥式触点。动触点桥一般用紫铜片冲压而成，并具有一定的刚性，触点块用银或银基合金制成，镶焊在触点桥的两端，静触点桥一般用黄钢板冲压而成，一端镶焊触点块，另一端为接线座。动、静触点的外形结构如图 2-14 所示。制造触点块的材料很多，材料的优劣决定触点的工作性能和使用寿命。

图 2-14　动、静触点外形结构图
(a) 动触点；(b) 静触点

按通断能力，触点可分为主触点和辅助触点。主触点用于通断电流较大的主电路，体积较大，一般由三对动合触点组成；辅助触点用以通断电流较小的控制电路，体积较小，一般由两对动合触点和两对动断触点组成。动合触点和动断触点是由衔铁通过杠杆连同动作的。当电磁线圈通电时，动断触点首先断开，继而动合触点闭合；电磁线圈断电时，动合触点首先恢复断开，继而动断触点恢复闭合。两种触点在改变工作状态时，先后有个时间差，尽管这个时间差很短，但对分析电路的控制原理是很重要的。

3. 灭弧装置

交流接触器在断开大电流电路或高电压电路时，在动、静触点之间会产生很强的电弧。电弧是触点间气体在强电场作用下产生的放电。根据试验可知，触点开合过程中电压越高、电流越大、弧区温度越高，电弧就越强。在有触点开关电路中，电弧的产生是难以避免的。电弧的产生一方面烧蚀接触器触点，减少使用寿命，降低工作可靠性；另一方面还使切断电路的时间延长，甚至造成弧光短路或引起火灾事故。因此，希望在断开电路时触点间的电弧能迅速熄灭。

图 2-15　双断口结构的电动力灭弧效应
1—静触点；2—动触点

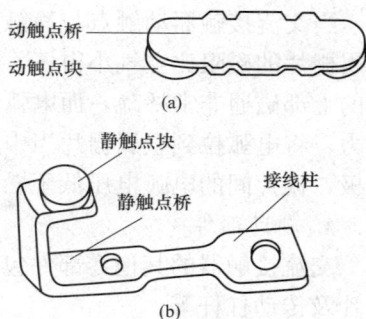

电弧的熄灭方法有多种，采用何种灭弧方法和灭弧装置，因电流种类和电流等级的不同而异。容量较小的交流接触器，如 CJ0-10 型，采用的是双断口结构的电动力灭弧方法，没有专门的灭弧装置，如图 2-15 所示。

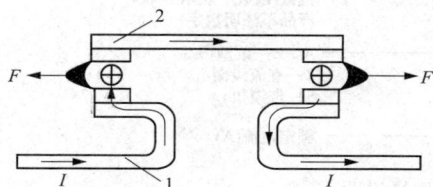

这种灭弧方法是将整个电弧分割成两段，同时利用触点回路本身的电动力 F 将电弧向两侧拉长，使电弧热量在拉长的过程中散发冷却而熄灭。

对于容量较大的 CJ0-20 型，采用半封闭式绝缘栅片陶土灭弧罩，CJ0-40 型采用半封闭式金属栅片陶土灭弧罩。灭弧罩通常采用耐弧陶土、石棉水泥或耐弧塑料制成，它的作用有两个：一是引导电弧散发，防止发生相间短路；二是使电弧与灭弧罩的绝缘壁接触，从而迅速冷却，促使电弧熄灭。金属栅片由镀铜或镀锌铁片制成，形状一般为人字形，栅片插在灭弧罩内，各片之间是相互绝缘的。

金属栅片灭弧装置结构及栅片中的磁场分布如图 2-16 所示。

图 2-16　金属栅片灭弧装置
(a) 结构；(b) 栅片中的磁场分布

　　当交流接触器动触点与静触点分断时，触点间产生电弧，在电弧的周围产生磁场。由于金属栅片的磁阻比空气小得多，因此电弧上部的磁通容易通过金属栅而形成闭合磁路，在电弧的上部磁通非常稀疏，而电弧的下部磁通却非常稠密。这种上疏下密的磁通产生向上的运动力，将电弧拉到金属栅片当中去，栅片将电弧分割成若干短弧，每个栅片就成为短电弧的电极，栅片间的电弧电压低于燃弧电压，同时栅片将电弧的热量散发，加速了电弧的熄灭。

　　4. 辅助部件

　　交流接触器的其他零部件包括反作用弹簧、缓冲弹簧、动触点固定弹簧、动触点压力弹簧片及传动杠杆等。

2.3.2　CJ0 系列交流接触器的工作原理

　　如图 2-13 所示，当电磁线圈通电后，线圈流过电流产生磁场，使静铁心产生足够的吸力，克服反作用弹簧与动触点压力弹簧片的反作用力，将动铁心吸合，同时带动传动杠杆使动触点和静触点的状态发生改变，其中三对动合主触点闭合，主触点两侧的两对动断辅助触点断开，两对动合辅助触点闭合。当电磁线圈断电后，由于铁心电磁吸力消失，动铁心在反作用弹簧力的作用下释放，各触点也随之恢复原始状态。

　　交流接触器的线圈电压在 85%～105% 额定电压时，能保证可靠工作。电压过高，磁路趋于饱合，线圈电流将显著增大，电压过低，电磁吸力不足，动铁心吸合不上，线圈电流往往达到额定电流的十几倍。因此电压过高或过低都会造成线圈过热而烧毁。

　　CJ0 系列交流接触器的型号说明如图 2-17 所示。

图 2-17　CJ0 系列交流接触器型号说明

2.3.3　三菱接触器简介

　　三菱接触器型号较多，包括 S-N 系列交流接触器，SD-N 系列直流接触器，MSO、MSOD 系列电动机启动器，US-N、US-H 系列固态继电器。最新推出的有 S-V 系列接触器。

微课1　交流接触器工作原理与动作过程

　　图 2-18 所示为三菱 S-V 系列接触器实物图。

　　S-V 系列接触器的主要优点是保护环境，使用方便，且安全性高。辅助触头为标准配备，可选带电部位保护盖，如图 2-19 所示。

　　主触头熔焊时的辅助 b 触点为断开状态，如图 2-20 所示，符合作为联锁电路用触点使用的机械安全类别 4 的电路。

　　S-V09 系列接触器具有一个动合辅助触点、一个动断辅助触点，S-V25 系列接触器有两个动合辅助触点、两个动断辅助触点。触点示意图如图 2-21 所示。辅助触点微小负载的可靠性高，最适合于三菱 PLC 的电路及三菱变频器。

　　三菱接触器各型号分断电流与电气耐久性关系如图 2-22 所示。

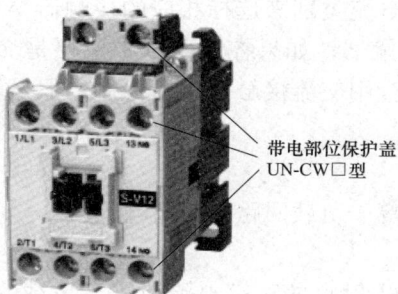

图 2-18 三菱 S-V 系列接触器外形

图 2-19 带电部位保护盖   图 2-20 主触点、辅助触点

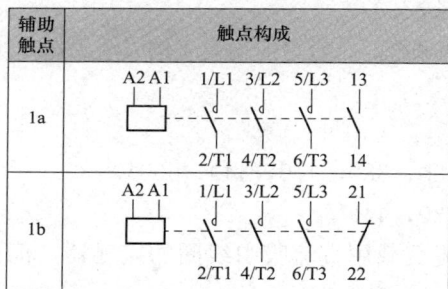
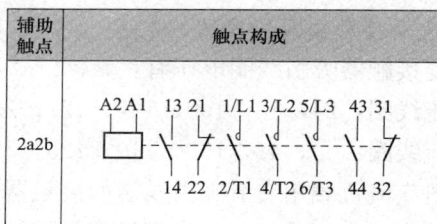

(a)   (b)

图 2-21 S-V09 系列接触器触点示意图

(a) S-V09 触点；(b) S-V25 触点

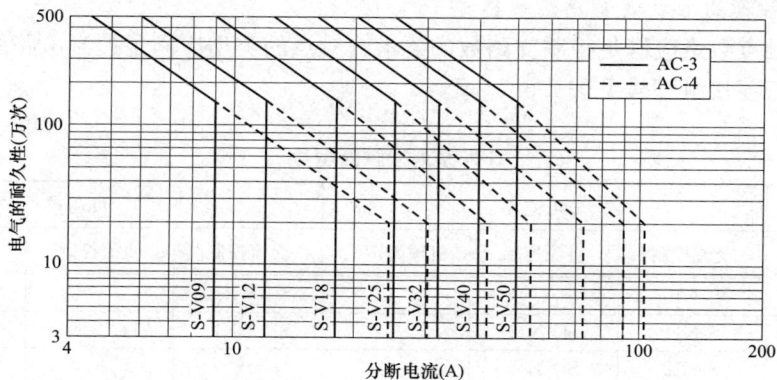

图 2-22 三菱接触器各型号分断电流与电气耐久性关系

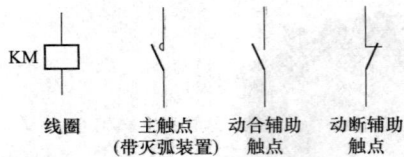

图 2-23　接触器电路电气图形符号

接触器的电气图形符号如图 2-23 所示。

2.3.4　接触器的选择

根据使用场合及控制对象的不同，接触器的操作条件与工作繁重程度也不同，为了尽可能正确经济地选用接触器，必须对控制对象的工作状况及接触器性能有比较全面的了解。不能仅看产品的铭牌数据，因为接触器铭牌上所规定的电压、电流、控制功率等参数，为某一使用条件下的额定值，选用时应根据使用条件正确选择。

1. 选择接触器的类型

通常，先根据接触器所控制的电动机及负载电流类别来选择相应的接触器类型，即交流负载应使用交流接触器，直流负载应使用直流接触器；如果控制系统中主要是交流电动机，而直流电动机或直流负载的容量比较小时，也可全用交流接触器进行控制，但是触头的额定电流应适当选择大一些。

2. 选择接触器主触点的额定电压

通常选择接触器主触点的额定电压应大于或等于负载回路的额定电压。

3. 选择接触器主触点的额定电流

接触器控制电阻性负载（如电热设备）时，主触点的额定电流应等于负载的工作电流。接触器控制电动机时，主触点的额定电流应大于或稍大于电动机的额定电流。

可根据所控制电动机的最大功率查表进行选择。

接触器如使用在频繁启动、制动和频繁正反转的场合时，容量应增大 1 倍以上去选择接触器。

4. 选择接触器吸引线圈的电压

三菱接触器吸引线圈电压有：

交流线圈：24，48，100，120，127，220，230，380，400，440，500V；

直流线圈：24，48，100，110，125，200，220，440V。

一般交流负载用交流吸引线圈的接触器，直流负载用直流吸引线圈的接触器，但交流负载频繁动作时，可采用直流吸引线圈的接触器。

接触器吸引线圈电压若从人身和设备安全角度考虑，可选择低一些；但当控制电路简单、线圈功率较小时，为了节省变压器，则可选用 220V 或 380V。

5. 选择接触器的触点数量及触头类型

接触器的触点数量应满足控制支路数的要求；触点的类型应满足控制电路的功能要求。

S-N 系列三菱接触型号见表 2-6。

表 2-6　　　　　　　　　　　　　　　　　　S-N 系列接触器型号

额定工作电流（A）	非可逆式			可逆式		
AC-3 级 400V	交流控制	直流控制	机械闭锁型	交流控制	直流控制	机械闭锁型
9	S-N10	—	—	S-2×N10	—	—
12	S-N11	SD-N11	—	S-2×N11	SD-2×N11	—
	S-N12	SD-N12	—	—	—	—
16	—	—	—	S-2×N18	—	—

续表

额定工作电流（A）	非可逆式			可逆式		
AC-3 级 400V	交流控制	直流控制	机械闭锁型	交流控制	直流控制	机械闭锁型
22	S-N20	—	—	S-2×N20		
	S-N21	SD-N21	SL(D)-N21	S-2×N21	SD-2×N21	SL(D)-2×N21
30	S-N25	—	—	S-2×N25	—	—
40	S-N35	SD-N35	SL(D)-N35	S-2×N35	SD-2×N35	SL(D)-2×N35
50	S-N50	SD-N50	SL(D)-N50	S-2×N50	SD-2×N50	SL(D)-2×N50
65	S-N65	SD-N65	SL(D)-N65	S-2×N65	SD-2×N65	SL(D)-2×N65
85	S-N80	SD-N80	SL(D)-N80	S-2×N80	SD-2×N80	SL(D)-2×N80
105	S-N95	SD-N95	SL(D)-N95	S-2×N95	SD-2×N95	SL(D)-2×N95
120	S-N125	SD-N125	SL(D)-N125	S-2×N125	SD-2×N125	SL(D)-2×N125
150	S-N150	SD-N150	SL(D)-N150	S-2×N150	SD-2×N150	SL(D)-2×N150
180	S-N180	—	—	S-2×N180	—	—
250	S-N220	SD-N220	SL(D)-N220	S-2×N220	SD-2×N220	SL(D)-2×N220
300	S-N300	SD-N300	SL(D)-N300	S-2×N300	SD-2×N300	SL(D)-2×N300
400	S-N400	SD-N400	SL(D)-N400	S-2×N400	SD-2×N400	SL(D)-2×N400
630	S-N600	SD-N600	SL(D)-N600	S-2×N600	SD-2×N600	SL(D)-2×N600
800	S-N800	SD-N800	SL(D)-N800	S-2×N800	SD-2×N800	SL(D)-2×N800

本系列接触器主要用于交流频率 50Hz 和 60Hz，额定电压至 1000V，额定电流至 800A 的电力系统中接通和分断电路，可与适当的热过载继电器或电子式保护继电器组合成电动机启动器，以保护运行中可能发生过载的设备。

2.4 继 电 器

继电器是一种根据电气量或非电气量（如电压、电流、转速、时间、温度等）的变化，接通或断开控制电路，实现自动控制与保护电力拖动装置的电器。

继电器一般不用于直接控制较强电流的主电路，主要用于反映控制信号，因此同接触器比较，继电器触头的分断能力很小，一般不设灭弧装置。

继电器的种类较多，其工作原理和结构也各不相同，但就一般来说，继电器是由承受机构、中间机构和执行机构三大部分组成。承受机构是反映和接入继电器的输入量，并传递给中间机构，将它与额定的整定值进行比较，当达到额定值时（过量或欠量），中间机构就使执行机构中触头动作，产生输出量，从而接通或断开被控电路。

根据继电器在控制电路中的重要性，要求继电器具有反应灵敏、动作准确、切换迅速、工作可靠、结构简单、体积小、质量轻等特点。

继电器的分类有若干种方法，按输入信号的性质分为电压继电器、电流继电器、速度继电器、压力继电器等。按工作原理分为电磁式继电器、感应式继电器、热继电器、晶体管式继电器等。按输出形式分为有触点和无触点两类。

2.4.1 中间继电器

中间继电器是将一个输入信号变成一个或多个输出信号的继电器。它的输入信号为线圈的通电和断电，它的输出信号是触点的动作，不同动作状态的触点分别将信号传给几个元件或回路。

中间继电器的基本结构及工作原理与接触器完全相同，故称为接触式继电器。所不同的是中间继电器的触点对数较多，并且没有主、辅之分，各对触点允许通过的电流大小是相同的，其额定电流约为5A。

中间继电器的主要用途有两个：

（1）当电压或电流继电器触点容量不够时，可借助中间继电器来控制，用中间继电器作为执行元件，这时中间继电器可被看成是一级放大器。

（2）当其他继电器或接触器触点数量不够时，可利用中间继电器来切换多条电路。

中间继电器的选择主要依据被控制电路的电压等级、所需触点的数量、种类、容量等要求来选择。

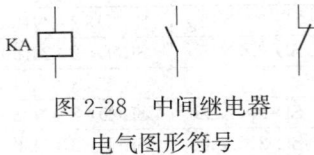

图 2-28　中间继电器
电气图形符号

三菱 SR-N 系列接触器式继电器适用于交流 50Hz（或 60Hz），电压至 500V 及直流电压至 220V 的控制电路中，用于信号中间放大隔离或传递给有关控制元件。

SR-N 系列接触器型号见表 2-7。

表 2-7   三菱 SR-N 系列接触器型号

触点数	标准	直流控制	机械闭锁型	
	（交流控制）		交流控制	直流控制
4	SR-N4	SRD-N4	SRL-N4	SRLD-N4
5	SR-N5	SRD-N5	—	—
8	SR-N8	SRD-N8	—	—

2.4.2　电流继电器

根据电流值的大小而动作的继电器称为电流继电器。电流继电器的线圈串接在被测量的电路中，此时继电器所反映的是电路中电流的变化，为使串入电流继电器线圈后不影响电路正常工作，所以电流继电器的线圈匝数要少、导线要粗、阻抗要小，只有这样线圈的功率损耗才小。

根据实际应用的要求，电流继电器可分为过电流继电器和欠电流继电器。其电气图形符号如图 2-25 所示。

过电流继电器在正常工作时，线圈通过的电流在额定值范围内，它所产生的电磁吸力不

图 2-25　电流继电器电气图形符号

足以克服反作用弹簧的反作用力，故衔铁不动作。当通过线圈的电流超过某一整定值时，电磁吸力大于反作用弹簧拉力，吸引衔铁动作，于是动断触点断开，动合触头闭合。有的过电流继电器带有手动复位机构，其作用是当过电流时，继电器动作，衔铁被吸合，但当电流再减小甚至到零时，衔铁也不会自动返回，只有当故障得到处理后，采用手动复位机构，松开锁扣装置后衔铁才会在复位弹簧作用下返回原始状态，从而避免重复过电流事故的发生。

过电流继电器主要用于频繁启动和重载启动的场合，作为电动机或主电路的过载和短路保护。一般交流过电流继电器调整在（110%～400%）I_N 动作，直流过电流继电器调整在（70%～300%）I_N 动作。

在选用过电流继电器时，对于小容量直流电动机和绕线式异步电动机，其线圈的额定电流一般可按电动机长期工作的额定电流来选择；对于频繁启动的电动机，考虑到启动电流在继电器线圈中的发热效应，继电器线圈的额定电流可选大一级。

欠电流继电器是当通过线圈的电流降低到某一整定值时，继电器衔铁被释放，所以欠电流继电器在电路电流正常时，衔铁吸合。欠电流继电器的吸引电流为线圈额定电流的 30%～65%，释放电流为额定电流的 10%～20%。因此，当继电器线圈电流降低到额定电流的 10%～20% 时，继电器即动作，给出信号，使控制电路作出应有的反应。

电流继电器的动作值与释放值可用调整反作用弹簧的方法来整定。旋紧弹簧，反作用力增大，吸合电流和释放电流都被提高；反之，旋松弹簧，反作用力减小，吸合电流和释放电流都降低。另外，调整夹在铁心柱与衔铁吸合端面之间的非磁性垫片的厚度也能改变继电器的释放电流，垫片越厚，磁路的气隙和磁阻就越大，与此相应，产生同样吸力所需的磁动势也越大，当然，释放电流也要大些。

2.4.3　电压继电器

根据电压大小而动作的继电器称为电压继电器。电压交流继电器的线圈并联在被测量的电路中，此时继电器所反映的是电路中电压的变化，电压继电器的电磁机构及工作原理与接触器类同。

根据实际应用的要求，电压继电器有过电压、欠电压、零电压继电器。过电压继电器是当电压超过规定电压高限时，衔铁吸合，一般动作电压为（105%～120%）U_N 时对电路进行过电压保护；欠电压继电器是当电压不足于所规定的电压低限时，衔铁释放，一般动作电压为（40%～70%）U_N 时对电路进行欠电压保护；零电压继电器是当电压降低到接近零时，衔铁释放，一般动作电压为（10%～35%）U_N 时对电路进行零电压保护。具体的吸合电压及释放电压值的调整，应根据需要决定。

电压继电器电气图形符号如图 2-26 所示。

过电压继电器选择的参数主要是额定电压与动作电压，其动作电压可按系统额定电压的 1.1～1.5 倍整定，欠电压继电器常用一

图 2-26　电压继电器电气图形符号

般电磁式继电器或小型接触器担任，其选用只要满足一般条件即可，对释放电压无特殊要求。

2.4.4　热继电器

热继电器是利用电流的热效应来推动动作机构使触点系统闭合或分断的保护电器。其主要用于电动机的过载保护、断相保护、电流不平衡运行的保护及其他控制电气设备发热状态的保护。其结构及电气图形符号如图 2-27 所示。

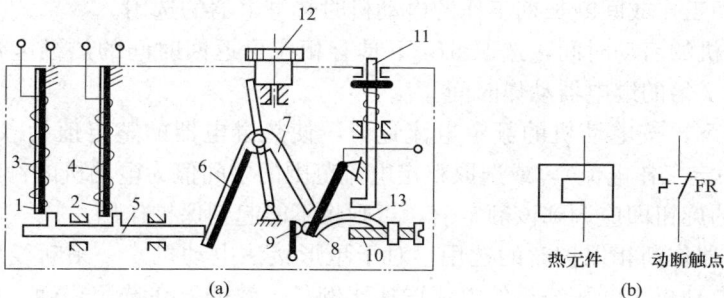

图 2-27　热继电器结构和电气符号

(a) 结构图；(b) 电气图形符号

1、2—主双金属片；3、4—加热元件；5—导板；6—温度补偿片；7—推杆；

8—动触点；9—静触点；10—螺钉；11—复位按钮；12—凸轮；13—弓簧

　　主双金属片是由两种热膨胀系数不同的金属片以机械碾压方式使之形成一体。材料多为铁镍铬合金和铁镍合金，受热时弯曲变形，弯曲程度由各自材料线膨胀系数及其温度决定。

　　当负载电流超过整定电流值并经过一定时间后，发热元件所产生的热量足以使主双金属片受热向右弯曲，并推动导板 5 向右移动一定距离，导板又推动温度补偿片 6 与推杆 7，使动触点 8 与静触点 9 分断，从而使接触器线圈断电释放，将电源切除起到保护作用。电源切断后，电流消失，主双金属片逐渐冷却，经过一段时间后恢复原状，于是动触点在失去作用力的情况下，靠自身弓簧 13 的弹性自动复位与静触点闭合。热继电器的基本特性及其选用：热继电器主要用于保护电动机的过载，因此在选用时，必须了解被保护对象的工作环境、启动情况、负载性质、工作制以及电动机允许的过载能力，与此同时还应了解热继电器的某些基本特性和某些特殊要求。

　　1. 热继电器的基本性能

　　（1）安秒特性。安秒特性即电流—时间特性，是表示热继电器的动作时间与通过电流之间的关系特性，也称动作特性或保护特性。

　　热继电器所保护的电动机，在正常工作中常会出现短时过载，只要过载电流导致的温升不超过电动机绕组绝缘的允许温升或短时接近允许温升都是允许的，但不能使电动机在接近允许最高温升条件下长期过载工作，特别是超过允许温升的过载会使电动机的绝缘迅速老化或损伤，从而缩短电动机的寿命。保护应遵循的原则是：应使热继电器的保护特性位于电动机的过载特性之下，并尽可能地接近，甚至重合，以充分发挥电动机的能力，同时使电动机在短时过载和启动瞬间（瞬间电流为额定电流 5～6 倍）时不受影响。

　　（2）热稳定性。热稳定性即耐受过载能力。热继电器热元件的热稳定性要求是：在最大整定电流时，对额定电流 100A 及以下的，通 10 倍最大整定电流；对额定电流 100A 的，通 8 倍最大整定电流，热继电器均应能可靠动作 5 次。

　　（3）控制触点寿命。热继电器的常开、动断触点的长期工作电流为 3A，并能操作视在功率为 510VA 的交流接触器线圈 1000 次。

　　（4）复位时间。自动复位时间不大于 5min，手动复位时间不大于 2min。

　　（5）电流调节范围。电流调节范围约为 $(66\%\sim100\%)I_N$，最大为 $(50\%\sim100\%)I_N$。

　　2. 热继电器的选用

　　（1）保护长期工作或间断长期工作的电动机时热继电器的选用。

　　1）根据电动机的启动时间，选取 $6I_N$ 下具有相应可返回时间的热继电器。一般取可返回时间为 0.5～0.7 倍的继电器动作时间。

　　2）一般情况下，按电动机的额定电流选取，使热继电器的整定值为 $(0.95\sim1.05)I_N$（I_N 为电动机的额定工作电流），或选取整定电流范围的中间值为电动机的额定工作电流。使用时，热继电器的旋钮即应调到该额定值，否则将不能起到保护作用。

　　3）用热继电器作断相保护时的选用。对于星形接法电动机，一相断线后，流过热继电器的电流与流过电动机未断相绕组的电流增加比例是一致的。在选用正确、调整合理的情况下，使用一般不带断相保护的两相或三相热继电器也能反应一相断线后的过载，对断相运行起保护作用。

　　对于三角形接法电动机，一相断线后，流过热继电器的电流与流过电动机绕组的电流增加比例是不同的，其中最严重的一相比其余串联的两相绕组电流要大一倍，增加的比例也最大。这种情况应该选用带有断相保护装置的热继电器。

从负载大小来分析，一般只有当三角形接法的小容量笼型异步电动机在 50％～67％负载下运行时，出现一相断电的情况下才选用带断相保护的热继电器；当负载大于 67％额定功率时，产生一相断电时，即使不带断相保护装置的一般热继电器也能动作；而当负载小于 50％额定功率时，由于电流较小，一相断线时也不会损坏电动机。

在使用不带断相保护装置的热继电器保护三角形接法的电动机时，一般也能在一相断线时起保护作用。不过，此时热继电器的整定电流应按电动机额定电流的 50％～60％整定。

4）三相与两相热继电器的选用。在一般故障情况下，两相热继电器与三相热继电器具有相同的保护效果，但制造两相的节省材料和工时，调试也较简单，所以应尽量选用两相热继电器。只有在下述情况下才不宜选用两相的，如电网的相电压均衡性较差，三相负载不平衡，多台电动机的功率差别比较显著，工作环境恶劣或较少有人照管的电动机等。

（2）保护反复短时工作制的电动机时热继电器的选用。热继电器用于反复短时工作制的电动机时仅有一定范围的适应性，当电动机启动电流倍数为 6 倍的额定工作电流，启动时间小于 5s，电动机满载工作，通电持续率为 60％时，每小时允许操作次数最高不超过 40 次。要求更高的操作频率时，可选用特殊类型的热继电器。

（3）特殊工作制电动机的保护。正反转及密集通断工作的电动机不宜采用热继电器作为保护，可选用埋入电动机绕组的温度继电器或热敏电阻来保护。

在一般情况下，应用两相结构的热继电器已能对电动机的过载进行保护。这是因为电源的三相电压均衡，电动机的绝缘良好，三相线电流也是对称的。但是，当三相电源因供电线路故障而发生严重的不平衡情况，或因电动机绕组内部发生短路或接地故障时，就可能使电动机某一相线电流比另外两相线电流要高，若该相线路中恰巧没有热元件，就不能对电动机进行可靠的保护。为此，就必须选用三相结构的热继电器。

微课2　热继电器结构与工作原理

3. 三菱 TH-N 系列热继电器

三菱 TH-N 系列热继电器主要用于交流频率 50Hz 和 60Hz，额定电压至 690V，额定电流至 800A 的电力系统中，作为三相交流电动机的过载保护和断相保护。延迟型（带饱和电抗器）特别适用于启动时间长的电动机负载。热继电器与上级保护的塑壳断路器可以轻松实现协调保护。热继电器型号见表 2-8。

表 2-8　　　　　　　　　三菱 TH-N 系列热继电器型号

电流等级	标准（2 热元件）		3 热元件		延迟型（带饱和电抗器）			
	过载保护		过载、断相保护		过载保护		过载、断相保护	
	启动器用	单独安装	启动器用	单独安装	启动器用	单独安装	启动器用	单独安装
N12	TH-N12	注 1	TH-N12KP	注 1	TH-N12SR	注 1	—	—
N18	TH-N18	—	TH-N18KP	—	—	—	—	—
N20	TH-N20		TH-N20KP		TH-N20SR		TH-N20KPSR	
N20TA	TH-N20TA	—	TH-N20 TAKP		TH-N20 TASR		TH-N20 TAKPSR	

电流等级	标准（2热元件）		3热元件		延迟型（带饱和电抗器）			
	过载保护		过载、断相保护		过载保护		过载、断相保护	
	启动器用	单独安装	启动器用	单独安装	启动器用	单独安装	启动器用	单独安装
N60	TH-N60		TH-N60KP		TH-N60SR		TH-N60KPSR	
N60TA	TH-N60TA	—	TH-N60 TAKP	—	TH-N60 TASR	—	TH-N60 TAKPSR	—
N120	TH-N120		TH-N120KP		TH-N120SR		TH-N120KPSR	
N120TA	TH-N120TA	TH-N120 TAHZ	TH-N120 TAKP	TH-N120 TAHZKP	TH-N120 TASR		TH-N120 TAKPSR	
N220	TH-N220RH	TH-N220HZ	TH-N220 RHKP	TH-N220 HZKP	TH-N220 RHSR	TH-N220 HZSR	TH-N220 RHKPSR	TH-N220 HZKPSR
N400	TH-N400RH	TH-N400HZ	TH-N400 RHKP	TH-N400 HZKP	TH-N400 RHSR	TH-N400 HZSR	TH-N400 RHKPSR	TH-N400 HZKPSR
N600	TH-N600		TH-N600KP		TH-N600SR		TH-N600KPSR	

2.4.5　时间继电器

凡是感测系统获得输入信号后需延迟一段时间，然后它的执行系统才会动作输出信号，进而操纵控制电路的电器称为时间继电器。它被广泛用来控制生产过程中按时间原则制定的工艺程序。

时间继电器的种类很多，常用的主要有电磁式、电动式、空气阻尼式和晶体管式等。其电气图形符号如图 2-28 所示。

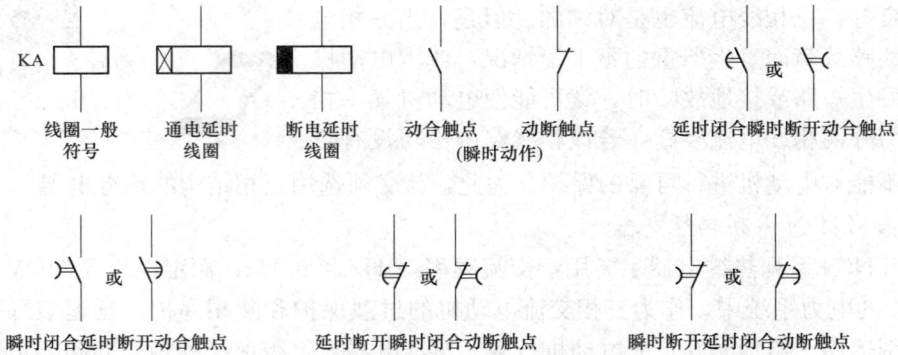

图 2-28　时间继电器电气图形符号

通电延时型动作过程：当线圈通电后，动断触点（瞬时动作）瞬时断开，动合触点（瞬时动作）瞬时闭合。其延时闭合瞬时断开动合触点经延时后闭合，动断延时触点在延时后断开。线圈断电后，所有触点均恢复原状态。

微课3　通电延时时间继电器工作原理

断电延时型动作过程：当线圈通电后，所有触点均立刻动作（动合触点闭合，动断触点断开）。线圈断电后，瞬时闭合延时断开动合触点经延时后断开，动断延时触点在延时后闭合，动断触点（瞬时动作）瞬时断开，动合触点（瞬时动作）瞬时闭合。

时间继电器的选用：

（1）根据系统的延时范围选用适当的系列和类型；

（2）根据控制电路的功能特点选用相应的延时方式；

（3）根据控制电压选择吸引线圈的电压等级。

在下列情况下可选用晶体管时间继电器：

（1）当电磁式、电动式或空气阻尼式时间继电器不能
满足电路控制要求时；

（2）当控制电路要求延时精度较高时；

（3）控制回路相互协调需要无触点输出时。

微课4　断电延时时间
继电器工作原理

2.4.6　速度继电器

速度继电器是用来反映转速和转向变化的继电器。它的基本工作方式和主要作用是依靠旋转速度的快慢为指令信号，通过触头的分合传递给接触器，从而实现对电动机反接制动控制。

速度继电器的外形及结构如图 2-29 所示。

速度继电器主要由定子、转子、端盖、可动支架、触头系统等组成。

图 2-33 所示为速度继电器的结构示意。由图可以看出，定子由硅钢片叠成并装有笼型的短路绕组（同笼型转子绕组相似），定子与转轴同心，定子、转子间有一很小气隙，并能独自偏摆；转子是用一块永久磁铁制成，固定在转轴上；支架的一端固定在定子上，可随定子偏摆；顶块与支架的另一端由小轴连接在一起，转轴与小轴分别固定，顶块可随支架偏摆而动作。

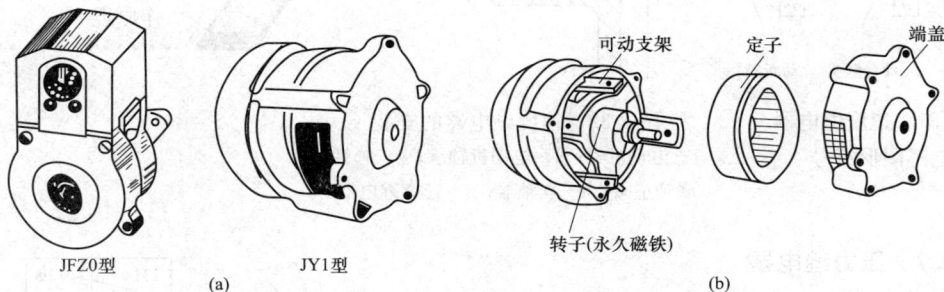

图 2-29　JY1 型、JFZ0 型速度继电器外形及结构
(a) 外形；(b) 结构

速度继电器的工作原理：如图 2-30 所示，当电动机旋转时，与电动机同轴连接的速度继电器转子也转动，这样，永久磁铁制成的转子，就由静止磁场变为在空间移动的旋转磁场。此时，定子内的短路绕组（导体）因切割磁力线而产生感应电动势和电流，载流短路绕组与磁场相互作用便产生一定的转矩，于是定子便顺着转轴的转动方向而偏转。定子的偏转带动支架和顶块，当定子偏转到一定程度时，顶块推动动触点弹簧片 13（或 12）闭合后，可产生一定的反作用力，阻止定子继续偏转。电动机转速越高，定子导体内产生的电流越大，因而电磁转矩越大，顶块对动触点簧片的作用力也就越大。当电动机转速下降时，速度继电器转子速度也随之下降，定子绕组内产生的感应电流出相应减小，从而使电磁转矩减小，顶块对动触点簧片的作用力也减小。当转子速度下降到一定数值时，顶块的作用力小于触点簧片的反作用力时，顶块返回到原始位置，对应的触点也复位。

目前机床电路中常用的速度继电器有 JY1 型，它能在 3000r/min 以下可靠地工作；还有

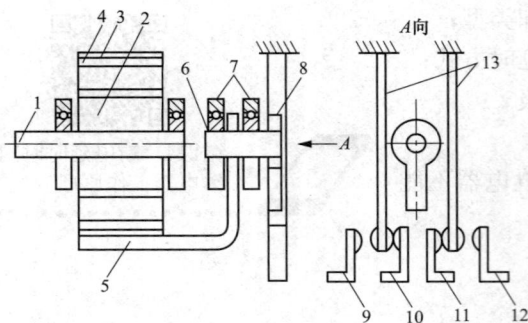

图 2-30　速度继电器结构示意图

1—轴；2—永久磁铁；3—笼型定子；4—短路绕组；
5—支架；6—轴；7—轴承；8—顶块；
9、12—动合触点；10、11—动断触点；13—动触点弹簧片

一种产品为 JFZ0 型，其触点动作速度不受定子偏转的影响，两组触点改用两个微动开关，其额定工作转速有 300～1000r/min（JFZ0-1 型）与 1000～3000r/min（JFZ0-2 型）。一般速度继电器转轴转速达到 120r/min 以上时触点即动作，当转轴速度低于 100r/min 时，触点即复位。

速度继电器电气图形符号如图 2-31 所示。

速度继电器的安装如图 2-32 所示。

速度继电器的轴用联轴器 4 与被控制电动机轴 1 联接。

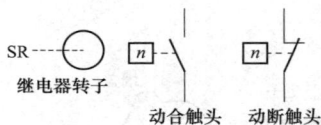

图 2-31　速度继电器
电气图形符号

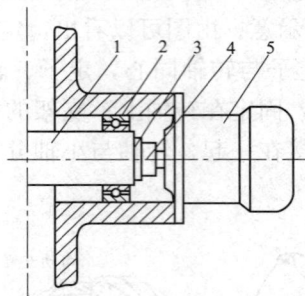

图 2-32　速度继电器的安装

1—电动机轴；2—电动机轴承；3—弹性
联轴垫圈；4—联轴器；5—速度继电器

微课5　速度继电器工作原理

2.4.7　压力继电器

压力继电器在电力拖动中，多用于机床的气压、水压和油压等系统，在机床设备运行前或运行中，通过不同压力源的压力变化，发出相应的工作指令或信号，达到操纵、控制、保护的目的。

压力继电器的结构如图 2-33 所示。

压力继电器由缓冲器 1、橡皮薄膜 2、顶杆 3、压缩弹簧 4、调节螺母 5 和微动开关 6 等组成。微动开关 6 和顶杆 3 距离一般大于 0.2mm。压力继电器装在气路、水路或油路的分支管路中。当管路中压力超过整定值时，通过缓冲器 1、橡皮薄膜 2 推动顶杆 3，使微动开关 6 动作，动断触点 129 和 130 分断，动合触点 129 和 131 闭合。当管路中压力低于整定值后，顶杆 3 脱离微动开关 6，使触头复位。

常用的压力继电器有 YJ 系列、TE52 系列和 YT-

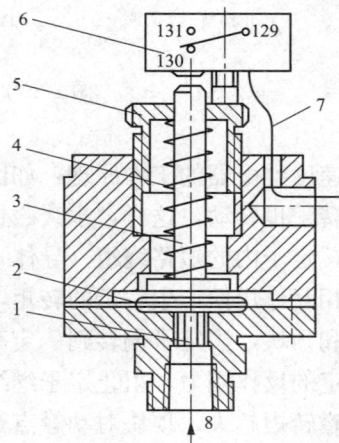

图 2-33　压力继电器结构

1—缓冲器；2—橡皮薄膜；3—顶杆；
4—压缩弹簧；5—调节螺母；6—LXS-11
型微动开关；7—电线；8—压力油

1226 等系列。

压力继电器电气图形符号如图 2-34 所示。

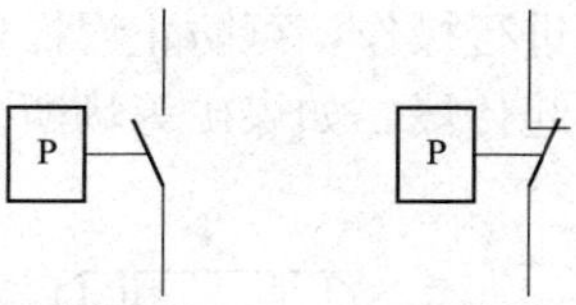

2.4.8　智能固态继电器

固态继电器（简称 SSR）是采用固体半导体元件组装而成的一种无触点开关的新型继电器。由于 SSR 的接触或断开没有机械接触部件，因而具有开关速度快、工作频率高、使用寿命长、噪声低和动作可靠等一系列优点。目前，它不仅在许多自动化控制装置中代替了常规机电式继电器，而且广泛应用于数字程控装置、微电动机控制、调温装置、数据处理系统及计算机终端接口电路，尤其适用于动作频繁、防爆耐潮和耐腐蚀等特殊场合。固态继电器主要有控制功率小、可靠性高、抗干扰能力强、动作快、寿命长、能承受的浪涌电流大和耐压水平高等特点。

图 2-34　压力继电器电气图形符号

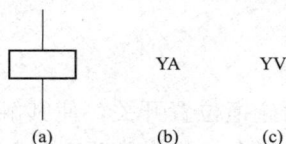

三菱电动机的固态继电器型号有 SF16DPS-H1-5，SF15DXZ-H1-4，SF30DPS-H1-5 等。

2.4.9　电磁铁

电磁铁是利用电磁吸力来操纵牵引机械装置，以完成预期的动作，或用于钢铁零件的吸持固定、铁磁物体的起重搬运等，因此它也是将电能转换为机械能的一种低压电器。

电磁铁在电气原理图中的符号如图 2-35 所示。

图 2-35　电磁铁电气符号
（a）线圈符号；（b）电磁铁文字符号；
（c）阀用电磁铁文字符号

2.5　主　令　电　器

主令电器是在自动控制系统中发出指令或信号的操纵电器。由于它是专门发号施令，故称"主令电器"。主令电器主要用来切换控制电路，使电路接通或分断，实现对电力拖动系统的各种控制，以满足生产机械的要求。

常用的主令电器有按钮开关、位置开关、万能转换开关和主令控制器等。

2.5.1　按钮开关

按钮开关是一种手动操作接通或分断小电流控制电路的主令电器。一般情况下它不直接控制主电路的通断，主要利用按钮开关远距离发出手动指令或信号去控制接触器、继电器等电磁装置，实现主电路的分合、功能转换或电气联锁。

按钮开关的结构一般都是由按钮帽、复位弹簧、桥式动触点、静触点、外壳及支柱连杆等组成。按钮开关按静态时触点分合状况，可分为常开按钮（启动按钮）、常闭按钮（停止按钮）及复合按钮（常开、常闭组合为一体的按钮）。

常开按钮：未按下时，触点是断开的，按下时触点被接通；当松开后，按钮在复位弹簧的作用下复位断开。

常闭按钮：与常开按钮相反，未按下时，触点是闭合的，按下时触点被断开；当松开后，按钮在复位弹簧的作用下复位闭合。

复合按钮：是将常开与常闭按钮合为一体的按钮。

按钮按操作方式、防护方式分类类别有开启式、保护式、防腐式、旋钮式、钥匙式等。其中，开启工适用于嵌装固定在开关板、控制柜或控制台的面板上；钥匙式是用钥匙插入旋转进行操作，可防止误操作或供专人操作；防爆式能用于含有爆炸性气体与尘埃的地方而不引起传爆，如煤矿等场所。

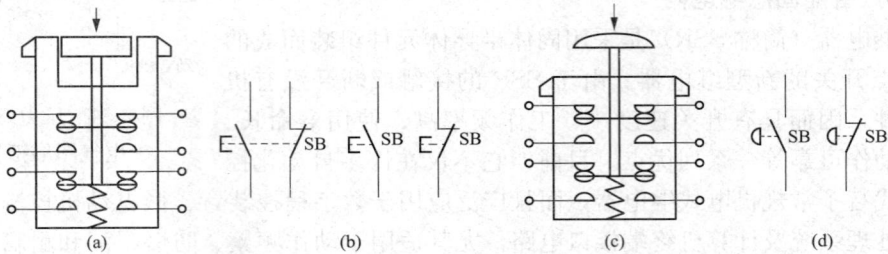

图 2-36　按钮示意图及图形符号

（a）按钮示意图；（b）按钮图形符号；（c）急停按钮示意图；（d）急停按钮图形符号

2.5.2　位置开关

位置开关分为有触点行程开关和无触点行程开关。

有触点行程开关是利用生产设备某些运动部件的机械位移而碰撞位置开关，使其触点动作，将机械信号变为电信号，接通，断开或变换某些控制电路的指令，借以实现对机械的电气控制要求。通常，这类开关被用来限制机械运动的位置或行程，使运动机械按一定位置或行程自动停止、反向运动、变速运动或自动往返运动等。

有触点行程开关分为直动式、微动式、旋转式双向机械碰压开关。

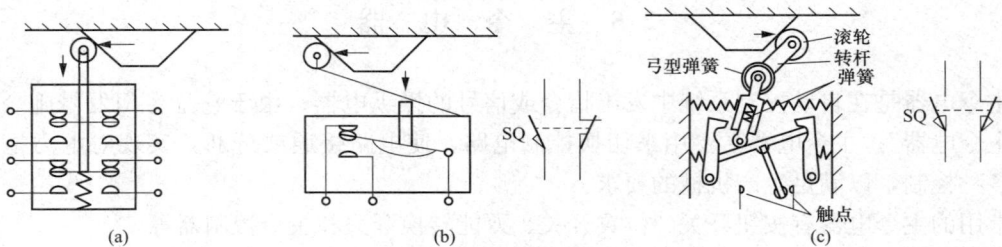

图 2-37　行程开关示意图及电气图形符号

（a）直动式行程开关；（b）微动式行程开关；（c）旋转式双向机械碰压限位开关

无触点行程开关又称接近开关。它的功能是当有某种物体与之接近到一定距离时就发出动作信号，以控制继电器或逻辑元件。它的用途除行程控制和限位保护外，还可作为检测金属体的存在、高速计数、测速、定位、变换运动方向、检测零件尺寸、液面控制及用作无触点按钮等。它具有工作可靠、寿命长、操作频率高以及能适应恶劣的工作环境等特点。

接近开关按工作原理可分为高频振荡型（检测各种金属）、电磁感应型（检测导磁或非导磁性金属）、电容型（检测各种导电或不导电的液体或固体）、永磁型及磁敏元件型（检测磁场或磁性金属）、光电型（检测不透光的所有物质）、超声波型（检测不透过超声波的物质）。

接近开关的主要参数有型式、动作距离范围、动作频率、响应时间、重复精度、输出型式、工作电压及输出触点的容量。各类接近开关的电气图形符号如图 2-42 所示。

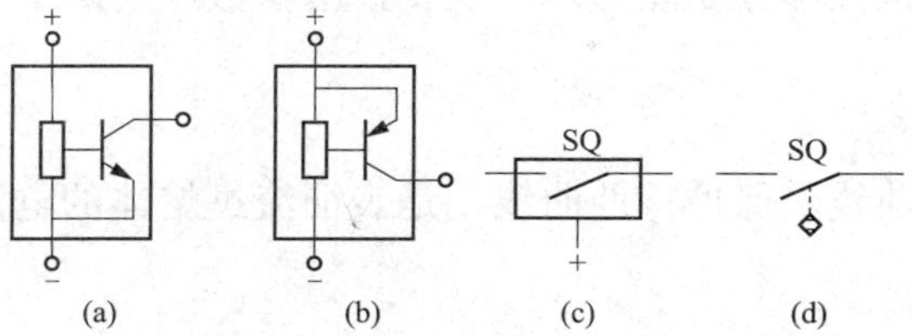

图 2-38　接近开关电气图形符号

（a）NPN 型；（b）PNP 型；（c）有源接近开关；（d）无源接近开关

2.5.3　主令电器的选择

1. 按钮的选择

（1）根据使用场合和具体用途选择按钮形式。如果按钮安装于控制柜的面板上，需采用开启式的；如要显示工作状态，需采用带指示灯的；如需避免误操作，需采用钥匙式的；如要避免腐蚀性气体侵入，需采用防腐式的。

（2）根据控制作用选择按钮帽的颜色。按钮帽的颜色有红色、绿色、白色、黄色、蓝色、黑色、橙色等，一般启动按钮或通用按钮采用绿色，停止按钮采用红色。

（3）根据控制回路的需要确定触点数量和按钮数量。如控制回路中只需要一个常开单钮，可选用单按钮，控制回路中需要两个常开（常闭）按钮数量时，可选用两个复式按钮盒。

2. 行程开关的选择

（1）根据使用场合和控制对象确定行程开关的种类。行程开关包括一般用途行程开关和起重设备用行程开关。例如，当生产机械运动速度不是太快时，要选用一般用途行程开关；在工作频率很高、对可靠性及精度要求也很高时，可选用接近开关。

（2）根据生产机械的运动特性确定行程开关的操作方式。如生产机械的运行速度高于0.4m/min 时可选用直动式行程开关，当依靠运动机械的挡铁（撞块）改变行程开关状态时，可选用旋转式双向机械碰压开关。

（3）根据使用环境条件确定行程开关的防护形式，如开户式或保护式。

2.6　熔　断　器

熔断器是低压配电系统和电力拖动系统中的保护电器。在使用时，熔断器串接在所保护的电路中，当该电路发生过载或短路故障时，通过熔断器的电流达到或超过了某一规定值，以其自身产生的热量使熔体熔断而自动切断电路，起到保护作用。电气设备的电流保护有两种主要形式：过载延时保护和短路瞬时保护。过载一般是指 10 倍额定电流以下的过电流，短路则是指 10 倍额定电流以上的过电流。但应注意，过载保护和短路保护不仅是电流倍数的不同，实际上无论从特性方面，参数方面还是工作原理方面来看，差异很大。

2.6.1　熔断器的结构与主要技术参数

熔断器主要由熔体、安装熔体的熔管和熔座三部分组成。其电气图形符号如图 2-39所示。

每一种系列及型号的熔断器都有安秒特性和分断能力两个主要技术参数，这两个参数都体现了在保护方面对熔断器提出的要求。

1. 安秒特性曲线

熔断器的安秒特性曲线亦是熔断特性曲线、保护特性曲线，是表征流过熔体的电流与熔体的熔断时间的关系，如图 2-40 所示。

图 2-39　熔断器电气图形符号　　　　图 2-40　熔断器的安秒特性曲线

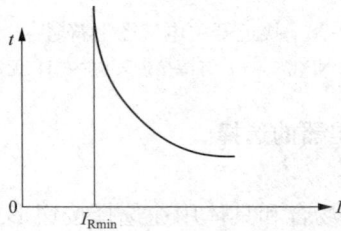

曲线说明了熔体的熔断时间随着电流的增大而缩短，是反时限特性。因为熔断器是以过载时的发热现象作为动作的基础，而在电流发热过程中总是存在 I_{Rmin} 为常数的规律，即熔体在熔化和气化过程中，所需要的热量是一定的，因此，熔断时间与电流的平方成反比，电流越大，熔断时间越短。熔断器的熔化电流与熔化时间的关系见表 2-12。

表 2-12　　　　　　　　　　熔断器的熔化电流与熔化时间

熔断电流	$1.25I_e$	$1.6I_e$	$2I_e$	$2.5I_e$	$3I_e$	$4I_e$
熔断时间	∞	1h	40s	8s	4.5s	2.5s

熔断器的安秒特性曲线主要是为过载保护服务的，过载动作的物理过程主要是熔体热熔化过程，体现了过载延时保护特性。

另外，在安秒特性曲线中有一个熔断电流与不熔断电流的分界线，与此相对应的电流称为最小熔化电流或临界电流 I_{Rmin}，往往以在 1～2h 能熔断的最小电流值作为最小熔化电流。根据对熔断器的要求，熔体在额定电流下绝对不应熔断，所以最小熔化电流必须大于额定电流。

为了描述熔体的保护特性，定义熔体的最小熔化电流 I_{Rmin} 与熔体额定电流 I_{RN} 之比称为最小熔化系数用 β 表示。它是表征熔断器保护小倍数过载时的灵敏度的指标，故 β 必须大于 1，一般 $\beta \geqslant 1.25$，β 值小对小倍数过载保护有利。

2. 分断能力

熔断器的分断能力通常是指在额定电压及一定功率因数下切断短路电流的极限能力，所以常用极限断开电流值来表示。

实际运行中，短路一般是突发性的，这时的电流变化并不是逐渐增大而是突然的增大，同时短路电流的持续时间很短，往往不到 1s，可见短路是电弧的熄灭过程，体现了短路瞬时保护特性。因此，分断能力主要是为短路保护服务的。短路时熔体的熔断时间不随电流的变化而变化，是一常数，这就是定时限保护特性。

由以上可知，熔断器对过载反应是很不灵敏的，当系统电气设备发生轻度过载时，熔断器将持续很长时间才熔断，有时甚至不熔断。因此，熔断器一般不宜作为过载保护，主要用作短路保护。

熔体是熔断器的主要组成部分，常做成丝状、片状和栅状。按熔体的热惯性的大小可分为：

（1）无热惯性的熔体。发热时间常数很小，熔化很快。一般是在丝状的铜或银熔体上面焊以易熔合金（如锡或镉合金）的小球状熔体。

（2）大热惯性的熔体。发热时间常数很大，熔化很慢，一般是以铅为主要材料所制成的熔体。

（3）小热惯性的熔体。其熔化速度介于上述两者之间，一般以锌为主要材料所制成的熔体。熔体的熔断电流一般是额定电流的 1.5～2 倍。所谓熔体的额定电流是指长时间通过熔体而不熔断的最大电流值。

熔管是熔断器的另一个主要组成部分，它是熔体的外壳，用耐热绝缘材料制成，在熔体熔断时兼有灭弧作用，熔管中可装入不同电流等级的熔体，但装入的熔体额定电流不能大于熔管的额定电流值。所谓熔管的额定电流是由熔管长期工作所允许温升决定的电流值。

熔座的作用是固定熔管和外接引出线。

2.6.2 常用的低压熔断器

熔断器按结构形式可分为半封闭插入式、无填料封闭管式、有填料封闭管式和自复式四类。下面介绍几种常用的熔断器。

1. RC1A 系列瓷插式熔断器

RC1A 系列瓷插式熔断器是在 RC1 系列的基础上改进设计的，可取代 RC1 系列老产品，属半封闭插入式，如图 2-41 所示。

它由瓷座、瓷盖、动触头、静触头和熔丝五部分组成。瓷座由电工瓷制成，两端固定着静触头，静触头和接线座为一体，瓷座中间为一空腔。瓷盖也是由电工瓷制成，动触头固定在它的两端，中段有一突起部分，熔丝沿此突起部分跨接在两个动触头上，瓷盖的突起部分与瓷座的空腔共同形成灭弧室，容量较大的熔断器在空腔中还垫有熄弧用的石棉编织带。使用时，电源线与负载线可分别接于熔断器瓷座的接线座上，瓷盖动触头装上熔丝，将瓷盖合于瓷座上即可。

RC1A 系列瓷插式熔断器结构简单、更换方便、价格低廉。一般在交流 50Hz、额定电压至 380V、额定电流 200A 以下的低压线路末端或分支电路中，作为电气设备的短路保护及在一定程度上起到过载保护之用。

RC1A 系列瓷插式熔断器型号说明如图 2-42 所示。

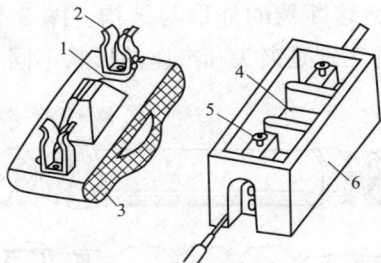

图 2-41 RC1A 系列瓷插式熔断器
1—熔丝；2—动触头；3—瓷盖；4—空腔；5—静触头；6—瓷座

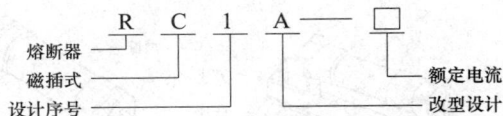

图 2-42 RC1A 系列瓷插式熔断器型号说明

2. RL1 系列螺旋式熔断器

RL1 系列螺旋式熔断器，属有填料封闭管式，外形与结构如图 2-43 所示。其主要由瓷帽、熔断管、瓷套、上接线座、下接线座及瓷座等部分组成。

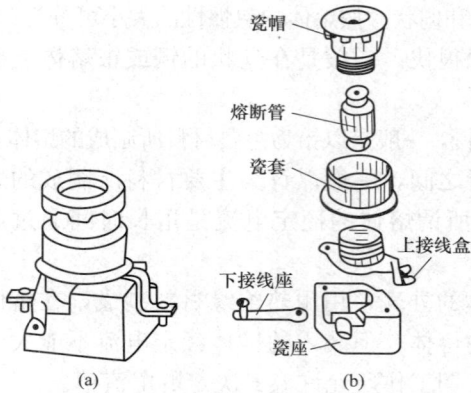

图 2-43　RL1 系列螺旋式熔断器

(a) 外形；(b) 结构

RL1 系列螺旋式熔断器的熔断管是一个装有无热惯性熔丝的瓷管，在熔丝周围充填着石英砂，作为熄灭电弧用，熔丝焊在瓷管两端的金属盖上，其中一金属盖中央凹处有一个标有不同颜色的熔断指示器。当熔丝熔断时，指示器便被反作用弹簧弹出自动脱落，显示熔丝已熔断，透过瓷帽上的圆形玻璃窗口可以清楚地看见，此时只需更换同规格的熔断管即可。使用时将熔断管有色点指示器的一端插入瓷帽中，再将瓷帽连同熔断管一起旋入瓷座，使熔丝通过瓷管上端金属盖与上接线座连通，瓷管下端金属盖与下接线座连通。

在装接使用时，电源线应接在下接线座，负载线应接在上接线座，这样在更换熔断管时（旋出瓷帽），金属螺纹壳的上接线座便不会带电，保证维修者安全。

RL1 系列螺旋式熔断器的分断能力较高，且结构紧凑、体积小、安装面积小，更换熔体方便，安全可靠，熔丝熔断后有明显信号指示，作为短路及过载保护元件广泛应用于控制箱、配电屏、机床设备及震动较大的场所。

RL1 系列螺旋式熔断器型号说明如图 2-44 所示。

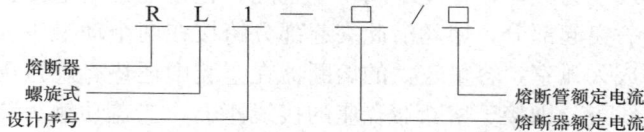

图 2-44　RL1 系列螺旋式熔断器型号说明

3. RM10 系列无填料封闭管式熔断器

RM10 系列无填料管式熔断器的外形与结构如图 2-45 所示。其主要由熔断管、熔体、夹头及夹座等部分组成。

图 2-45 (a)、(b) 为 RM10-15 和 RM10-60 型熔断器的外形与结构。图 2-45 (c) 为 RM10-100 型熔断器的外形与结构。它们在结构上的区别是夹头和夹座的形状不同。

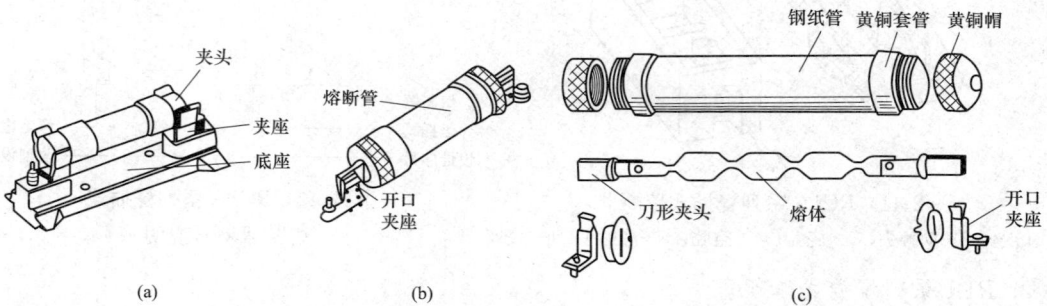

图 2-45　RM10 系列无填料封闭管式熔断器外形与结构

(a) RM-15；(b) RM-60；(c) RM-100

RM10-100 型熔断器的熔管为钢纸管制成,两端紧套黄铜箍,并用铆钉固定,以增加钢纸管的机械强度,防止熔体熔断时钢纸管炸裂,钢箍外缘套有螺纹,黄铜帽内壁也有螺纹,可旋在铜箍上;片状熔体在装入钢纸管前,应先将其固定在刀形夹头上,然后再装入钢纸管并用铜帽旋紧。使用时将刀形夹头插入开口夹座。

这种结构的熔断器具有两个特点:①采用钢纸管作熔管,这样当熔体熔断产生电弧时,电弧热量能使钢纸管局部分解出一种混合气体,这种气体有助于冷却电弧,促使电弧迅速熄灭。②采用变截面锌片作熔体,锌质熔体熔点较低,便于同钢纸管配合,为了兼顾到短路保护和过载保护两者的需要,熔体采用变截面,这样宽部能将窄部的热量传开,以免在额定电流下窄部出现高温,把钢纸管内壁烤焦。当有大电流通过时,窄部温度上升较宽部快,首先达到熔化温度而熔断。

RM10 系列无填料封闭管式熔断器,多用于低压电网和成套配电装置中,作为导线、电缆及较大容量电气设备的短路或连续过载保护。为了保证能可靠地切断所规定的分断能力的电流,按要求 RM10 系列熔断器在切断过三次相当于分断能力的电流后,必须更换熔断管。

RM10 系列无填料封闭管式熔断器型号说明如图 2-46 所示。

图 2-46　RM10 系列无填料封闭管式熔断器型号说明

4. RT0 系列有填料封闭管式熔断器

RT0 系列有填料封闭管式熔断器,是一种大分断能力的熔断器,广泛用于短路电流很大的电网或低压配电装置中。其外形及结构如图 2-47 所示。

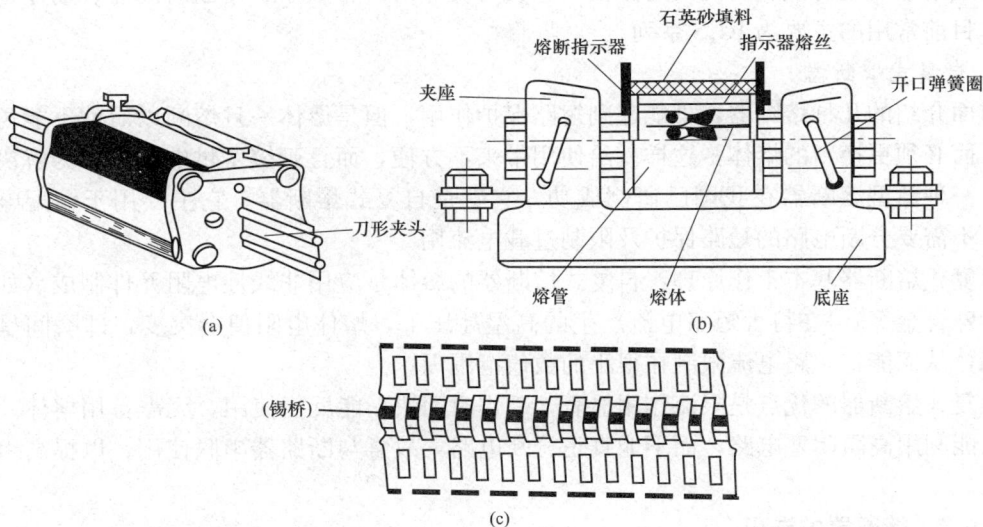

图 2-47　RT0 有填料封闭管式熔断器
(a) 外形;(b) 结构;(c) 锡桥

　　它的熔管用高频电工瓷制成。熔体是两片网状紫铜片，中间用锡将它焊接起来，构成为"锡桥"，用以降低熔体熔化温度，然后围成笼状，焊接在刀形夹头上，装入管内用金属板封闭，管内充填石英砂，在熔体熔断时起迅速灭弧作用。熔断指示器为一机械信号装置，指示器与熔体并联的细康钢丝相接。在正常情况下，由于细康钢丝电阻较大，电流大都经过锡桥熔体流过，只有在锡桥熔断后，电流才转移到细康钢丝上，使其立即熔断，指示器便在弹簧作用下弹出，显出醒目的红色信号。熔断器的刀形夹头插在双刀形夹座内，为了保证良好的接触，双刀形夹座上装有开口弹簧圈，以增加夹座的接触压力。夹座固定在高频电工瓷制成的底座上。

　　当熔体熔断后，需要将熔断管从熔座上取下，可使用配备的专用绝缘手柄，装取方便，安全可靠。

　　RT0 系列有填料封闭管式熔断器型号说明如图 2-48 所示。

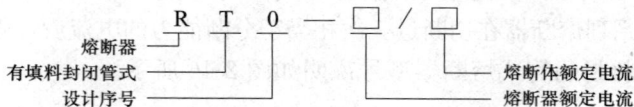

图 2-48　RT0 系列有填料封闭管式熔断器型号说明

　　5. 快速熔断器

　　自 20 世纪 50 年代以来，硅半导体元件已日益广泛地应用于工业电力变换和电力拖动装置中，但是硅元件有个比较突出的弱点，就是它承受过电流和过电压的能力很差，只允许在一个较短的时间内承受一定的过载电流，否则可能造成元件的损坏。为此，必须采用一种适当的保护措施，防止元件烧坏。常采用的保护措施为快速熔断器。由于快速熔断器具有结构简单、动作灵敏和使用方便等特点，因而得到广泛应用。

　　快速熔断器是有填料封闭式熔断器，它具有发热时间常数小、熔断时间短、动作迅速等特点。目前常用的主要为 RLS 系列。

　　6. 自复式熔断器

　　前面介绍的几种熔断器，虽能起到短路保护作用，但是熔体一旦熔断以后就不能再继续使用，而必须更换新的熔体，这样就给使用带来不方便，而且延缓了供电时间。为解决这一矛盾，一种新型熔断器在我国已研制成功，它就是自复式熔断器。它主要用于输配电线路中，作不需要分断电路的短路保护及限制过载电流用。

　　自复式熔断器基本工作原理：自复式熔断器的熔体是应用非线性电阻元件制成（如金属钠、特殊合金等），在特大短路电流产生的高温高压下，熔体电阻值会突变，即瞬间呈现高阻状态，从而能将短路电流限制在很小的数值范围内。

　　自复式熔断器的优点是限流作用显著，动作时间快，能反复使用，无需备用熔体。缺点是它只能利用高阻闭塞电路，而不能真正分断电路，故常与断路器串联使用，以提高组合分断性能。

　　2.6.2　熔断器的选用

　　熔断器的主要技术参数包括额定电压、熔体额定电流、熔断器额定电流、极限分断能力等。额定电压是指保证熔断器能长期正常工作的电压；熔体额定电流是指熔体长期通过而不会熔断的电流；熔断器额定电流是指保证熔断器能长期正常工作的电流表；极限分断能力是指熔断器在额定电压下所能开断的最大短路电流。

熔断器和熔体用于不同的负载时，其选择方法也不同，只有经过正确的选用，才能起到应有的保护作用。

1. 熔断器的选择

（1）根据使用环境和负载性质选择适当类型的熔断器。例如对于容量较小的照明电路或电动机的简易保护，可采用 RC1A 系列半封闭式熔断器；在开关柜或配电屏中可采用 RM 系列无填料封闭式熔断器；对于短路电流相当大或有易燃气体的地方，应采用 RT0 系列有填料封闭式熔断器；机床控制电路中，应采用 RL1 系列螺旋式熔断器；用于硅整流元件及晶闸管保护的，则应采用 RLS 或 RS0 系列的快速熔断器等。

（2）熔断器的额定电压必须不小于线路的额定电压。

（3）熔断器的额定电流必须不小于所装熔体的额定电流。

一般情况应按上述选择熔断器的额定电流，但是有时熔断器的额定电流可选大一级的，也可选小一级的。例如 60A 的熔体，既可选 60A 的熔断器，也可选用 100A 的熔断器，此时可按电路是否常有小倍数过载来确定，若常有小倍数过载情况，则应选用大一级的熔断器，以免其温升过高。

（4）熔断器的分断能力应大于电路中可能出现的最大短路电流。

（5）熔断器在电路中上、下两级的配合应有利于实现选择性保护。

为实现选择性保护，并且考虑到熔断器保护特性的误差，在通过相同电流时，电路中上一级熔断器的熔断时间，应为下一级熔断器的 3 倍以上。当上下级采用同一型号熔断器时，其电流等级以相差两级为宜。如果采用不同型号的熔断器时，则应根据保护特性曲线上给出的熔断时间选取。

2. 熔体额定电流的选择

（1）对于负载电流比较平稳，没有冲击电流的短路保护，熔体的额定电流应等于或稍大于负载的工作电流。例如一般照明或电阻炉负载。

（2）对于一台不经常启动而且启动时间不长的电动机的短路保护，熔体额定电流 I_{RN} 计算式为

$$I_{RN} = \frac{I_{ST}}{(2.5 \sim 3)} \tag{2-3}$$

式中：I_{ST} 为电动机的启动电流，A。

（3）对于一台经常启动或启动时间较长的电动机的短路保护，I_{RN} 计算式为

$$I_{RN} = \frac{I_{ST}}{(1.6 \sim 2)} \tag{2-4}$$

（4）对于多台电动机的短路保护，I_{RN} 计算式为

$$I_{RN} = \frac{I_{STmax}}{(2.5 \sim 3)} + \sum I_{N} \tag{2-5}$$

式中：I_{STmax} 为最大一台电动机的启动电流；$\sum I_{N}$ 为其余电动机的额定电流之和。

若电动机的容量较大，而实际负载又较小时，熔体额定电流可适当选小些，小到以启动时熔体不熔断为准。

习题与思考题

（1）低压断路器可以起到哪些保护作用？

（2）选用交流接触器时，需考虑哪些参考量？接触器的额定电压和接触器线圈额定电压是同一个概念吗？为什么？

（3）固态继电器和普通继电器相比，有哪些特点？

（4）接触器在电路中可以起到哪些作用？

（5）电气控制电路中，熔断器主要起什么保护？热继电器主要起什么保护？二者可以相互替代吗？为什么？

（6）低压断路器的一般选用原则是什么？设某电动机回路，电压为400V，最大容量的一台电动机的启动电流为100A，另两台电动机的额定电流为50A、255A、K取1.5，计算瞬时脱扣整定电流，并根据表2-5选择断路器型号。

（7）当负载电流达到熔断器熔体的额定电流时，熔体是否会立即熔断，为什么？

（8）热继电器是在负载达到整定电流后立即动作的吗？为什么？动作后，一般在多久以内实现自动复位？

（9）行程开关在电路中可以起到什么作用？

（10）选用按钮时，在颜色上有哪些注意事项？

（11）选用热继电器应注意哪些参考量？

（12）电动机的启动电流很大，启动时热继电器应不应该动作，为什么？

第 3 章 电动机控制的基本电路

电力拖动是指用电动机作为原动机来拖动生产机械工作，如车床、铣床、磨床等各种机床的运转及起重机、轧钢机、卷扬机等各类机械的运转都是电动机来带动的。

电动机常见的基本控制电路有点动控制电路、正转控制电路、正反转控制电路、位置控制电路、顺序控制电路、多地控制电路等。在生产实践中，一台比较复杂的机床或成套生产机械的控制电路，总是由一些基本控制电路组成。因此，掌握好上述基本控制电路，对掌握各种机床及机械设备的电气控制电路的运行和维修是非常重要的。本章的主要内容就是介绍一些基本的控制电路。

3.1 电 气 制 图 标 准

在绘制电气控制电路原理图时应遵循以下标准：GB/T 4728.1—2005《电气图常用图形符号》、GB 5226.1—2002《机床电气设计标准》、GB/T 4728《电气简图用电气符号》、GB/T 5465—1996《电气设备用图形符号》、GB 5094—1985《电气技术中的项目代号》。

3.1.1 电气控制电路的符号

1. 图形符号

电路图中的图形符号是具有确定意义的简单图形，必须同其他图形组合构成一个设备或概念的完整符号。如接触器动合主触点符号，由接触器触点功能符号和动合触点符号组合而成，应符合 IEC 标准的规定，部分常用电气控制电路的图形符号见表 3-1。

表 3-1   部分常用电气控制电路图形符号

名称	图形符号	名称	图形符号	名称	图形符号
按钮（常开）	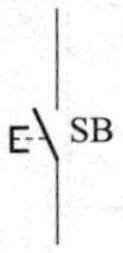 E\SB	通电延时继电器线圈	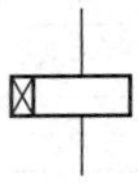	熔断器	
按钮（常闭）	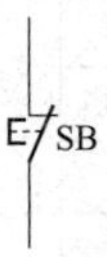 E\SB	断电延时继电器线圈	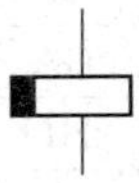	热继电器动断触点	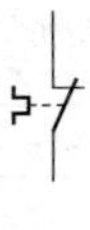
热继电器驱动器件	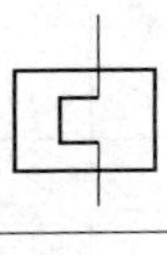	接触器动合辅助触点		接触器动合触点	
接触器继电器线圈	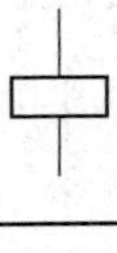	行程开关动合触点		通电延时动合触点	

续表

名称	图形符号	名称	图形符号	名称	图形符号
断电延时断开动合触点		断路器开关		通电延时动断触点	
三相笼型电动机		继电器动合触点		断电延时动断触点	
行程开关动断触点		接触器动断触点		三相绕线式电动机	

2. 文字符号

　　IEC 标准将文字符号分为基本文字符号（单字母或双字母）、辅助文字符号和附加文字符号。辅助文字符号是用以表示电气设备装置和元器件及电路的功能状态和特征的，如"RD"表示限制，"L"表示红色。常用基本文字符号参见表 3-2。附加文字符号，如数字符号用于区别相同项目文字符号的不同个体，例如接触器 KM1、KM2 等。

　　单字母符号按拉丁字母顺序将各种电气设备、装置和元器件划分成为 23 大类，每一类用一个专用单字母符号表示，如"C"表示电容器类，"R"表示电阻器类等。

表 3-2　　　　　常用基本文字符号

元器件种类	元器件名称	基本文字符号 单字母	基本文字符号 双字母	元器件种类	元器件名称	基本文字符号 单字母	基本文字符号 双字母
电容器		C			控制开关		SA
保护器件	熔断器	F	FU	控制电路开关	按钮开关	S	SB
	过电流继电器		FA		限位开关		SQ
	过电压继电器		FV	电阻器	电位器	R	RP
	热继电器		FR		压敏电阻		RV
发电动机	同步发电动机	G	GS	变压器	电流互感器	T	TA
	异步发电动机		GA		控制变压器		TV
信号器件	指示灯	H	HL		电力变压器		TC
接触器继电器	接触器	K	KM	电子管	二极管	V	VD
	时间继电器		KT		晶体管		VT
	中间继电器		KA		电子管		VE
	速度继电器		KV	执行器件	电磁铁	Y	YA
	电压继电器		KV		电磁阀		YU
	电流继电器		KI	电力电路开关器件	低压断路器	Q	Q
电抗器		L			保护开关		QM
电动机		M			隔离开关		QS

双字母符号由一个表示种类的单字母符号与另一个字母组成，且以单字母符号在前，另一字母在后的次序列出，如"F"表示保护器件类，"FU"则表示为熔断器。

3.1.2　绘制、识读电气控制系统图的原则

电气控制系统图包括电气原理图、电气安装图和电气互连图。

1. 电气原理图

电气原理图是用图形符号和项目代号表示电路各个电器元件连接关系和工作原理的图。原理图一般分电源电路、主电路、控制电路、信号电路及照明电路进行绘制。

绘制电气原理图主电路、控制电路和信号电路应分开绘出，表示出各个电源电路的电压值、极性或频率及相数。主电路的电源电路一般绘制成水平线，受电的动力装置（电动机）及其保护电器支路用垂直线绘制在图的左侧，控制电路用垂直线绘制在图面的右侧，同一电器的各元件采用同一文字符号表明。

所有电路元件的图形符号，均按电器未接通电源和没有受外力作用时的状态绘制。循环运动的机械设备，在电气原理图上绘出工作循环图。转换开关、行程开关等绘出动作程序及动作位置示意图表。由若干元件组成具有特定功能的环节，用虚线框括起来，并标注出环节的主要作用，如速度调节器、电流继电器等。电路和元件完全相同并重复出现的环节，可以只绘出其中一个环节的完整电路，其余的可用虚线框表示，并标明该环节的文字符号或环节的名称。

外购的成套电气装置，其详细电路与参数绘在电气原理图上。电气原理图的全部电动机、电器元件的型号、文字符号、用途、数量、额定技术数据，均应填写在元件明细表内。为阅图方便，图中自左向右或自上而下表示操作顺序，并尽可能减少线条和避免线条交叉。将图分成若干图区，上方为该区电路的用途和作用，下方为图区号。在继电器、接触器线圈下方列有触点表以说明线圈和触点的从属关系。

电源电路画成水平线，三相交流电源相序 L1、L2、L3 由上而下依次排列画出，中性线 N 和保护地线 PE 画在相线之下。直流电源则正端在上，负端在下画出。电源开关要水平画出。

主电路是指受电的动力装置及保护电器的电路，它通过的是电动机的工作电流，电流较大。主电路要垂直电源电路画在原理图的左侧。

控制电路是指控制主电路工作状态的电路。信号电路是指显示主电路工作状态的电路。照明电路是指实现机床设备局部照明的电路。这些电路通过的电流都较小，画原理图时，控制电路、信号电路、照明电路要跨接在两相电源线之间，依次垂直画在主电路的右侧，且电路中的耗能元件（如接触器和断电器的线圈、信号灯、照明灯等）要画在电路的下方，而电器的触头画在耗能元件上方。

2. 电气安装图

电气安装图用于表示电气控制系统中各电器元件的实际位置和接线情况。要求详细绘制出电器元件安装位置。

3. 电气互连图

电气互连图表明电器设备外部元件的相对位置及它们之间的电气连接，是实际安装连接线的依据之一。

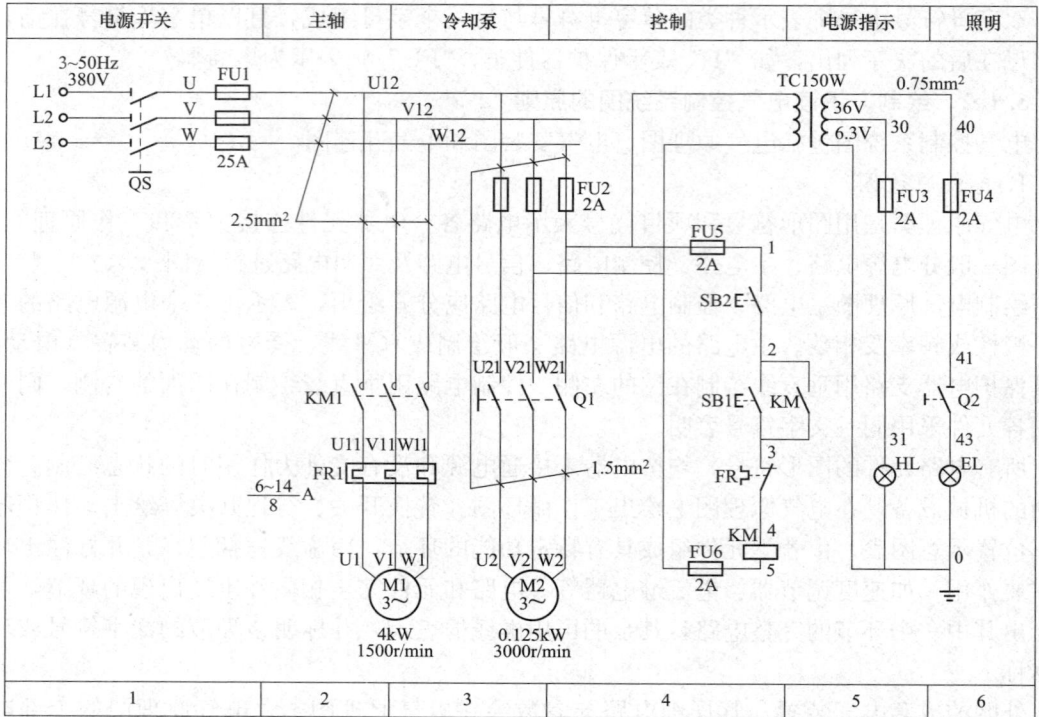

图 3-1　电气原理图示例

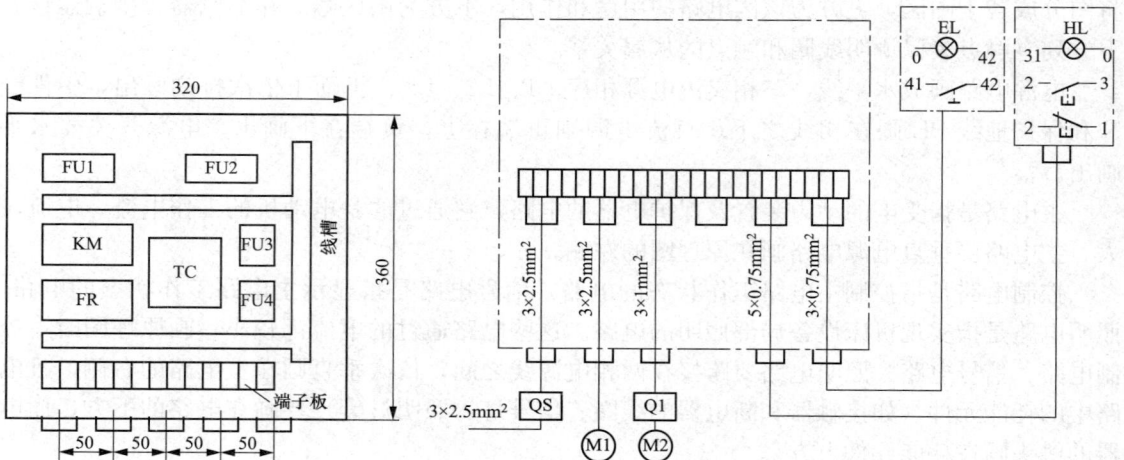

图 3-2　某车床电气安装图

图 3-3　某车床电气互连图

原则：外部单元同一电器的各部件画在一起，其布置尽可能符合电器实际情况。各电器元件的图形符号、文字符号和回路标记均以电气原理图为准，并保持一致。不在同一控制箱和同一配电盘上的各电器元件的连接，必须经接线端子板进行。互连图中的电气互连关系用线束表示，连接导线应注明导线规格（数量、截面积），一般不表示实际走线途径。对于装置的外部连接线应在图上或用接线表表示清楚，并注明电源的引入点。

3.2　启　动　控　制　电　路

3.2.1　单向旋转控制电路

1. 点动控制电路

所谓点动控制是指：按下按钮，电动机就得电运转；松开按钮，电动机就失电停转。这种控制方法常用于电动葫芦的起重电动机控制和车床拖板箱快速移动的电动机控制。

点动正转控制电路是由刀开关 QS、熔断器 FU、启动按钮 SB、接触器 KM 及电动机 M 组成。其中以刀开关 QS 作电源隔离开关，熔断器 FU 作短路保护，按钮 SB 控制接触器 KM 的线圈得电、失电，接触器 KM 的主触点控制电动机 M 的启动与停止。电路工作原理如下：

当电动机 M 需要点动时，先合上刀开关 QS，此时电动机 M 尚未接通电源。按下启动按钮 SB，接触器 KM 的线圈得电，使衔铁吸合。同时带动接触器 KM 的三对主触点闭合，电动机 M 便接通电源启动运转。当电动机需要停转时，只要松开启动按钮 SB，使接触器 KM 的线圈失电，衔铁在复位弹簧作用下复位。带动接触器 KM 的三对主触点恢复断开，电动机 M 失电停转。

点动正转控制电路原理图，如图 3-4 所示。它是根据实物接线电路绘制的，图中以符号代表电器元件，以线条代表连接导线。用它来表达控制电路的工作原理，故称为原理图。原理图在设计部门和生产现场都得到了广泛的应用。

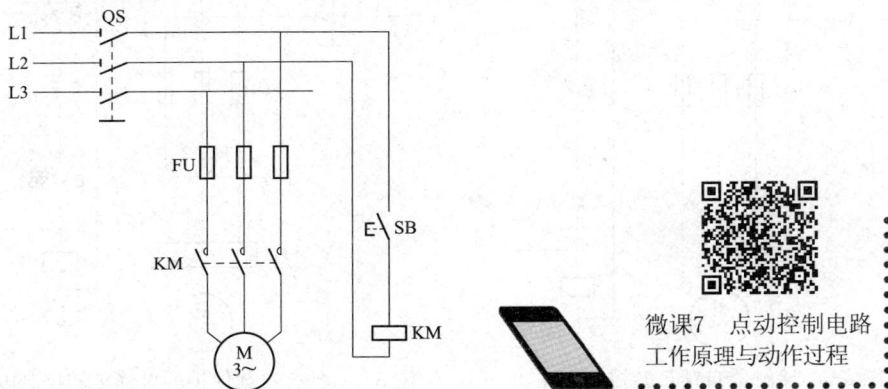

图 3-4　点动正转控制电路原理

微课7　点动控制电路工作原理与动作过程

在分析各种控制电路原理图时，为了简单明了，通常用电气文字符号和箭头配以少量文字来表示线路的工作原理。如点动正转控制电路的工作原理可叙述如下：

先合上电源开关 QS。

启动：按下启动按钮 SB→接触器 KM 线圈得电→KM 主触点闭合→电动机 M 启动运转。

停止：松开启动按钮 SB→接触器 KM 线圈失电→KM 主触点断开→电动机 M 失电停转。

停止使用时，断开电源开关 QS。

2. 接触器自锁正转控制电路

在要求电动机启动后能连续运转时，采用上述点动正转控制电路无法满足要求。因为要使电动机 M 连续运转，启动按钮 SB 就不能断开，这显然是不符合生产实际要求的。为实现电动机的连续运转，可采用图 3-5 所示的接触器自锁正转控制电路。这种电路的主电路和点动控制电路的主电路相同，但在控制电路中又串接了一个停止按钮 SB2，在启动按钮 SB1 的两端并接了接触器 KM 的一对动合辅助触点（动合触点）。

线路的工作原理如下：

先合上电源开关 QS。

启动：按下启动按钮 SB1→KM 线圈得电→KM 主触点和动合触点闭合——→电动机 M1 启动连续运转。

当松开 SB1，其动合触点恢复分断后，因为接触器 KM 的动合触点闭合时已将 SB1 短接，控制电路仍保持接通，所以接触器 KM 继续得电，电动机 M 实现连续运转。像这种当松开启动按钮 SB1 后，接触器 KM 通过自身动合触点而使线圈保持得电的作用称为自锁（或自保）。与启动按钮 SB1 并联起自锁作用的动合触点称为自锁触点（或自保触点）。

停止：按下停止按钮 SB2→KM 线圈失电→┏KM 自锁触点分断←┓→电动机 M 失电停转。
　　　　　　　　　　　　　　　　　　　　┗KM 主触点断开←┛

当松开 SB2，其动断辅助触点（动断触点）恢复闭合后，因接触器 KM 的自锁触点在切断控制电路时已分断，解除了自锁，SB1 也是分断的，所以接触器 KM 不能得电，电动机 M 也不会转动。接触器自锁控制电路不但能使电动机连续运转，而且还有一个重要的特点，就是具有欠电压和失压（或零压）保护作用。

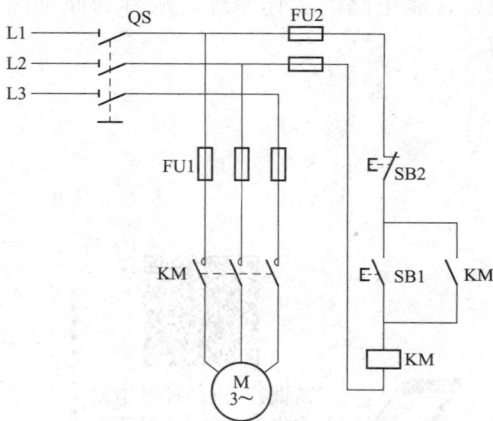

图 3-5　接触器自锁正转控制电路　　　　　图 3-6　具有过载保护的自锁正转控制电路

所以在电源恢复供电时，电动机就不会自行启动运转，这样操作人员可以从容地退出刀具，然后再重新启动电动机，保证了人身和设备的安全。

3. 具有过载保护的自锁正转控制电路

上述电路由熔断器 FU 作短路保护，由接触器 KM 作欠电压和失压保护，但还不够。因为电动机在运行过程

微课8　接触器自锁正转控制电路动作过程

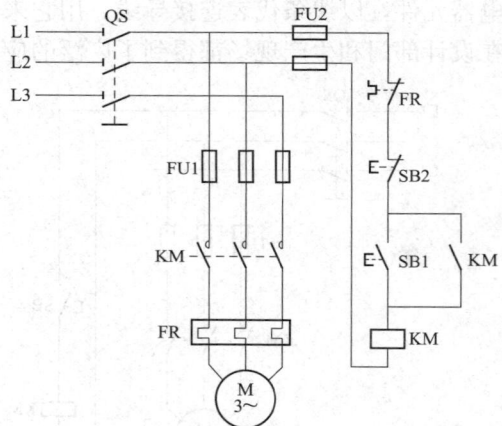

中，如果长期负载过大或启动操作频繁。或者缺相运行等原因，都可能使电动机定子绕组的电流增大，超过其额定值。而在这种情况下，熔断器往往并不熔断，从而引起定子绕组过热使温度升高，若温度超过允许温升就会使绝缘损坏，缩短电动机的使用寿命，严重时甚至会使电动机的定子绕组烧毁。因此，对电动机还必须采取过载保护措施。

过载保护是指当电动机出现过载时能自动切断电动机电源，使电动机停转的一种保护。最常用的过载保护是由热继电器来实现的。图 3-6 所示为具有过载保护的自锁正转控制电路。

此电路与接触器自锁正转控制电路的区别是增加了一个热继电器 FR，并把其热元件串接在电动机三相主电路的任意两相上，将动断触点串接在控制电路中。

如果电动机在运行过程中，由于过载或其他原因使电流超过额定值，那么经过一定时间，串接在主电路中的热继电器的热元件因受热发生弯曲，通过动作机构使串在控制电路中的动断触点断开，切断控制电路，接触器 KM 的线圈失电，其主触点、自锁触点断开，电动机 M 失电停转，达到了过载保护的目的。

在照明、电加热等一般电路里，熔断器 FU 既可以作短路保护，也可以作过载保护。但对于三相异步电动机控制电路来说，熔断器只能用作短路保护。这是因为三相异步电动机的启动电流很大（全压启动时的启动电流能达到额定电流的 4～7 倍），若用熔断器作过载保护，则选择熔断器的额定电流就应等于或略大于电动机的额定电流，这样电动机在启动时，由于启动电流大大超过了熔断器的额定电流，使熔断器在很短的时间内爆断，造成电动机无法启动。所以熔断器只能作短路保护，其额定电流应取电动机额定电流的 1.5～3 倍。

热继电器在三相异步电动机控制电路中也只能作过载保护，不能作短路保护。这是因为热继电器的热惯性大，即热继电器的双金属片受热膨胀弯曲需要一定的时间。当电动机发生短路时，由于短路电流很大，热继电器还没来得及动作，供电电路和电源设备可能已经损坏。而在电动机启动时，由于启动时间很短，热继电器还未动作，电动机已启动完毕。总之，热继电器与熔断器两者所起作用不同，不能相互代替。

电路的工作原理与接触器自锁正转控制电路的原理相同，可自行分析。

4. 连续点动混合控制的正转控制电路

机床设备在正常工作时，一般需要电动机处在连续运转状态。但在试车或调整刀具与工件的相对位置时，又需要电动机能点动控制，实现这种工艺要求的电路是连续与点动混合控制的正转控制电路，如图 3-7 所示。

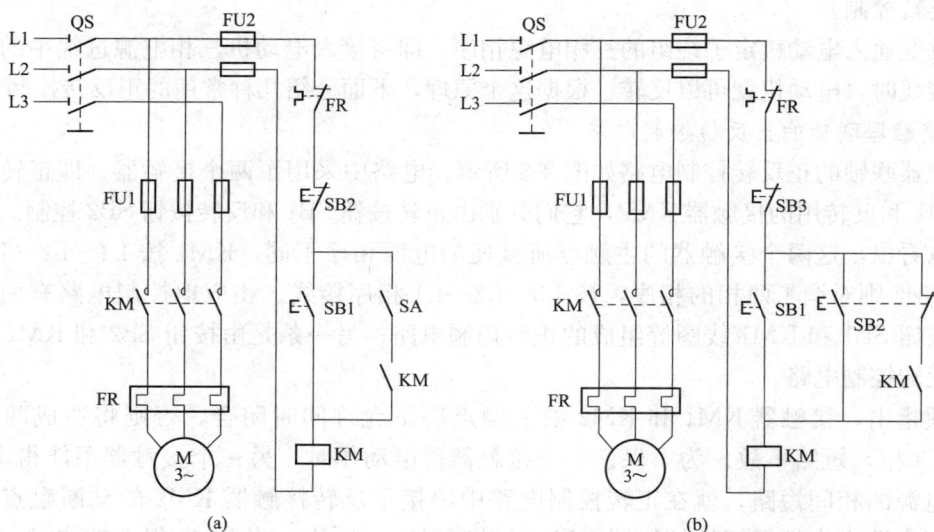

图 3-7　连续与点动混合控制的正转控制电路

图 3-7（b）是在自锁正转控制电路的基础上，增加了一个复合按钮 SB2 来实现连续与点动混合正转控制的。

电路的工作原理如下：先合上电源开并 QS。

（1）连续控制。

启动：按下 SB1→KM 线圈得电→ KM 自锁触点闭合 ┐
KM 主触点闭合 ┘ →电动机 M 启动连续运转。

停止：按下 SB3 线圈失电→ KM 自锁触点分断解除自锁 ┐
KM 主触点分断 ┘ →电动机 M 失电停转。

（2）点动控制。

启动：按下 SB2→SB2 动断触点先分断切断自锁电路→SB2 动合触点后闭合→

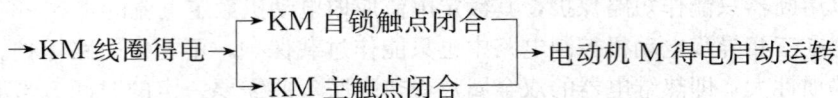

→KM 线圈得电→ KM 自锁触点闭合 ┐
KM 主触点闭合 ┘ →电动机 M 得电启动运转

停止：松开 SB2→SB2 动合触点先恢复分断→KM 线圈失电→

→SB2 动断触点后恢复闭合（此时 KM 自锁触点已分断）

图 3-7（a）是在接触器自锁正转控制电路的基础上，将手动开关 SA 串接在自锁电路中实现的。显然，当把 SA 闭合或打开时，就可实现电动机的连续或点动控制。

3.2.2 三相异步电动机的正反转控制电路

前面讲的正转控制电路只能使电动机朝一个方向旋转，带动生产机械的运动部件朝一个方向运动。但许多生产机械往往要求运动部件能向正反两个方向运动。如机床工作台的前进与后退，万能铣主轴的正转与反转，起重机的上升与下降等，这些生产机械要求电动机能实现正、反转控制。

当改变通入电动机定子绕组的三相电源相序，即将接入电动机三相电源进线中的任意两根对调接线时，电动机就可以反转。根据这个原理，下面介绍几种常用的正反转控制电路。

1. 接触器联锁的正反转控制电路

接触器联锁的正反转控制电路如图 3-8 所示。电路中采用了两个接触器，即正转用的接触器 KM1 和反转用的接触器 KM2，它们分别由正转按钮 SB1 和反转按钮 SB2 控制。从主电路中可以看出，这两个接触器的主触点所接通的电源相序不同，KM1 按 L1—L2—L3 相序接线。KM2 则对调了两相的相序，按 L3—L2—L1 相序接线。相应地控制电路有两条，一条是由按钮 SB1 和 KM1 线圈等组成的正转控制电路；另一条是由按钮 SB2 和 KM2 线圈等组成的反转控制电路。

必须指出，接触器 KM1 和 KM2 的主触点决不允许同时闭合，否则将造成两相电源（L1 相 L3 相）短路事故。为了保证一个接触器得电动作时，另一个接触器不能得电动作，以避免电源的相间短路，就在正转控制电路中串接了反转接触器 KM2 的动断触点，而在反转控制电路中串接了正转接触器 KM1 的动断触点。这样，当 KM1 得电动作时，串在反转控制电路中的 KM1 的动断触点分断，切断了反转控制电路，保证了 KM1 主触点闭合时，KM2 的主触点不能闭合。同样，当 KM2 得电动作时，其 KM2 的动断触点分断，切断了正转控制电路，从而可靠地避免了两相电源短路事故的发生。像上述这种在一个接触器得电动作时，通过其动断触点使另一个接触器不能得电动作的作用叫联锁（或互锁）。实现联锁作用的动断触点称为联锁触点（或互锁触点）。联锁符号用"▽"表示。

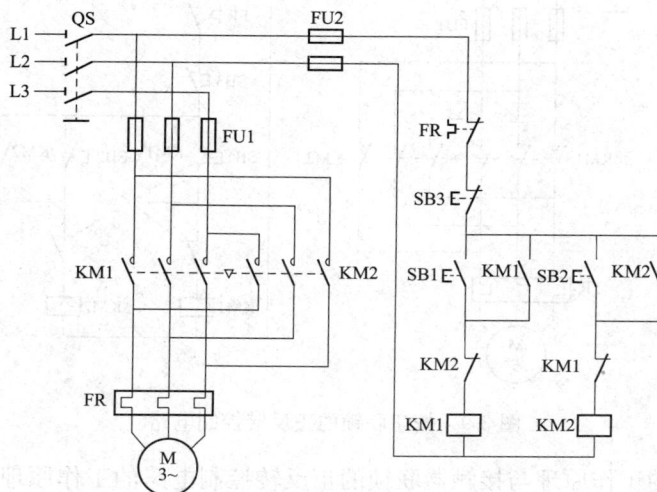

图 3-8　接触器联锁的正反转控制电路

线路的工作原理如下：先合上电源开关 QS。

（1）正转控制。

按下 SB1→KM1 线圈得电 →
- → KM1 自锁触点闭合自锁 ┐
- → KM1 主触点闭合 ────→电动机 M 连续正转。
- → KM1 联锁触点分断对 KM2 联锁

（2）反转控制。

先按下 SB3 → KM1 线圈失电 →
- → KM1 自锁触点分断解除自锁 ┐
- → KM2 主触点分断 ────→电动机 M 失电停转。
- → KM1 联锁触点恢复闭合解除对 KM2 联锁

再按下 SB2 → KM2 线圈得电 →
- → KM1 自锁触点闭合自锁 ┐
- → KM2 主触点闭合 ────→电动机 M 启动反转。
- → KM2 联锁触点分断对 KM1 联锁

停止时，按下停止按钮 SB3→控制电路失电→KM1（或 KM2）主触点分断→电动机 M 失电停转。

从以上分析可见，接触器联锁正反转控制电路的优点是工作安全可靠，缺点是操作不便。因电动机从正转变为反转时，必须先按下停止按钮后，才能按反转启动按钮，否则由于接触器的联锁作用，不能实现反转。为克服此电路的不足，可采用按钮联锁或按钮和接触器双重联锁的正反转控制电路。

2. 按钮联锁的正反转控制电路

将图 3-8 中的正转按钮 SB1 和反转按钮 SB2 换成两个复合按钮，并使复合按钮的动断触点代替接触器的动断联锁触点，就构成了按钮联锁的正反转控制电路，如图 3-9 所示。

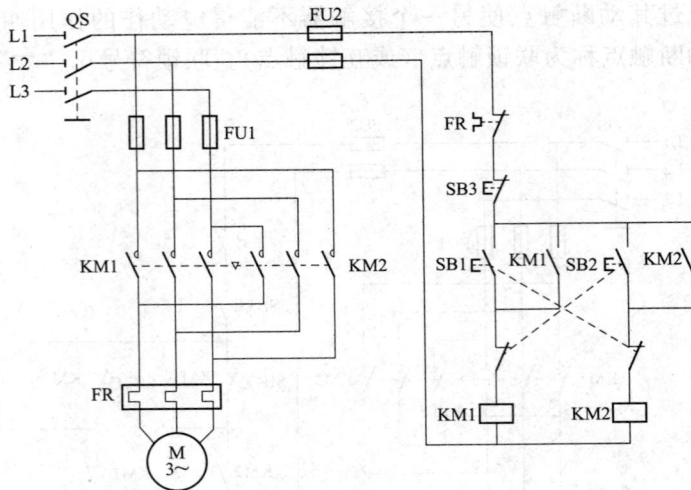

图 3-9　按钮联锁的正反转控制电路

这种控制电路的工作原理与接触器联锁的正反转控制电路的工作原理基本相同，只是当电动机从正转改变为反转时，可直接按下反转按钮 SB2 即可实现，不必先按停止按钮 SB3。

因为当按下反转按钮 SB2 时，串接在正转控制电路中 SB2 的动断触点先分断，使正转接触器 KM1 线圈失电，KM1 的主触点和自锁触点分断，电动机 M 失电惯性运转。SB2 的动断触点分断后，其动合触点才随后闭合，接通反转控制电路，电动机 M 便反转。这样既保证了 KM1 和 KM2 的线圈不会同时通电，又可不按停止按钮而直接按反转按钮实现反转。同样，若使电动机从反转运行变为正转运行时，也只要直接按下正转按钮 SB1 即可。

这种电路的优点是操作方便，缺点是容易产生电源两相短路故障。如：当正转接触器 KM1 发生主触点熔焊或被杂物卡住等故障时，即使接触器线圈失电，主触点也分断不开，这时若直接按下反转按钮 SB2，KM2 得电动作，触点闭合，必然造成电源两相短路故障。所以此电路工作的安全可靠不足，在实际工作中，经常采用的是按钮、接触器双重联锁的正反转控制电路。

3. 按钮、接触器双重联锁的正反转控制电路

图 3-10 所示为按钮、接触器双重联锁的正反转控制电路。这种电路是在按钮联锁的基础上，又增加了接触器联锁，故兼有两种联锁控制电路的优点，使电路操作方便，工作安全可靠，因此在电力拖动中被广泛采用。如 Z3050 型摇臂钻床立柱松紧电动机的正反转控制及 X62W 型万能铣的主轴反接制动控制均采用这种控制电路。

电路的工作原理如下：先合上电源开关 QS。

（1）正转控制。

　　　　　　　┌─►SB1 动断触点先分断对 KM2 联锁（切断反转控制电路）
按下 SB1─┤
　　　　　　　└─►SB1 动合触点后闭合 ─► KM1 线圈得电 ─►

　┌─► KM1 自锁触点闭合自锁 ┐
─┼─► KM1 主触点闭合　　　　├─► 电动机 M 启动连续正转
　└─► KM1 联锁触点分断对 KM2 联锁（切断反转控制电路）

图 3-10　双重联锁的正反转控制电路

（2）反转控制。

按下 SB2 → SB2 动断触点先分断 → KM1 自锁触点分断解除自锁 → 电动机 M 失电
　　　　　　　　　　　　　　　→ KM1 主触点分断
　　　　　　　　　　　　　　　→ KM1 联锁触点恢复闭合 → KM2 线圈得电 →
　　　　　　 → SB2 动合触点闭合

　　→ KM2 自锁触点闭合自锁 → 电动机 M 启动连续反转
　　→ KM2 主触点闭合
　　→ KM2 联锁触点分断对 KM1 联锁（切断正转控制电路）

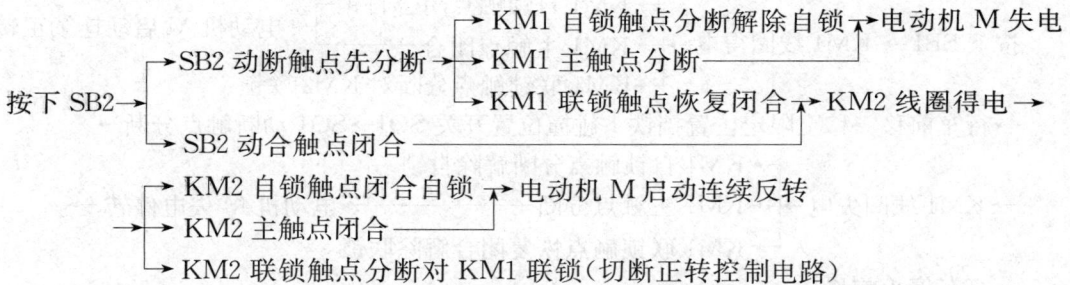

若要停止，按下 SB3，整个控制电路失电，主触点分断，电动机 M 失电停转。

4. 位置控制与自动往返控制电路

在生产过程中，常遇到一些生产机械运动部件的行程或位置要受到限制，或者需要其运动部件在一定范围内自动往返循环等。如在摇臂钻床、万能铣床、镗床、桥式起重机及各种自动或半自动控制机床设备中就经常遇到这种控制要求。而实现这种控制要求所依靠的主要电器是位置开关（又称限制开关）。

微课9　正反转控制电路
工作原理与动作过程

位置开关是一种将机械信号转换为电气信号以控制运动部件位置或行程的控制电器。而位置控制就是利用生产机械运动部件上的挡铁与位置开关碰撞，使其触头动作，来接通或断开电路，达到控制生产机械运动部件的位置或行程的一种方法。

工厂车间里的行车常采用这种电路。右下角是行车运动示意图，行车的两头终点处各安装一个位置开关 SQ1 和 SQ2，将这两个位置开关的动断触点分别串接在正转控制电路和反转控制电路中。行车前后各装有挡铁 1 和挡铁 2，行车的行程和位置可通过移动位置开关的安装位置来调节。

电路的工作原理叙述如下：先合上电源开关 QS。

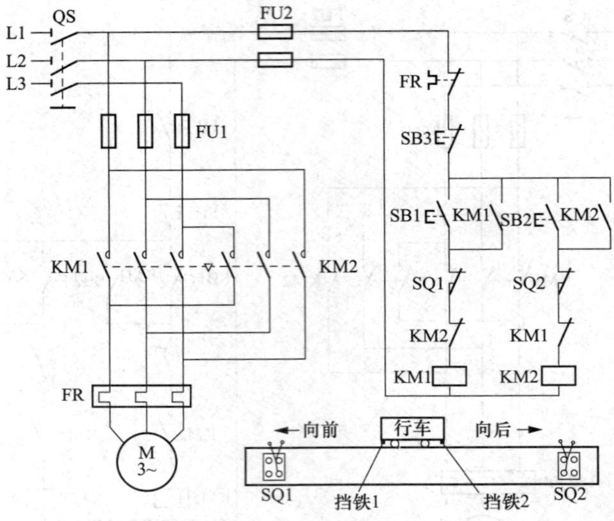

图 3-11　位置控制电路

（1）行车向前运动。

按下 SB1 → KM1 线圈得电 →
- KM1 自锁触点闭合自锁
- KM1 主触点闭合 → 电动机 M 启动连续正转 →
- KM1 联锁触点分断对 KM2 联锁

→行车前移→移至限定位置挡铁 1 碰撞位置开关 SQ1→SQ1 动断触点分断→

→KM1 线圈失电 →
- KM1 自锁触点分断解除自锁
- KM1 主触点分断 → 电动机 M 失电停转 →
- KM1 联锁触点恢复闭合解除联锁

→行车停止前移。

此时，即使再按下 SB1，由于 SQ1 动断触点已分断，接触器 KM1 线圈也不会得电，保证了行车不会超过 SQ1 所在的位置。

（2）行车向后运动。

按下 SB2 → KM2 线圈得电 →
- KM2 自锁触点闭合自锁
- KM2 主触点闭合 → 电动机 M 启动连续反转 →
- KM2 联锁触点分断对 KM1 联锁

→行车后移（SQ1 动断触点恢复闭合）→移至限定位置挡铁 2 碰撞位置开关 SQ2→

→SQ2 动断触点分断→KM2 线圈失电→

- KM2 自锁触点分断触除自锁
- KM2 主触点分断 → 电动机 M 失电停转 → 行车停止后移。
- KM2 联锁触点恢复闭合解除联锁

停车时只需按下 SB3 即可。

有些生产机械，如万能铣床，要求工作台在一定距离内能自动往返运动，以便实现对工件的连续加工，提高生产效率。这就需要电气控制电路能对电动机实现自动转换正反转控制。

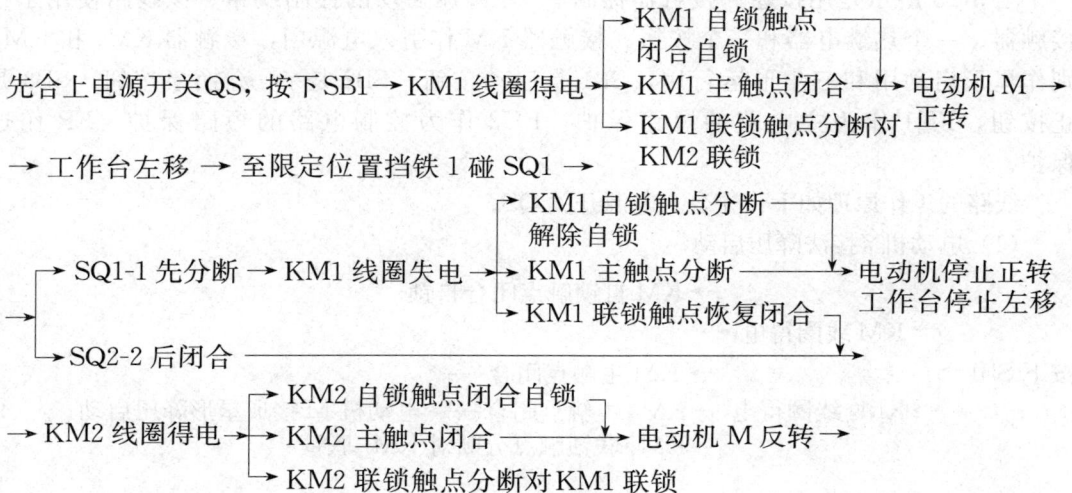

图 3-12　工作台自动往返行程控制电路

由位置开关控制的工作台自动往返控制电路如图 3-12 所示。它的右下角是工作台自动往返运动的示意图。为了使电动机的正反转控制与工作台的左右运动相配合，在控制电路中设置了四个位置开关 SQ1、SQ2、SQ3、SQ4，并把它们安装在工作台需限位的地方。其中 SQ1、SQ2 被用来自动换接电动机正反转控制电路，实现工作台的自动往返行程控制；SQ3、SQ4 被用来作终端保护，以防止 SQ1、SQ2 失灵，工作台越过限定位置而造成事故。在工作台边的 T 形槽中装有两块挡铁，挡铁 1 只能和 SQ1、SQ3 相碰撞，挡铁 2 只能和 SQ2、SQ4 相碰撞。当工作台运动到所限位置时，挡铁碰撞位置开关，使其触点动作，自动换接电动机正反转控制电路，通过机械传动机构使工作台自动往返运动。工作台行程可通过移动挡铁位置来调节，拉开两块挡铁间的距离行程就短，反之则长。电路的工作原理如下：

先合上电源开关 QS，按下 SB1 → KM1 线圈得电 →

→ KM1 自锁触点
闭合自锁

→ KM1 主触点闭合 → 电动机 M
正转

→ KM1 联锁触点分断对
KM2 联锁

→ 工作台左移 → 至限定位置挡铁 1 碰 SQ1 →

→ SQ1-1 先分断 → KM1 线圈失电 →

→ KM1 自锁触点分断
解除自锁

→ KM1 主触点分断

→ KM1 联锁触点恢复闭合

→ 电动机停止正转
工作台停止左移

→ SQ2-2 后闭合

→ KM2 线圈得电 →

→ KM2 自锁触点闭合自锁

→ KM2 主触点闭合 → 电动机 M 反转 →

→ KM2 联锁触点分断对 KM1 联锁

→工作台右移（SQ1 触点复位）→ 限定位置挡铁 2 碰 SQ2 ⌐

┌→ SQ2-1 先分断 → KM2 线圈失电 ┬→ KM2 自锁触点分断解除自锁 ┐
│　　　　　　　　　　　　　　　├→ KM2 主触点分断 ──────────├→工作台停止
│　　　　　　　　　　　　　　　└→ KM2 联锁触点恢复闭合　　　　右移
└→ SQ2-2 后闭合

→KM1 线圈得电 ┬→ KM1 自锁触点闭合自锁 ─────┐
　　　　　　　　├→ KM1 主触点闭合 ──────────├→电动机 M 又正转→
　　　　　　　　└→ KM1 联锁触点分断对 KM2 联锁

→工作台又左移（SQ2 触点复位）→…，以后重复上述过程，工作台就在限定的行程内自动往返运动。

停止时，按下 SB3→整个控制电路失电→KM1（或 KM2）主触点分断→电动机 M 失电停转，工作台停止运动。

这里 SB1、SB2 分别作为正转启动按钮和反转启动按钮，若启动时工作台在左端，应按下 SB2 进行启动。

3.2.3　降压启动控制电路

常用的降压启动控制电路有延边三角形降压启动、星形—三角形（Y—△）降压启动、自耦变压器降压启动、定子绕组串电阻（电抗）启动。本文主要介绍星形—三角形降压启动控制电路。

星形—三角形降压启动是指电动机启动时，将定子绕组接成星形，以降低启动电压，限制启动电流；待电动机启动后，再将定子绕组改接成三角形，使电动机全压运行。凡是在正常运行时定子绕组作三角形连接的异步电动机，均可采用这种降压启动方法。

电动机启动时，接成星形，加在每相定子绕组上的启动电压只有三角形接法的 $\frac{1}{\sqrt{3}}$，启动电流为三角形接法的 1/3，启动转矩也只有三角形接法的 1/3。所以这种降压启动方法，只适用于轻载或空载下启动。

1. 按钮、接触器控制 Y—△ 降压启动线路

图 3-13 所示是用按钮和接触器控制 Y—△ 降压启动的控制线路。该线路使用了三个接触器、一个热继电器和三个按钮。接触器 KM 作引入电源用，接触器 KM_Y 和 KM_△ 分别作星形启动用和三角形运行用，SB1 是启动按钮，SB2 是 Y—△ 换接按钮，SB3 是停止按钮，FU1 作为主电路的短路保护，FU2 作为控制电路的短路保护，FR 作过载保护。

线路的工作原理如下：先合上电源开关 QS。

（1）电动机 Y 接法降压启动。

　　　　　　　　　　　　　　┌→ KM 自锁触点闭合自锁
　　　　　　┌→ KM 线圈得电 ─┤
　　　　　　│　　　　　　　　└→ KM 主触点闭合 ──────┐
按下 SB1 ─┤　　　　　　　　　　　　　　　　　　　　　　├→电动机 M 接成星形降压启动
　　　　　　└→ KM_Y 线圈得电 ┬→ KM_Y 主触点闭合 ──────┘
　　　　　　　　　　　　　　　└→ KM_Y 联锁触点分断对 KM_△ 联锁

图 3-13　按钮、接触器控制丫—△降压启动电路

（2）电动机△接法全压运行：当电动机转速上升到接近额定值时，按下 SB2 →

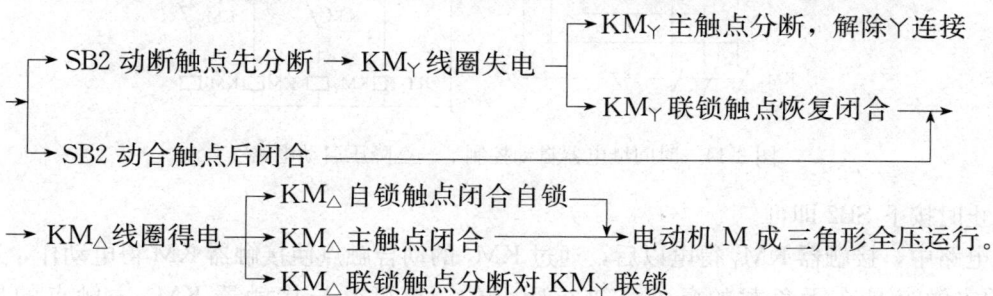

```
                                                    ┌→ KMᵧ 主触点分断，解除丫连接
         ┌→ SB2 动断触点先分断 → KMᵧ 线圈失电 ┤
  ┌──────┤                                         └→ KMᵧ 联锁触点恢复闭合 ─────┐
  →      └→ SB2 动合触点后闭合 ───────────────────────────────────────────┘

         ┌→ KM△ 自锁触点闭合自锁 ─┐
  → KM△ 线圈得电 ┤→ KM△ 主触点闭合 ──→ 电动机 M 成三角形全压运行。
         └→ KM△ 联锁触点分断对 KMᵧ 联锁
```

停止时按下 SB3 即可实现。

2. 时间继电器自动控制丫—△降压启动电路

图 3-14 所示为时间继电器自动控制丫—△降压启动电路。该电路由三个接触器、一个热继电器、一个时间继电器和两个按钮组成。时间继电器 KT 用于控制丫形降压启动时间和完成丫—△自动换接，其他电器的作用与上述电路相同。

电路的工作原理如下：先合上电源开关 QS。

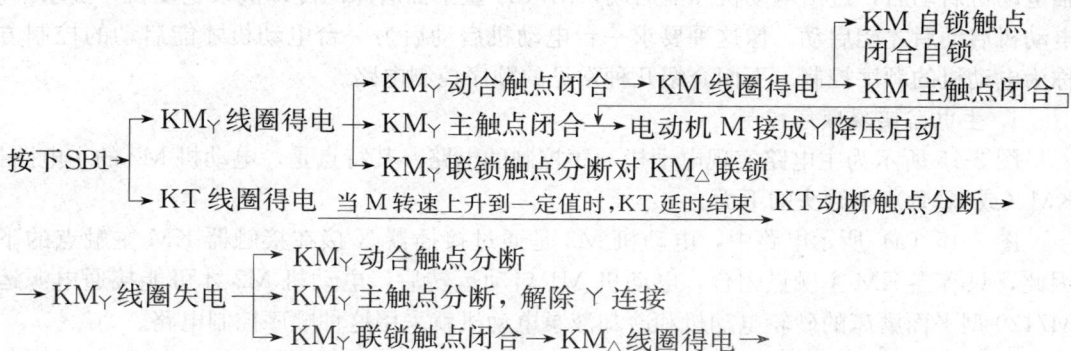

```
                                                                    ┌→ KM 自锁触点
                                                                    │   闭合自锁
                            ┌→ KMᵧ 动合触点闭合 → KM 线圈得电 ┤→ KM 主触点闭合 ─┐
        ┌→ KMᵧ 线圈得电 ┤→ KMᵧ 主触点闭合 ──→ 电动机 M 接成丫降压启动        │
 按下SB1┤               └→ KMᵧ 联锁触点分断对 KM△ 联锁                          │
        └→ KT 线圈得电　当 M 转速上升到一定值时，KT 延时结束　KT 动断触点分断 →

         ┌→ KMᵧ 动合触点分断
  → KMᵧ 线圈失电 ┤→ KMᵧ 主触点分断，解除丫连接
         └→ KMᵧ 联锁触点闭合 → KM△ 线圈得电 →
```

```
          ┌→ 对 KM_Y 联锁
┌ KM_△ 联锁触点分断 ┤
│          └→ KT 线圈失电 → KT 动断触点瞬时闭合
│
└ KM_△ 主触点闭合 → 电动机 M 接成三角形全压运行。
```

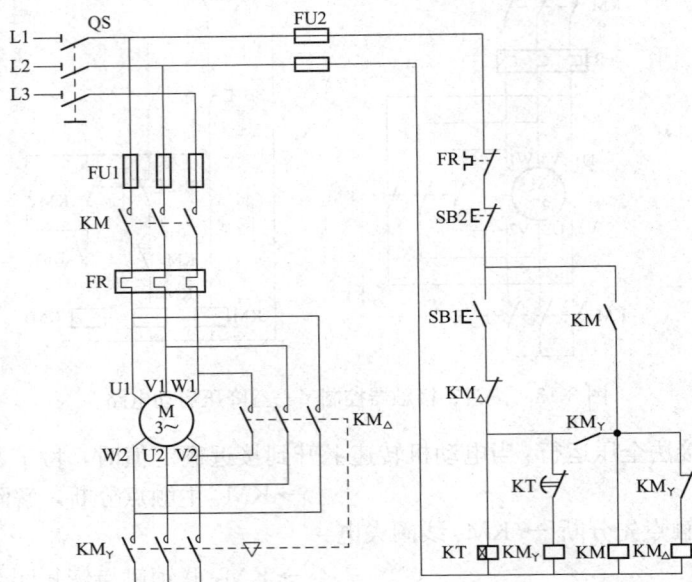

图 3-14　时间继电器自动控制 Y—△降压启动电路

停止时按下 SB2 即可。

　　该电路中，接触器 KM_Y 得电以后，通过 KM_Y 的动合触点使接触器 KM 得电动作，这样 KM_Y 的主触点是在无负载的条件下进行闭合的，故可延长接触器 KM_Y 主触点的使用寿命。

3.2.4　顺序启动控制电路

顺序控制电路：

　　在装有多台电动机的生产机械上，各电动机所起的作用是不相同的，有时需按一定的顺序启动，才能保证操作过程的合理性和工作的安全可靠。例如，X62W 型万能铣床上要求主轴电动机启动后，进给电动机才能启动；M7120 型平面磨床的冷却液泵电动机，要求当砂轮电动机启动后才能启动。像这种要求一台电动机启动后另一台电动机才能启动的控制方式，称为电动机的顺序控制。下面介绍几种常见的顺序控制电路。

　　1. 主电路实现顺序控制

　　图 3-15 所示为主电路实现电动机顺序控制的电路。其特点是，电动机 M2 的主电路接在 KM（或 KM1）主触头的下面。

　　图 3-15（a）所示电路中，电动机 M2 是通过接插器 X 接在接触器 KM 主触点的下面，因此，只有当 KM 主触点闭合，电动机 M1 启动运转后，电动机 M2 才可能接通电源运转。M7120 型平面磨床的砂轮电动机和冷却液泵电动机就采用这种顺序控制电路。

　　图 3-15（b）所示电路中，电动机 M1 和 M2 分别通过接触器 KM1 和 KM2 来控制，接

触器 KM2 的主触点接在接触器 KM1 主触点的下面，这样就保证了当 KM1 主触点闭合，电动机 M1 启动运转后，M2 才可能接通电源运转。

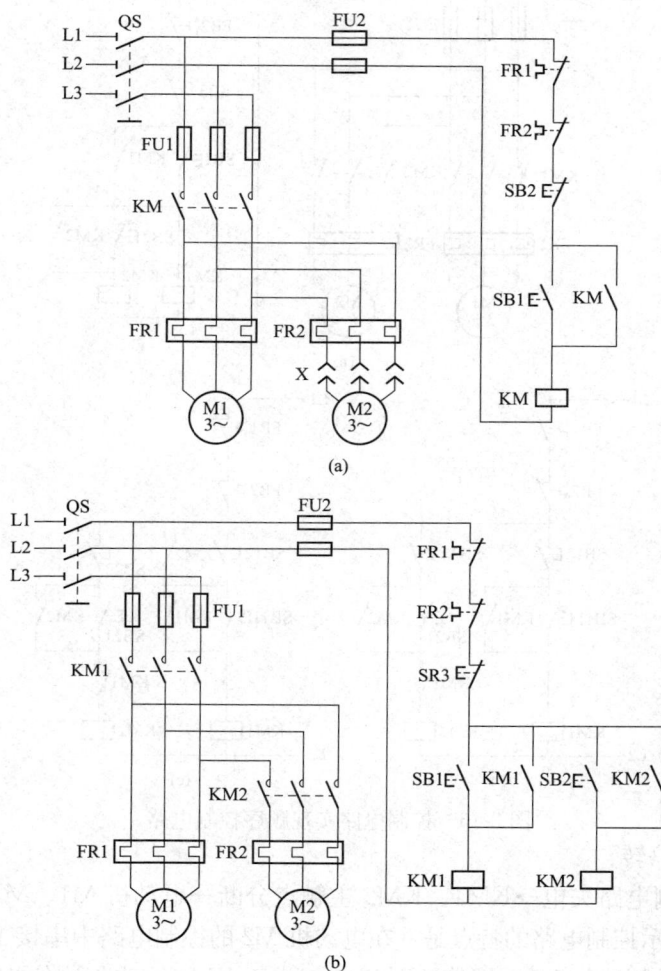

(a)

(b)

图 3-15　主电路实现顺序控制电路

线路工作原理如下：先合上电源开关 QS，按下 SB1 → KM1 线圈得电 →

→ KM1 自锁触点闭合自锁　　→ 电动机 M1 启动连续运转
→ KM1 主触点闭合　　　　　

　　　　　　　　　　　　　→ 按下 SB2 → KM2 线圈得电 →

→ KM2 自锁触点　　　　　
→ KM2 主触点闭合 → 电动机 M2 启动连续运转 M1、M2 停止。

按下 SB3 → 控制电路失电 → KM1、KM2 主触头分断 → M1、M2 失电停转。

2. 控制电路实现顺序控制

图 3-16 所示为几种在控制电路实现电动机顺序控制的电路。

图 3-16（a）所示控制电路的特点是：电动机 M2 的控制电路先与接触器 KM1 的线圈并接后再与 KM1 的自锁触点串接，这样就保证了 M1 启动后，M2 才能启动的顺序控制要求。

图 3-16　控制电路实现顺序控制电路

M1、M2 同时停转：

按下 SB3→控制电路失电→KM1、KM2 主触点分断→电动机 M1、M2 同时停转。

图 3-16（b）所示控制电路的特点是：在电动机 M2 的控制电路中串接了接触器 KM1 的动合触点。显然，只要 M1 不启动，即使按下 SB21，由于 KM1 的动合触点未闭合，KM2 线圈也不能得电，从而保证了 M1 启动后，M2 才能启动的控制要求。线路中停止按钮 SB12 控制两台电动机同时停止，SB22 控制 M2 的单独停止。

图 3-14（c）所示控制电路，是在图 3-14（b）电路的基础上，在 SB12 的两端并接了接触器 KM2 的动合触点，从而实现了 M1 启动后，M2 才能启动，而 M2 停止后，M1 才能停止的控制要求。即 M1、M2 是顺序启动，逆序停止。

微课10　顺序控制电路动作过程

3.3　制 动 控 制 电 路

电动机断开电源以后，由于惯性作用不会马上停止转动，而需要转动一段时间才会完全停下来。这种情况对于某些生产机械是不适宜的，如起重机的吊钩需要准确定位，万能铣床要求立即停转等。实现生产机械的这种要求就需要对电动机进行制动。

所谓制动，就是给电动机一个与转动方向相反的转矩使它迅速停转（或限制其转速）。制动的方法一般有两类：机械制动和电气制动。

3.3.1 机械制动

利用机械装置使电动机断开电源后迅速停转的方法称为机械制动。机械制动常用的方法有：电磁抱闸制动和电磁离合器制动。

1. 电磁抱闸制动

（1）电磁抱闸的结构。电磁抱闸的结构如图 3-17 所示。它主要由两部分组成，即制动电磁铁和闸瓦制动器。制动电磁铁由铁心 1、衔铁 2 和线圈 3 三部分组成，并有单相和三相之分。闸瓦制动器包括闸轮 4、闸瓦 5、杠杆 6 和弹簧 7 等，闸轮与电动机装在同一根转轴上。制动强度可通过调整机械结构来改变。电磁抱闸分为断电制动型和通电制动型两种。断电制动型的性能是：当线圈得电时，闸瓦与闸轮分开，无制动作用；当线圈失电时，闸瓦紧紧抱住闸轮制动。通电制动型的性能是：当线圈得电时，闸瓦紧紧抱挂闸轮制动；当线圈失电时，闸瓦与闸轮分开，无制动作用。

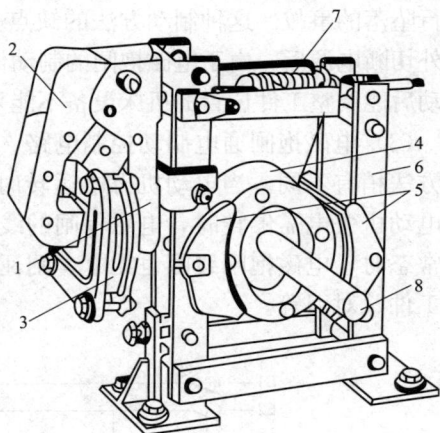

图 3-17 电磁抱闸的结构

1—铁心；2—衔铁；3—线圈；4—闸轮；
5—闸瓦；6—杠杆；7—弹簧；8—轴

（2）电磁拖闸断电制动控制电路。电路如图 3-18 所示。线路工作原理如下：先合上电源开关 QS。

1）启动运转：按下启动按钮 SB1，接触器 KM 线圈得电，其自锁触点和主触点闭合，电动机 M 便接通电源，同时电磁抱闸 YB 线圈得电，吸引衔铁与铁心闭合，衔铁克服弹簧拉力，迫使制动杠杆向上移动，从而使制动器的闸瓦与闸轮分开，电动机正常运转。

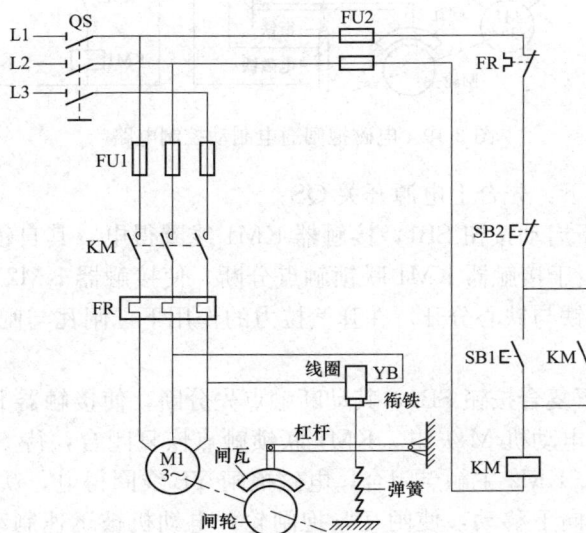

图 3-18 电磁抱闸断电制动控制电路

2）制动停转：按下停止按钮 SB2，接触器，KM 线圈失电，其自锁触点和主触点分断，电动机 M 失电，同时电磁抱闸线圈 YB 也失电，衔铁与铁心分开，在弹簧拉力的作用下，闸瓦紧紧抱住闸轮，使电动机被迅速制动而停转。

这种制动方法在起重机械上被广泛采用。其优点是能够准确定位，同时可防止电动机突然断电时重物的自行坠落。当重物起吊到一定高度时，按下停止按钮，电动机和电磁抱闸的线圈同时断电，闸瓦立即抱住闸轮，电动机立即制动停转，重物随之被准确定位。如果电动机在工作时，电路发生故障而突然断电时，电磁抱闸同样会使电动机迅速制动停转，从而避免了重物自行坠落的事故。这种制动方法的缺点是不经济。因电磁抱闸线圈耗电时间与电动机一样长。另外切断电源后，由于电磁抱闸的制动作用，使手动调整工件就很困难。因此，对要求电动机制动后能调整工件位置的机床设备不能采用这种制动方法，可采用下述通电制动控制电路。

（3）电磁抱闸通电制动控制电路。这种电路如图 3-19 所示。这种通电制动与上述断电制动方法稍有不同。当电动机得电运转时，电磁抱闸线圈断电，闸瓦与闸轮分开无制动作用；当电动机失电需停转时，电磁抱闸的线圈得电，使闸瓦紧紧抱住闸轮制动；当电动机处于停转常态时，电磁抱闸线圈也无电，闸瓦与闸轮分开，这样操作人员可以用手扳动主轴进行调整工件、对刀等。

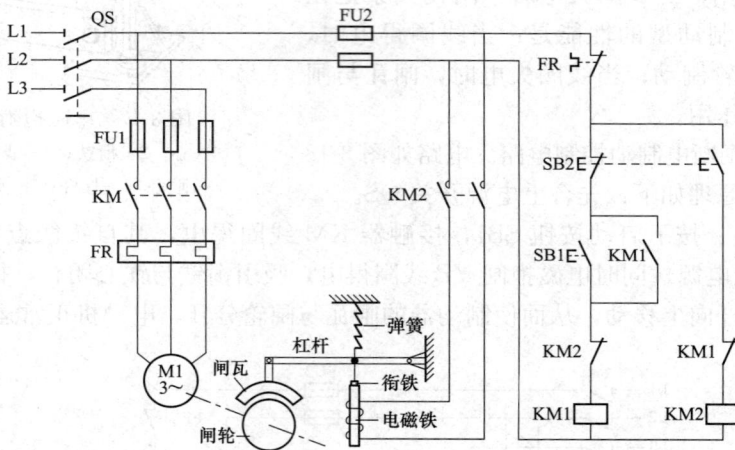

图 3-19　电磁抱闸通电制动控制电路

电路的工作原理如下：先合上电源开关 QS。

1）启动运转：按下启动按钮 SB1，接触器 KM1 线圈得电，其自锁触点和主触点闭合，电动机 M 启动运转。由于接触器 KM1 联锁触点分断，使接触器 KM2 不能得电动作。所以电磁抱闸线圈无电，衔铁与铁心分开，在弹簧拉力的作用下，闸瓦与闸轮分开，电动机不受制动正常运转。

2）制动停转：按下复合按钮 SB2，其动断触点先分断，使接触器 KM1 线圈失电，其自锁触点、主触点分断，电动机 M 失电，KM1 联锁触点恢复闭合，待 SB2 动合触点闭合后，接触器 KM2 线圈得电，KM2 主触点闭合，电磁抱闸 YB 线圈得电，铁心吸合衔铁，衔铁克服弹簧拉力，带动杠杆向下移动，使闸瓦紧抱闸轮，电动机被迅速制动而停转。KM2 联锁触点分断对 KM1 联锁。

2. 电磁离合器制动

电磁离合器制动的原理和电磁抱闸的制动原理类似。电动葫芦的绳轮常采用这种制动方法。图 3-20 所示为断电制动型电磁离合器的结构示意图。其结构及制动原理简述如下。

(1) 结构。电磁离合器主要由制动电磁铁（包括静铁心 1、动铁心 2 和励磁线圈 3）、静摩擦片 4、动摩擦片 5 以及制动弹簧 6 等组成。电磁铁的静铁心 1 靠导向轴（图中未画出）连接在电动葫芦本体上，动铁心 2 与静摩擦片 4 固定在一起，并只能作轴向移动而不能绕轴转动。动摩擦片 5 通过连接法兰 7 与绳轮轴 8（与电动机共轴）由键 9 固定在一起，可随电动机一起转动。

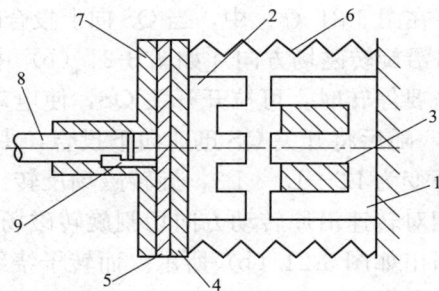

图 3-20　断电制动式电磁离合器结构示意图
1—静铁心；2—动铁心；3—励磁线圈；
4—静摩擦片；5—动摩擦片；6—制动弹簧；
7—法兰；8—绳轮轴；9—键

(2) 制动原理。电动机静止时，励磁线圈 3 无电，制动弹簧 6 将静摩擦片 4 紧紧地压在动摩擦片 5 上，此时电动机通过绳轮轴 8 被制动。当电动机通电运转时，励磁线圈 3 也同时得电，电磁铁的动铁心 2 被静铁心 1 吸合，使静摩擦片 4 与动摩擦片 5 分开，于是动摩擦片 5 连同绳轮轴 8 在电动机的带动下正常启动运转。当电动机切断电源时，励磁线圈 3 也同时失电，制动弹簧 6 立即将静摩擦片 4 连同动铁心 2 推向转动着的动摩擦片 5，强大的弹簧张力迫使动、静摩擦片之间产生足够大的摩擦力，因此电动机断电后立即受制动停转。电磁离合器控制的制动电路与图 3-19 所示电路基本相同，读者可自行画出进行分析。

3.3.2　电气制动

使电动机在切断电源停转的过程中，产生一个和电动机实际旋转方向相反的电磁力矩（制动力矩），迫使电动机迅速制动停转的方法称为电气制动。电气制动常用的方法有反接制动、能耗制动、电容制动和发电制动等。下面分别给予介绍。

1. 反接制动

依靠改变电动机定子绕组的电源相序来产生制动力矩，迫使电动机迅速停转的方法称反接制动。其制动原理如图 3-21 所示。

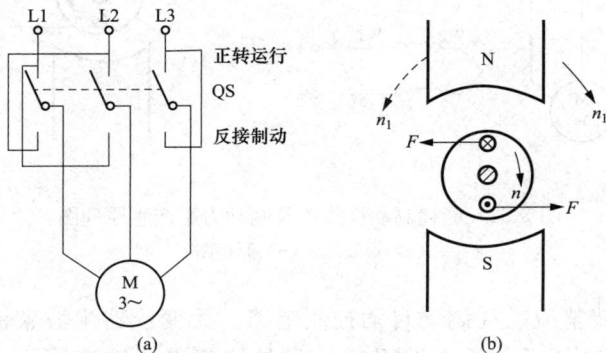

图 3-21　反接制动电路接线图及制动力矩产生原理图
(a) 接线图；(b) 原理图

在图 3-21（a）中，当 QS 向上投合时，电动机定子绕组电源相序为 L1—L2—L3，电动机将沿旋转磁场方向［如图 3-21（b）中顺时针方向］以 $n<n_1$ 的转速正常运转。当电动机需要停转时，可拉开开关 QS，使电动机先脱离电源（此时转子由于惯性仍按原方向旋转），随后将开关 QS 迅速向下投合，由于 L1、L2 两相电源线对调，电动机定子绕组电源相序变为 L2—L1—L3，旋转磁场反转［图 3-21（b）中逆时针方向］。此时转子将以 n_1+n 的相对转速沿原转动方向切割旋转磁场，在转子绕组中产生感生电流，其方向用右手定则判断出如图 3-21（b）所示。而转子绕组一旦产生电流又受到旋转磁场的作用产生电磁转矩，其方向由左手定则判断。可见此转矩方向与电动机的转动方向相反，使电动机受制动迅速停转。

值得注意的是，当电动机转速接近零值时，应立即切断电动机电源，否则电动机将反转。为此，在反接制动设施中，为保证电动机的转速被制动到接近零值时，能迅速切断电源，防止反向启动。常利用速度继电器（又称反接制动继电器）来自动地及时切断电源。

2. 能耗制动

当电动机切断交流电源后，立即在定子绕组的任意两相中通入直流电，迫使电动机迅速停转的方法叫能耗制动。其制动原理如图 3-22 所示。

先断开电源开关 QS1，切断电动机的交流电源，这时转子仍沿原方向惯性运转；随后立即合上开关 QS2，并将 QS1 向下合闸，电动机 V、W 两相定子绕组通入直流电，使定子中产生一个恒定的静止磁场。这样作惯性运转的转子因切割磁力线而在转子绕组中产生感生电流，其方向用右手定则判断出上面为 $\otimes$，下面为 $\odot$。转子绕组中一旦产生了感生电流，又立即受到静止磁场的作用，产生电磁转矩，用左手定则判断出此转矩的方向正好与电动机的转向相反，使电动机受制动迅速停转。由于这种制动方法是在定子绕组中通入直流电以消耗转子惯性运转的动能来进行制动的，所以称为能耗制动，又称动能制动。

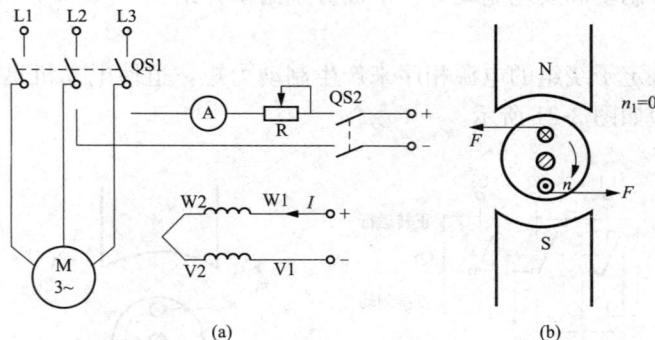

图 3-22　能耗制动接线图及制动力矩产生原理图
(a) 接线图；(b) 原理图

（1）无变压器半波整流能耗制动自动控制电路。无变压器半波整流单向启动能耗制动自动控制电路如图 3-23 所示。该电路采用单只晶体管半波整流器作为直流电源，所用附加设备较少，电路简单，成本低，常用于 10kW 以下小容量电动机，且对制动要求不高的场合。

电路工作原理如下。先合上电源开关 QS。

1）单向启动运转。

按下 SB1→ KM1 线圈得电 →
- → KM1 自锁触点闭合自锁 ┐
- → KM1 主触点闭合 ────┴→ 电动机 M 启动运转
- → KM1 联锁触点分断对 KM2 联锁

2）能耗制动停转。

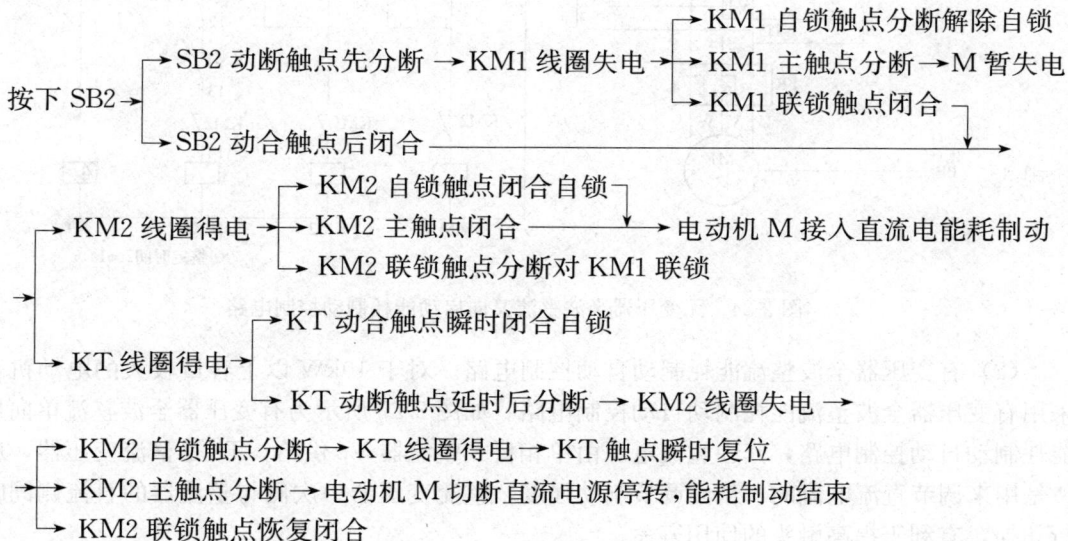

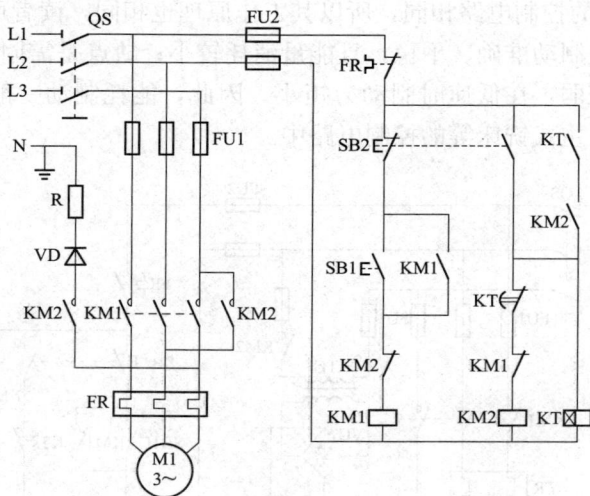

按下 SB2 →
- → SB2 动断触点先分断 → KM1 线圈失电 →
  - → KM1 自锁触点分断解除自锁
  - → KM1 主触点分断 → M 暂失电
  - → KM1 联锁触点闭合
- → SB2 动合触点后闭合 ──────────────

→ KM2 线圈得电 →
- → KM2 自锁触点闭合自锁 ┐
- → KM2 主触点闭合 ────┴→ 电动机 M 接入直流电能耗制动
- → KM2 联锁触点分断对 KM1 联锁

→ KT 线圈得电 →
- → KT 动合触点瞬时闭合自锁
- → KT 动断触点延时后分断 → KM2 线圈失电 →

- → KM2 自锁触点分断 → KT 线圈得电 → KT 触点瞬时复位
- → KM2 主触点分断 → 电动机 M 切断直流电源停转，能耗制动结束
- → KM2 联锁触点恢复闭合

图 3-23　无变压器半波整流单向启动能耗制动控制电路

图中 KT 瞬时闭合动合触头的作用是当 KT 出现线圈断线或机械卡住等故障时，按下 SB2 后能使电动机制动后脱离直流电源。

若负载电动机为双向启动时，采用半波整流能耗制动电路如图 3-24 所示。原理可结合正反转控制电路及单向启动能耗制动自动控制电路自行分析。

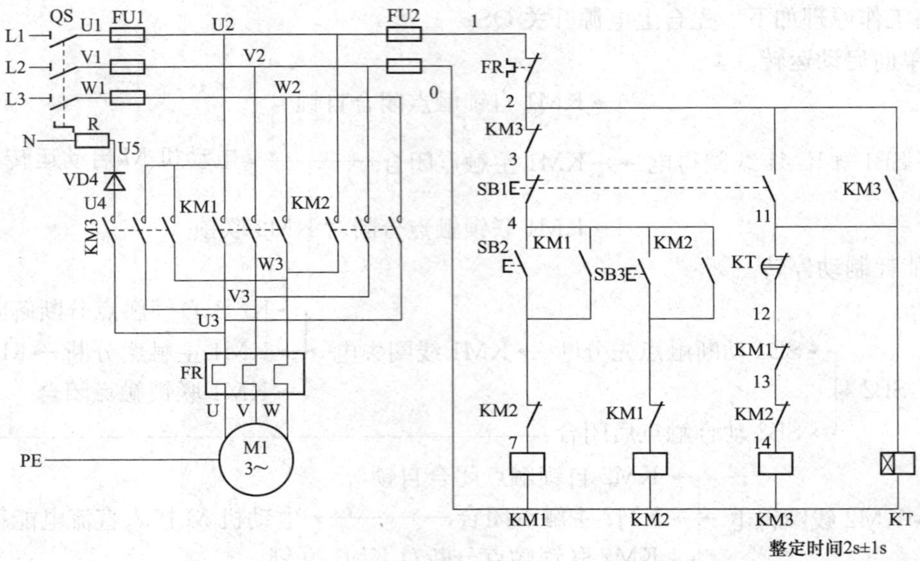

图 3-24　无变压器半波整流又向启动能耗制动控制电路

（2）有变压器全波整流能耗制动自动控制电路。对于 10kW 以上容量较大的电动机，多采用有变压器全波整流能耗制动自动控制电路。如图 3-25 所示为有变压器全波整流单向启动能耗制动自动控制电路，其中直流电源由单相桥式整流器 Vc 供给，Tc 是整流变压器，电阻 R 是用来调节直流电流的，从而调节制动强度，整流变压器一次侧与整流器的直流侧同时进行切换，有利于提高触头的使用寿命。

图 3-25 与图 3-24 的控制电路相同，所以其工作原理也相同，读者可自行分析。

能耗制动的优点是制动准确、平稳，且能量消耗较小；缺点是需附加直流电源装置，设备费用较高，制动力较弱，在低速时制动力矩小。因此，能耗制动一般用于要求制动准确、平稳的场合，如磨床、主式铣床等的控制电路中。

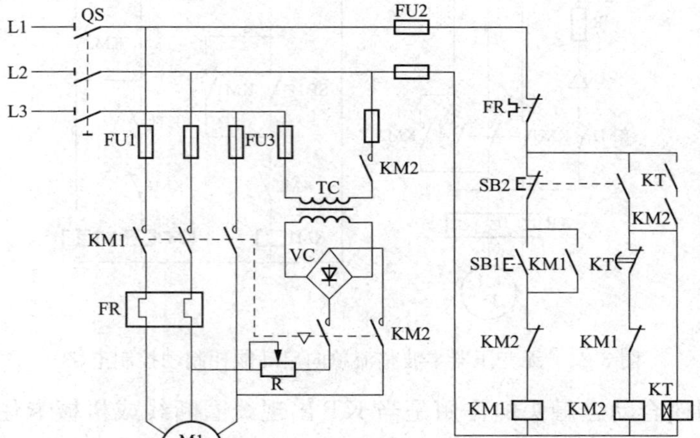

图 3-25　有变压器全波整流单向启动能耗制动控制电路

能耗制动时产生的制动力矩大小，与通入定予绕组中的直流电流大小、电动机的转速及转子电路中的电阻有关。电流越大，产生的静止磁场就越强，而转速越高，转子切割磁力线的速度就越大，产生的制动力矩也就越大。但对笼型异步电动机，增大制动力矩只能通过增大通入电动机的直流电流来实现，而通入的直流电流又不能太大，过大会烧坏定子绕组。因此能耗制动所需的直流电源一般用以下方法进行估算。

以常用的单相桥式整流电路为例，其估算步骤如下：

1）首先测量出电动机三根进线中任意两根之间的电阻 R 的阻值；

2）测量出电动机的进线空载电流 I_0；

3）能耗制动所需的直流电流 $I_2 = K_{I0}$；能耗制动所需的直流电压 $U_2 = I_2 R$。

其中 K 是系数，一般取 3.5～4。若考虑到电动机定子绕组的发热情况，为了达到比较满意的制动效果，对传动装置转速高、惯性大的可取其上限。

4）单相桥式全波整流电源变压器二次绕组电压和电流有效值为

$$U_2 = U_Z/0.9 \quad (V) ; \quad I_2 = I_Z/0.9 \quad (A)$$

变压器计算容量为　　　　　　　　　　　　　$S = U_2 I_2 (VA)$

考虑到制动不频繁，可取变压器实际容量为 $S' = (1/3 \sim 1/4)S$

5）可调电阻 $R \approx 2\Omega$，电阻功率 $P_R = I_2^2 R (W)$，实际选用时，电阻功率也可小些。

3. 电容制动

当电动机切断交流电源后，立即在电动机定子绕组的出线端接入电容器来迫使电动机迅速停转的方法称为电容制动。其制动原理是：当旋转着的电动机断开交流电源时，转子内仍有剩磁。随着转子的惯性转动，有一个随转子转动的旋转磁场。这个磁场切割定子绕组产生感应电动势，并通过电容器回路形成感应电流，该电流与磁场相互作用，产生一个与旋转方向相反的制动转矩，对电动机进行制动，使它迅速停车。

电容制动控制电路如图 3-26 所示。其工作原理如下：先合上电源开关 QS。

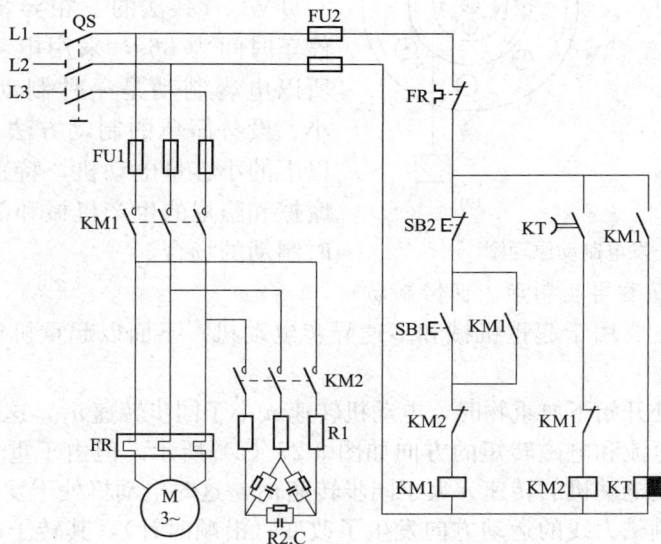

图 3-26　电容制动控制电路

（1）启动运转。

按下 SB1 ⟶ KM1 线圈得电 ⟶

⟶ KM1 自锁触点闭合自锁 ⟶

⟶ KM1 主触点闭合 ⟶ 电动机 M 启动运转

⟶ KM1 联锁触点分断对 KM2 连锁

⟶ KM1 动合触点闭合 ⟶ KT 线圈得电 ⟶

⟶KT 延时分断的动合触点瞬时闭合，为 KM2 得电作准备

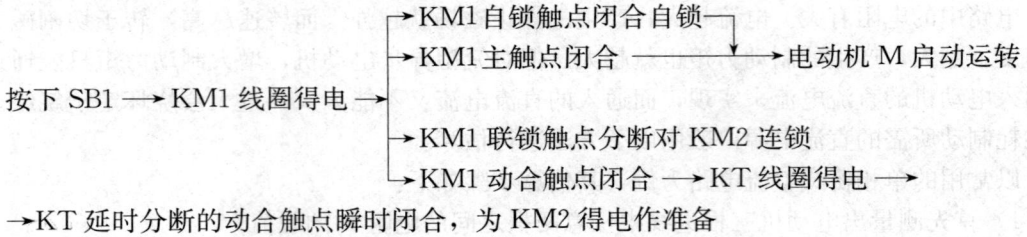

（2）电容制动停转。

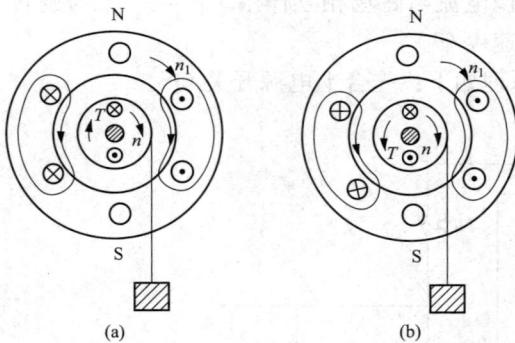

按下 SB2 ⟶ KM1 线圈失电 ⟶

⟶ KM1 自锁触点分断解除自锁

⟶ KM1 主触点分断 ⟶ 电动机 M 失电惯性运转

⟶ KM1 联锁触点闭合 ⟶ KM2 线圈得电 ⟶ 1

⟶ KM1 动合触点分断 ⟶ KT 线圈失电 ⟶ 2

1 ⟶

⟶ KM2 联锁触点分断对 KM1 联锁

⟶ KM2 主触点闭合 ⟶ 电动机 M 接入三相电容进行电容制动至停转

经 KT 整定时间 ⟶ 动合触点分断 ⟶ KM2 线圈失电 ⟶

2 ⟶

⟶ KM2 联锁触点恢复闭合

⟶ KM2 主触点分断 ⟶ 三相电容被切除

图 3-27　发电制动原理图

实验说明，对于 5.5kW、△接法的三相异步电动机，无制动停车时间为 22s，采用电容制动后其停车时间仅需 1s。对于 5.5kW、丫接法的三相异步电动机，无制动停车时间为 36s，采用电容制动后仅为 2s。所以电容制动是一种制动迅速、能量损耗小、设备简单的制动方法，一般用于 10kW 以下的小容量电动机，特别适用于存在机械摩擦和阻尼的生产机械和需要多台电动机同时制动的场合。

4. 发电制动（又称再生制动、回馈制动）

这种制动方法主要用于起重机械和多速异步电动机。下面以起重机械为例说明其制动原理。

当起重机在高处开始下放重物时，电动机转速 n 小于同步转速 n_1，这时电动机处于电动运行状态，其转子电流和电磁转矩的方向如图 3-27（a）所示。但由于重力的作用，在重物的下放过程中，会使电动机的转速 n 大于同步转速 n_1，这时电动机处于发电运行状态，转子相对于旋转磁场切割磁力线的运动方向发生了改变（沿顺时针），其转子电流和电磁转矩的方向都与电动运行时相反，如图 3-25（b）所示。可见电磁力矩变为制动力矩，从而限制了重物的下降速度，不至于重物下降得过快，保证了设备和人身安全。

对于多速电动机变速时，如使电动机由二极变为四极时，定子旋转磁场的同步转速 n_1 由 3000r/min 变为 1500r/min，而转子由于惯性仍以原来的转速 n（接近 3000r/min）旋转，此时 $n > n_1$，电动机产生发电制动作用。

发电制动是一种比较经济的制动方法。制动时不需改变电路即可从电动运行状态自动地转入发电制动状态，将机械能转换成电能再回馈到电网，节能效果显著。缺点是应用范围较窄，仅当电动机转速大于同步转速时才能实现发电制动。所以常用于起重机械在起吊重物下降和多速异步电动机由高速转为低速时的情况。

3.4 其他控制电路

3.4.1 变速控制

三相异步电动机的转速表达式

$$n = n_0(1-s) = \frac{60f}{p}(1-s)$$

根据转速表达式可知调速方法有：①改变电源频率 f；②改变转差率 s；③改变磁极对数 p。如果电网频率不变，电动机的同步转速与它的极对数成反比。因此，变更电动机绕组的接线方式，使其在不同的极对数下运行，其同步转速便会随之改变。这种调速方法是用改变定子绕组的接线方式来改变笼形电动机定子极对数达到调速目的。其特点如下：具有较硬的机械特性，稳定性良好；无转差损耗，效率高；接线简单、控制方便、价格低。在镗床、磨床等机床及离心机等机械的主轴上广泛应用，这种调速方法要求三相交流电动机本身的结构必须是可以变极的，通过交流接触器或手动开关变换电动机内部定子线圈的接线方式来改变三相交流电动机的极数，没有其他中间环节，因此也就没有中间环节的效率损失。该调速方法自身的能效最高。

如图 3-28（a）所示的极对数为 4 极，图 3-28（b）所示为 2 极，绕组按图 3-28（b）接电动机极对数 p 为图 3-28（a）所示接法的 2 倍。

1. 断电延时定时器双速控制电路

图 3-29 为自动变速控制电路，电动机启动时，先以低速启动，延时过后，自动转为高速运行。具体工作原理如下：

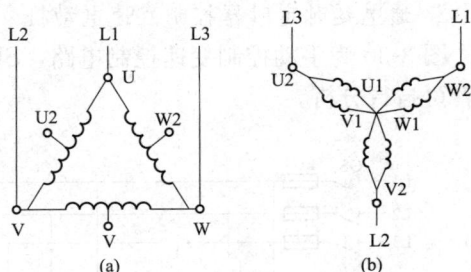

图 3-28 双速△—丫丫定子绕组接线原理图

按下启动按钮 SB2 ──→ KT 线圈得电 ──→ KT 瞬时闭合延时断开动合触点 ──→ KM1 线圈得

瞬时闭合

电 ┌─→ KM1 主触点闭合,电动机定子绕组 U1\V1\W1 接通电源,电动机以△低速启动运行

　　└─→ KM1 动合触点闭合,接通 A 线圈,同时 KM1 动断触点断开、KT 动断触点断开,

KM2 线圈暂不得电 经 KT 整定时间 ──→ KT 瞬时闭合延时断开动合触点分断 → KM1 线圈

失电, KM1 主触点断开, 电动机绕组 U1\V1\W1 断开电源,与此同时 KM1 动断触点闭合,

经 KA 的自锁触点接通 KM2 线圈得电→KM2 主触点闭合，电动机绕组 U1\V1\W1 短接，U2\V2\W2 接通电源，电动机以双星形高速运行。

控制电路中 KT 的瞬时动作断触点在电路中的作用主要为防止 KM1 与 KM2 同时得电，形成电源短路。

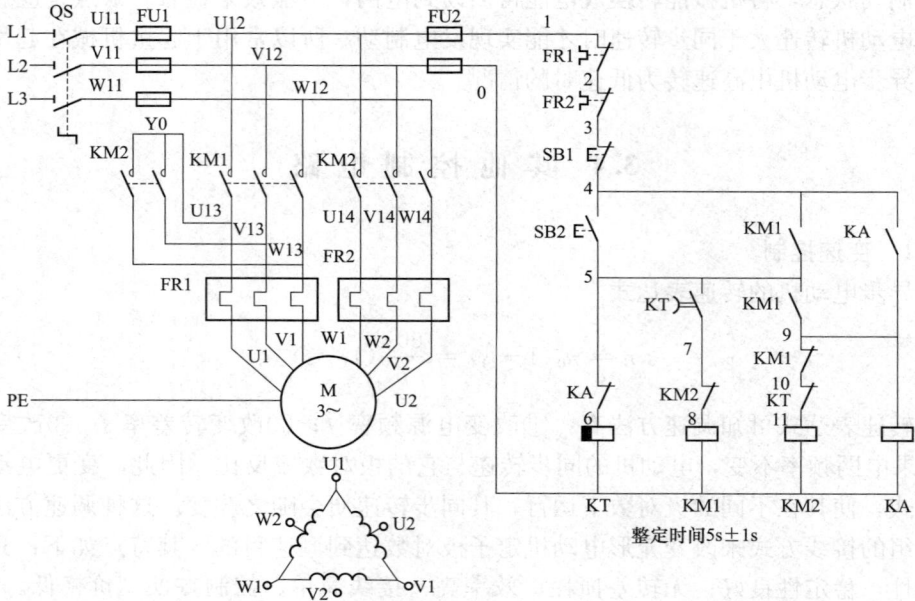

图 3-29 断电延时定时器控制的双速电动机电路

2. 通电延时定时器控制双速电动机

图 3-30 为手动控制变速控制电路，SB2 为低速启动钮，SB3 为高速启动按钮，电路原理读者可自行分析。

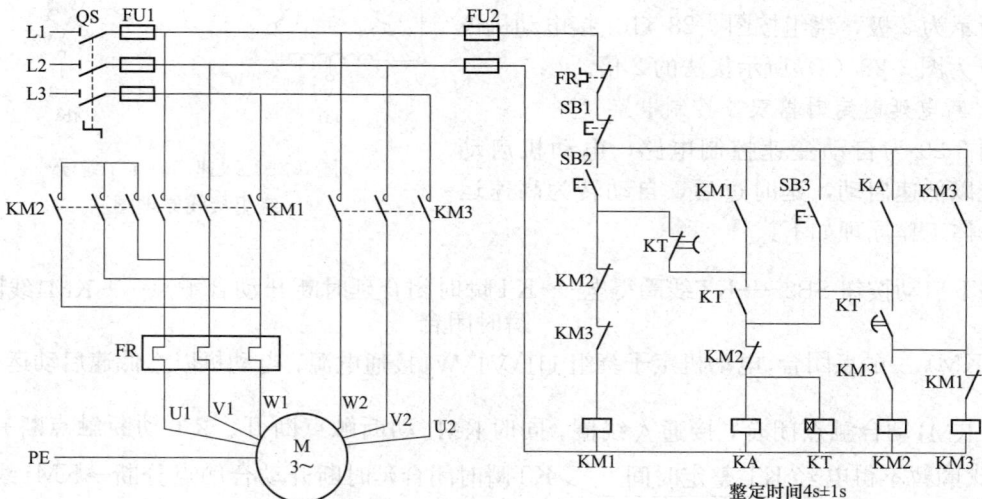

图 3-30 通电延时定时器控制双速电动机电路

3.4.2　多地控制

多地控制设置多套启、停按钮，分别安装在设备的多个控制位置，故称多地控制。控制特点为将起动按钮的动合触点并联，而停止按钮的动断触点串联。如图 3-31 所示，无论操作 SB2 或者是启动按钮 SB3，电动机启动，操作停止按钮 SB1 或 SB4，电动机均停止。

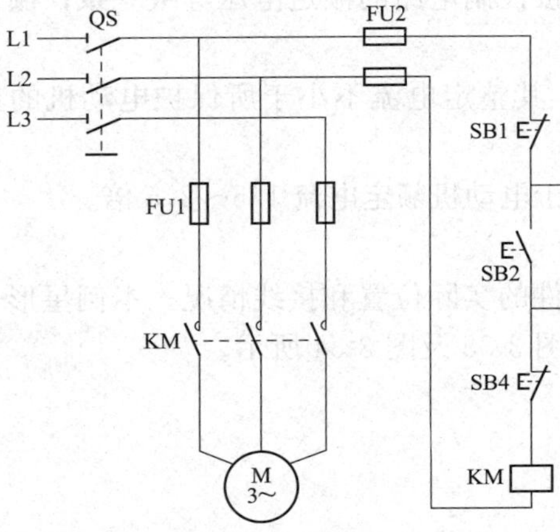

图 3-31　多地控制电路图

微课11　多地控制电路控制过程

3.4.3　多条件控制

多条件启动与多条件停止控制电路，适用于电路的多条件保护，按钮或开关的动合触点串联，动断触点并联，多个条件都满足（动作）后，才可以启动或停止。如图 3-32 所示，启动按钮 SB4 和 SB5 都闭合时，KM 才得电，停止时，须同时断开 SB1、SB2 和 SB3。

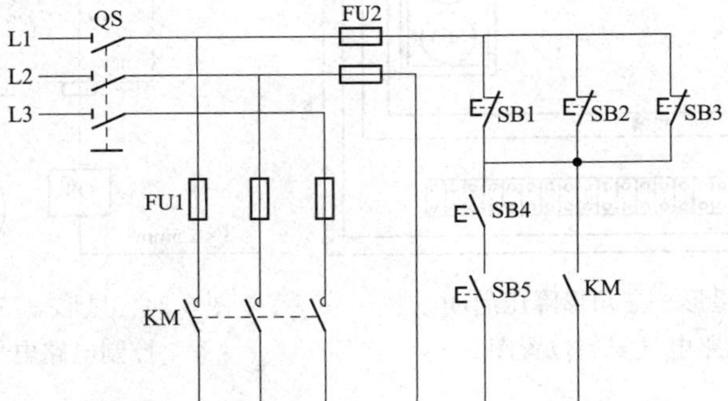

图 3-32　多条件控制电路图

3.5　安 装 调 试 实 例

以星形—三角形降压启动控制电路为例，进行其安装及调试，电路原理图见本章图 3-13。

1. 确认所需要的低压元器件

由图 3-13 可知，星形—三角形降压启动所需低压元器件为：交流接触器 3 个（作用：控制及欠电压、失压保护），热继电器 1 个（作用：电动机过载保护），熔断器 5 个（电源短路保护）。

2. 型号选择

交流接触器的选择需要考虑：电路中负载电流的种类；接触器的额定电压应大于或等于负载回路的额定电压；吸引线圈的额定电压应与所接控制电路的额定电压等级一致；额定电流应大于或等于被控主回路的额定电流。

热继电器的选择需要考虑电动机的额定电流，其整定电流不小于所保护电动机的额定电流。

本控制电路接单台电动机，熔断器额定电流大于电动机额定电流 1.5～2.5 倍。

3. 电气安装图设计

电气安装图用于表示电气控制系统中各电器元件的实际位置和接线情况。本例星形—三角形降压启动控制电路电气安装图及电气互连图如图 3-33 及图 3-34 所示。

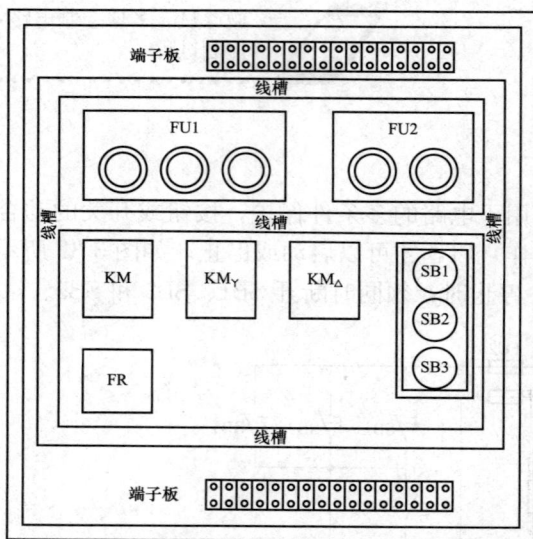

图 3-33　星形—三角形降压启动
控制电路电气安装位置图

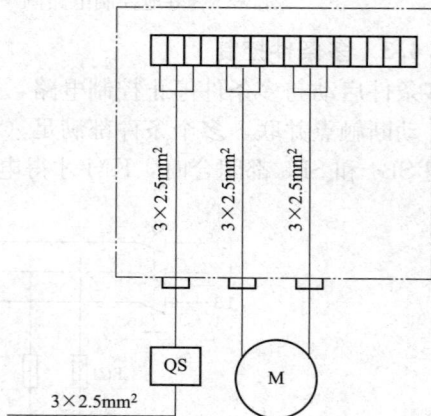

图 3-34　星形—三角形降压启动
控制电路电气互连图

4. 电气接线图设计

导线截面的选择主要根据所需载流量确定。主回路主要带电动机，可用最小值可用负载功率千瓦数乘以 0.65。控制回路的电流由控制回路电压及接触器的线圈电阻确定。接线图见图 3-35 及图 3-36。

5. 调试

接线后，先用万用表检测电路连接是否正常。为防止电源短路损坏器件，需进行短路测试，本测试分三个步骤：

（1）开路检测。用万用表的电阻挡检测连接电源的端口有无发生短路，再检测连接电动机的端口有无发生短路，需要两两检测，确定完全没有短路。

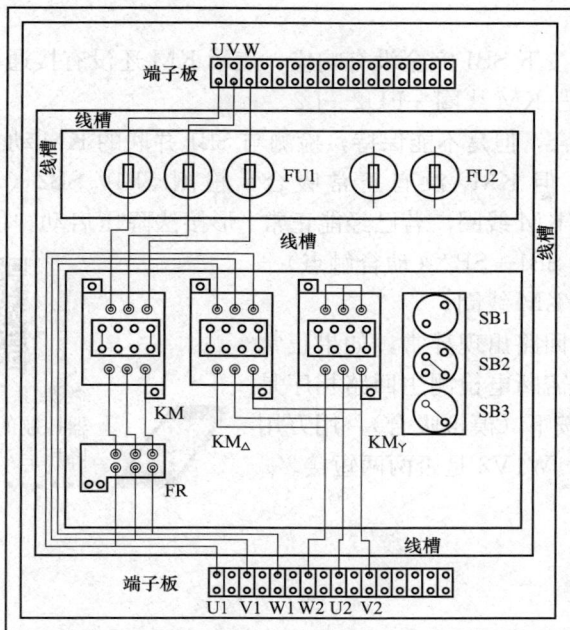

图 3-35　星形—三角形降压启动控制主电路接线图

图 3-36　星形—三角形降压启动控制控制电路接线图

（2）启动检测。按下 SB1，重复步骤（1）的端口检测，确定完全没有短路，接着在按住 SB1 的前提下按住 SB2，重复步骤（1）的端口检测，确定完全没有短路。

（3）接通检测。同时按下电源接触器 KM 及 Y 接触器，重复步骤（1）的端口检测，确定完全没有短路，接着同时按下电源接触器 KM 及 △ 接触器，重复步骤（1）的端口检测，确定完全没有短路。

接下来可进行通电测试。若按下 SB1 完全没有响应，表示 KM 还没有接通，可用万用表测量 L1—FU2—FR—SB3—SB1—KM 线圈—FU2—L2。

若按下 SB1，KM 可正常吸合，但是不能保持，检测与 SB1 并联的 KM 动合触点（用于自锁）。KM 正常吸合且自锁，但 KM$_\curlyvee$ 没有正常吸合，检测 SB1—SB2（动断触点）—KM$_\triangle$（动断触点）—KM$_\curlyvee$ 线圈—KM 线圈。若已经能正常丫形接法降压启动，但按下 SB2 不能转入三角形正常运行，可检测 SB1—SB2（动合触点）—KM$_\curlyvee$（动断触点）—KM$_\triangle$ 线圈—KM 线圈。

控制回路运行正常，但是主回路出现异常，如果正常启动后，电动机处于缺相运行，需断电检测主回路相序是否正常。断开电源后，将 KM$_\triangle$ 按下（模拟吸合），用万用表的电阻挡测试 U1W2、V1U2、W1V2 是否两两短接。

微课12　继电器—接触器控制的星形—三角形降压启动调试

基 础 篇

第4章 可编程控制器 PLC 入门

可编程控制器最初是用来实现逻辑运算控制，主要用于替代继电器—接触器控制系统。本章主要介绍可编程序控制器的硬件组成系统与逻辑控制指令及简单的算术运算指令。

4.1 PLC 的结构与工作原理

4.1.1 PLC 结构

可编程控制器是一种工业控制装置，由硬件系统和软件系统组成。

1. 硬件组成

可编程控制器的硬件系统主要由中央处理器（CPU）、存储器、输入单元、输出单元等部分组成，如图 4-1 所示。其中，CPU 是 PLC 的核心；输入单元与输出单元是连接现场输入/输出设备与 CPU 之间的接口电路，也称为输入接口和输出接口。此外，可编程控制器的硬件系统还包括通信接口、扩展接口、编程器、电源等。

图 4-1 PLC 的硬件组成

整体式的 PLC，其所有部件都装在同一机壳内；对于模块式 PLC，各部件封装成模块，各模块通过基板连接，安装在机板或导轨上，其组成形式与整体式的 PLC 不同，如图 4-2 所示。无论是哪种结构类型的 PLC，都可根据用户需要进行配置与组合。尽管整体式与模块式 PLC 的结构不太一样，但各部分的功能作用是相同的。下面对 PLC 主要组成各部分进行简单介绍。

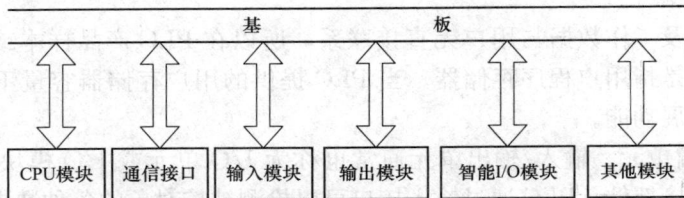

图 4-2 模块式 PLC 的硬件结构

（1）中央处理单元（CPU）。同一般的微机一样，CPU 是 PLC 的核心。一般认为 PLC 中的 CPU 有三类：通用微处理器（如 Z80、8086、80286）、单片计算机（如 8031、8096 等）和位片式微处理器。历史上，小型 PLC 大多采用 8 位通用微处理器和单片微处理器；中型 PLC 大多采用 16 位通用微处理器和单片微处理器；大型 PLC 大多采用高速位片式微处理器。

现在许多知名厂商采用自己设计制造的专用芯片，称为 MPU。由于是专门设计，这样既提高了系统的效率，节约了成本，又可以防止被仿制与假冒。当然，其 PLC 的基本硬件组成是不变的。

在 PLC 中的 CPU 又包含控制器和运算器，通过执行系统程序，指挥 PLC 有条不紊地进行工作，归纳起来主要有以下几方面：

1）接收从编程装置输入的用户程序和数据；

2）诊断电源、PLC 内部电路的工作故障和编程中的语法错误等；

3）通过输入接口接收现场的状态或数据，并存入输入映像寄存器或数据寄存器中；

4）从存储器逐条读取用户程序，经过解释后执行。

根据执行的结果，更新有关标志位的状态和输出映像器的内容，通过输出单元实现输出控制。有些 PLC 还具有制表打印或数据通信等功能。

（2）存储器。存储器主要有两种：一种是可读/写操作的随机存储器 RAM，另一种是只读存储器 ROM、PROM、EPROM 和 EPROM。在 PLC 中，存储器主要用于存放系统程序、用户程序及工作数据。

系统程序是由 PLC 的制造厂家编写的，和 PLC 的硬件组成有关，完成系统诊断、命令解释、功能子程序调用管理、逻辑运算、通信及各种参数设定等功能，提供 PLC 运行的平台。系统程序关系到 PLC 的性能，而且在 PLC 使用过程中不会变动，所以是由制造厂家直接固化在只读存储器 ROM、PROM 或 EPROM 中，用户不能访问和修改。

用户程序是随 PLC 的控制对象而定的，由用户根据对象生产工艺的控制要求而编制的应用程序。为了便于读出、检查和修改，用户程序一般存于 CMOS 静态 RAM 中，用锂电池作为后备电源，以保证掉电时不会丢失信息。为了防止干扰对 RAM 中程序的破坏，当用户程序试运行正常，不需要改变，可将其固化在只读存储器 EPROM 中。现有许多 PLC 直接采用 EEPROM 作为用户存储器。

工作数据是 PLC 运行过程中经常变化、经常存取的一些数据。存放在 RAM 中，以适应随机存取的要求。在 PLC 的工作数据存储器中，设有存放输入/输出继电器、定时器、计数器等逻辑器件的存储区，这些器件的状态都是由用户程序的初始设置和运行情况而定的。根据需要，部分数据在掉电时用后备电池维持其现有的状态，这部分在掉电时可保存数据的存储区域称为保持数据区。

由于系统程序及工作数据与用户无直接联系，所以在 PLC 产品样本或使用手册所列存储器的形式及容量是指用户程序存储器。当 PLC 提供的用户存储器容量不够用，许多 PLC 还提供有存储器扩展功能。

（3）输入/输出单元。输入/输出单元通常也称为 I/O 单元或 I/O 模块，是 PLC 与工业生产现场之间的连接部件。PLC 通过输入接口可以检测被控对象的各种数据，以这些数据作为 PLC 对被控对象进行控制的依据；同时 PLC 又通过输出接口将处理结果送给被控制对象，以实现控制目的。

由于外部输入设备和输出设备所需的信号电平是多种多样的，而 PLC 内部 CPU 的处理的信息只能是标准电平，所以 I/O 接口要实现这种转换。I/O 接口一般都具有光电隔离和滤波功能，以提高 PLC 的抗干扰能力。另外，I/O 接口上通常还有状态指示，工作状况直观，便于维护。

PLC 提供了多种操作电平和驱动能力的 I/O 接口，有各种各样功能的 I/O 接口供用户选用。I/O 接口的主要类型有数字量（开关量）输入、数字量（开关量）输出、模拟量输入、模拟量输出等。

常用的开关量输入接口按其使用的电源不同有三种类型：直流输入接口、交流输入接口和交/直流输入接口。其基本电路如图 4-3 所示。

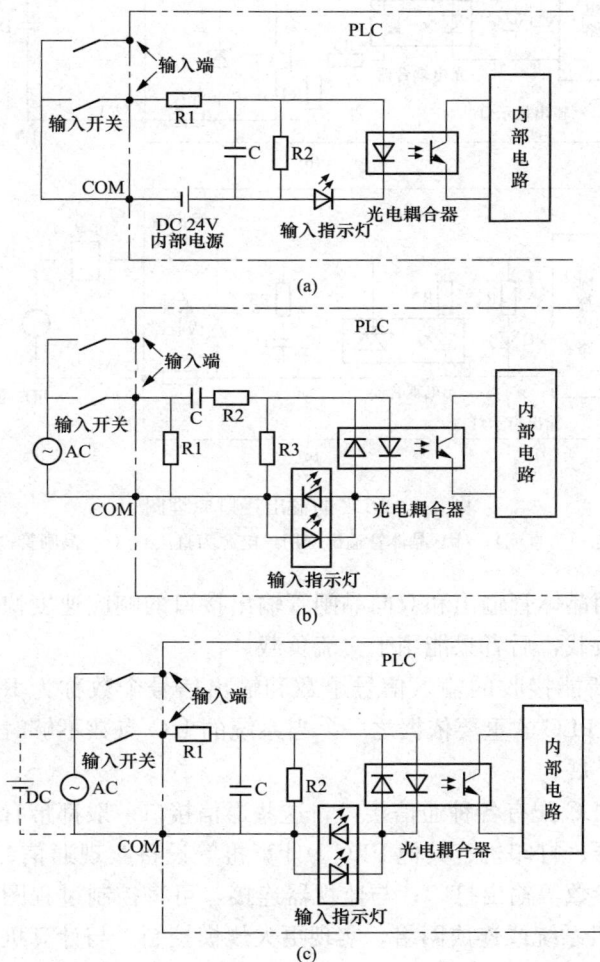

图 4-3　PLC 的输入接口原理图
（a）无电源输入接口；（b）交流输入接口；（c）交/直流输入接口

常用的开关量输出接口按输出开关器不同有三种类型：继电器输出、晶体管输出和双向晶闸管输出。其基本原理电路如图 4-4 所示。继电器输出接口可驱动交流负载，但其响应时

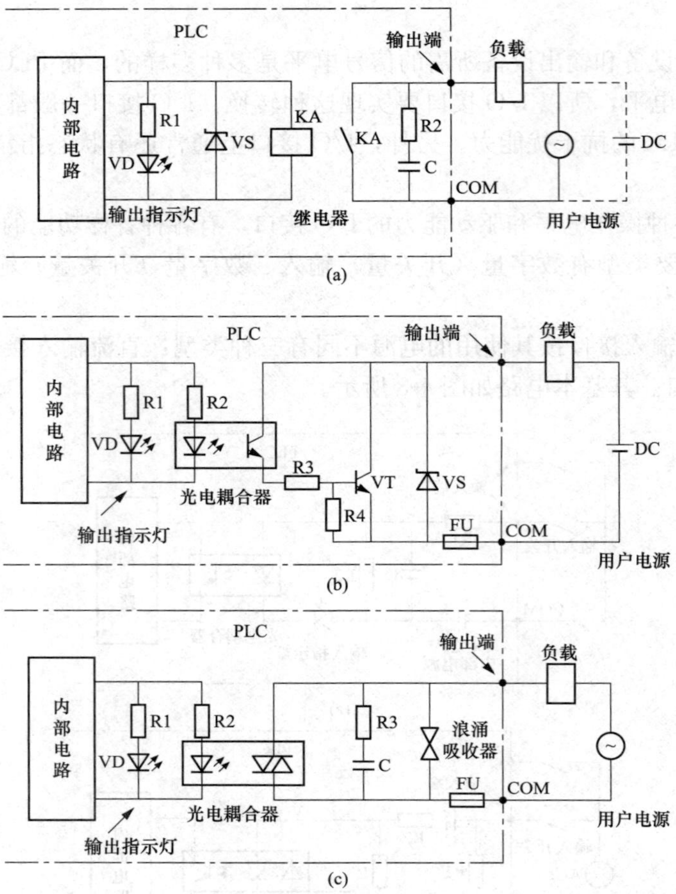

图 4-4　PLC 的输出接口原理图

（a）继电器输出（用户电源为直流）；（b）晶体管输出（用户电源为直流）；（c）晶闸管输出（用户电源为交流）

间长，动作频率低；而晶体管输出和双向晶闸管输出接口的响应速度快，动作频率高，但前者只能用于驱动直流负载，后者只能用于交流负载。

　　PLC 的 I/O 接口所能接收的输入信号个数和输出信号个数称为 PLC 输入/输出（I/O）点数。I/O 点数是选择 PLC 的重要依据之一。当系统的 I/O 点数不够时，可通过 PLC 的 I/O 扩展接口对系统进行扩展。

　　（4）通信接口。PLC 配有各种通信接口，这些通信接口一般都带有通信处理器。PLC 通过这些接口可与监视器、打印机、其他 PLC、计算机等设备实现通信。PLC 与打印机连接，可将过程信息、系统参数等输出打印；与监视器连接，可将控制过程图像显示出来；与其他 PLC 连接，可组成多机系统或连成网络，实现更大规模控制。与计算机连接，可组成多级分布式控制系统，实现控制与管理相结合。远程 I/O 也必须配备相应的通信接口模块。

　　（5）智能接口模块。智能接口模块是一独立的计算机系统，有自己的 CPU、系统程序、存储器以及与 PLC 系统总线相连的接口。它作为 PLC 系统的一个模块，通过总线与 PLC 相连，进行数据交换，并在 PLC 的协调管理下独立地进行工作。

　　PLC 的智能接口模块种类很多，如高速计数模块、闭环控制模块、运动控制模块、中断控制模块等。

（6）编程装置。编程装置的作用是编辑、调试、输入用户程序，也可在线控制 PLC 内部状态和参数，与 PLC 进行人机对话。它是开发、应用、维护 PLC 不可缺少的工具。常见的编程装置有手持编程器和计算机编程。

简易型编程器只能联机编程，而且不能直接输入和编辑梯形图程序，需将梯形图程序转化为指令表程序才能输入。简易编程器体积小、价格便宜，它可以直接插在 PLC 的编程插座上。但总体来说，编程不方便。

计算机编程则具有更多优点，而且成为首选编程装置。它既可以编制、修改 PLC 的梯形图程序，又可以监视系统运行、打印文件、系统仿真等。

（7）电源。PLC 配有开关电源，以供内部电路使用。与普通电源相比，PLC 电源的稳定性好、抗干扰能力强。对电网提供的电源稳定度要求不高，一般允许电源电压在其额定值 $\pm15\%$ 的范围内波动。一般 PLC 还向外提供直流 24V 稳压电源，用于对外部传感器供电。

（8）其他外部设备。除了以上所述的部件和设备外，PLC 还有许多外部设备，如 EPROM 写入器、外存储器、人机接口装置等。

2. 软件系统组成与结构

PLC 软件系统由系统程序和用户程序两部分组成，如图 4-5 所示。系统程序包括监控程序、编译程序、诊断程序等，主要用于管理全机、将程序语言翻译成机器语言，诊断机器故障。系统软件是 PLC 这个计算机系统的操作系统。系统软件由 PLC 厂家提供并已固化在 ROM 或 EPROM 中，不能直接存取和干预。用户程序是用户根据现场控制要求，用 PLC 的程序语言编制的应用程序（也就是逻辑控制）用来实现各种控制。

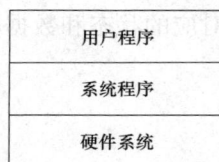

图 4-5　PLC 的软件系统组成与结构

4.1.2　PLC 的工作原理

PLC 采用"顺序扫描，不断循环"的工作方式。当 PLC 投入运行后，从 0000 号存储地址所存放的第一条用户程序开始，在无中断或跳转的情况下，按存储地址号递增的方向顺序逐条执行用户程序，直到 END 指令结束。然后从头开始执行，并周而复始地重复，直到停机或从运行切换到停止工作状态。这种工作方式一般分为三个阶段，即输入采样、用户程序执行和输出刷新三个阶段。完成上述三个阶段称作一个扫描周期。在整个运行期间，PLC 的 CPU 以一定的扫描速度重复执行上述三个阶段，如图 4-6 所示。

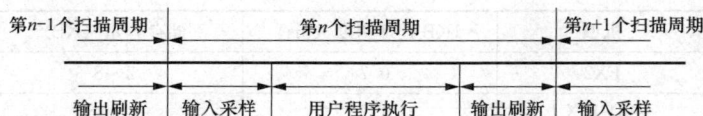

图 4-6　PLC 工作原理扫描示意图

1. 输入采样阶段

在输入采样阶段，PLC 以扫描方式依次读入所有输入状态和数据，并将它们存入 I/O 映像区中的相应单元内。输入采样结束后，转入用户程序执行和输出刷新阶段。在这两个阶段中，即使输入状态和数据发生变化，I/O 映像区中的相应单元的状态和数据也不会改变。因此，如果输入是脉冲信号，则该脉冲信号的宽度必须大于一个扫描周期，才能保证在任何情况下，该输入均能被读入。

2. 用户程序执行阶段

在用户程序执行阶段，PLC 总是按由上而下的顺序依次地扫描用户程序（梯形图）。在扫描每一条梯形图时，又总是先扫描梯形图左边的由各触点构成的控制电路，并按先左后右、先上后下的顺序对由触点构成的控制电路进行逻辑运算，然后根据逻辑运算的结果，刷新该逻辑线圈在系统 RAM 存储区中对应位的状态；或者刷新该输出线圈在 I/O 映像区中对应位的状态；或者确定是否要执行该梯形图所规定的特殊功能指令。即在用户程序执行过程中，只有输入点在 I/O 映像区内的状态和数据不会发生变化，而其他输出点和软设备在 I/O 映像区或系统 RAM 存储区内的状态和数据都有可能发生变化，而且排在上面的梯形图，其程序执行结果会对排在下面的凡是用到这些线圈或数据的梯形图起作用；相反，排在下面的梯形图，其被刷新的逻辑线圈的状态或数据只能到下一个扫描周期才能对排在其上面的程序起作用。

3. 输出刷新阶段

当扫描用户程序结束后，PLC 就进入输出刷新阶段。在此期间，CPU 按照 I/O 映像区内对应的状态和数据刷新所有的输出锁存电路，再经输出电路驱动相应的外设。

4.2 PLC 分 类 与 选 型

可编程控制器一般从点数、功能、结构形式和流派等方面进行分类。

4.2.1 根据点数和功能进行分类

根据点数和功能可以将 PLC 分为小型、中型和大型 PLC；小型 PLC 的输入/输出端子数量为 256 点以下；中型 PLC 的输入/输出端子数量为 1024 点以下；大型 PLC 的输入/输出端子数量为 1024 点以上。

小型 PLC、中型 PLC 和大型 PLC 不光体现在输入/输出端子数量上，更重要的是功能的差别。小型 PLC 主要用于完成逻辑运算、计时、计数、移位、步进控制等功能。中型 PLC，除完成小型的功能外还有模拟输入/输出（A/D、D/A）、算术运算（＋ － × ÷）、数据传送、矩阵功能。大型 PLC，除完成中型的功能外，还有联网、监视、记录、打印、中断、智能、远程控制等功能。主要技术参数如表 4-1～表 4-3 所列。

表 4-1   小型 PLC 主要技术参数

公司	机型	1KB 处理速度（ms）	储存容量（KB）	I/O 点数
三菱	FX2	0.74	2～8	256
美国 MODICON	984-13X	4.25	4	256
	984-14X	4.25	8	256
	984-38X	3～5	4～16	256
日本 OMRON	C60P	4～95	1.19	120
	C120	3～83	2.2	256
	CQM1	0.5～10	3.2～7.2	256
德国 SIEMENS	S5-100U	70	2	128
	S7-200	0.8～1.2	2	256

表 4-2　　　　　　　　　　　**中型 PLC 主要技术参数**

公司	机型	1KB 处理速度（ms）	储存容量（KB）	I/O 点数
三菱	FX3U			1024
美国 MODICON	984-48X	3	4～16	1024
	984-68X	1～2	8～16	1024
	984-78X	1.5	16～32	1024
日本 OMRON	C200H	0.75～2.25	6.6	1024
	C1000H	0.4～2.4	3.8	1024
	CV1000	0.125～0.375	62	1024
日本富士	HDC-100	2.5	42	1792
德国 SIEMENS	S5-115U	2.5	42	1024
	S7-300	0.3～0.6	12～192	1024

表 4-3　　　　　　　　　　　**大型 PLC 主要技术参数**

公司	机型	1KB 处理速度（ms）	储存容量（KB）	I/O 点数
三菱	Q-PLC			
美国 MODICON	984A	0.75	16～32	2048
	984B	0.75	32～64	2048
日本 OMRON	C2000H	0.4～2.4	30.8	2048
	CV2000	0.125～0.175	62	2048
日本富士	F200U	2.5	32	3200
德国 SIEMENS	S5-150U	2	480	4096
	S7-400	0.3～0.6	512	131072

　　另外，小型、中型 PLC 和大型 PLC 的分类不是绝对的，有些小型 PLC 可以具备中型 PLC 的功能。

4.2.2　根据结构形状分类

　　整体式（一体式、小型）：机构紧密、体积小、质量轻、价格低、不能扩展、适用于单机控制。

　　机架模块式（中、大型）：对硬件配置选择余地大、灵活、维修方便。

　　叠装式：兼具整体、模块式二者的优点，如三菱 FX2 系列。

4.2.3　PLC 的几种流派及典型 PLC 产品

　　世界上 PLC 生产厂家约 200 多家，生产的产品大约有 400 多种。

　　按地域分为三个流派，见表 4-4。

表 4-4　　　　　　　　　　　**主 流 PLC 的 种 类**

流派	典型公司	典型产品	优点
美国产品	AB 公司	SLC-50、SLC-5/3/2	性价比适中，使用比较方便
	GE 公司	Series 1、Series 3、Series 5	
	MODICON 公司	84 系列	
欧洲产品	西门子公司	S5 系列、S7 系列	性价比适中，易用性一般，扩展性强

流派	典型公司	典型产品	优点
日本产品	三菱公司	FX 系列、F 系列、A 系列、Q 系列	性价比高，使用方便，扩展性一般
	欧姆龙集团（OMRON）	CQM1 系列、C200H、CVM1	
	松下公司	FP 系列（FP0、FP1、FP3、FP10）	
中国产品	和利时	G3 系列	性价特别高，使用比较方便，扩展性一般
	德维森	V80 系列	

4.3　PLC 常用逻辑指令系统

本节讲解的内容以三菱 FX 系列 PLC 为例。

4.3.1　PLC 软元件介绍

1. 输入继电器（X）

在 PLC 内部，与输入端子相连的输入继电器是光电隔离的电子继电器，采用八进制编号，在程序中可用无数个动合触点和动断触点。

使用时需注意，输入继电器不能用程序驱动。

2. 输出继电器（Y）

输出继电器采用八进制编号，有内部触点和外部输出触点（继电器触点、双向晶闸管、晶体管等输出元件）之分，由程序驱动。在 PLC 内部，外部输出触点与输出端子相连，向外部负载输出信号，且一个输出继电器只有一个外部动合输出触点。输出继电器有无数个内部动合触点和动断触点，编程时可随意使用。

图 4-7 为输入/输出对应示意图。

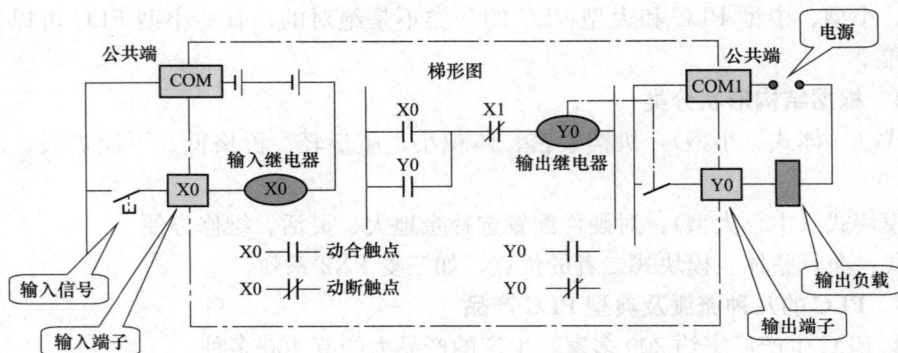

图 4-7　输入/输出对应图

3. 辅助继电器（M）

辅助继电器主要用于程序内部的逻辑扩展及特殊功能，由内部软元件的触点驱动。动合触点和动断触点使用次数不限，但不能直接驱动外部负载，采用十进制编号。辅助继电器分为通用辅助继电器、掉电保持辅助继电器、特殊辅助继电器。其中特殊辅助继电器分为只能利用其触点的特殊辅助继电器及可驱动线圈的特殊辅助继电器两种。

地址分配如下：

通用辅助继电器 M0～M499（500 点）；

掉电保持辅助继电器 M500～M1023（524 点）；

特殊辅助继电器 M8000～M8255（256 点）。

只能利用其触点的特殊辅助继电器：

M8000：运行监控用，PLC 运行时 M8000 接通；

M8002：仅在运行开始瞬间接通的初始脉冲特殊辅助继电器；

M8012：产生 100ms 时钟脉冲的特殊辅助继电器。

可驱动线圈的特殊辅助继电器：

M8030：锂电池电压指示灯特殊继电器；

M8033：PLC 停止时输出保持特殊辅助继电器；

M8034：停止全部输出特殊辅助继电器；

M8039：定时扫描特殊辅助继电器。

注意：通用辅助继电器与掉电保持用辅助继电器的比例，可通过外设设定参数进行调整。不同型号的 PLC 其地址编号也会有所不同，具体也可以参看编程软件 GX-developer 中的帮助项。

4. 状态继电器（S）

状态是对工序步进型控制进行简易编程的内部软元件，采用十进制编号。与步进指令配合使用；状态有无数个动合触点与动断触点，编程时可随意使用；状态不用于步进阶梯指令时，可作辅助继电器使用。状态同样有通用状态和掉电保持用状态，其比例分配可由外设设定。

5. 定时器（T）

FX 系列的 PLC 有两种类型的定时器：一种是通电延时定时器，用于单一时间间隔的定时；另一种是保持型通电延时定时器，用于累计多个时间间隔。

时基、定时范围、定时器输出是定时器的三要素。从表 4-5 中可以看出，FX 系列 PLC 总共可以提供 512 个定时器 T0～T511，定时精度分为 1、10、100ms 三个等级。

FX3U CPU 具有的定时器时基、定时范围及编号见表 4-5。

表 4-5　　　FX 系列 PLC 定时器的时基、定时范围及编号

定时器类型	时基（分辨率）（ms）	定时范围（s）	定时器输出（定时器编号）
通电延时定时器	100	0.1～3276.7	T0～T199
	10	0.01～327.67	T200～T245
	1	0.001～32.767	T256～T511
保持型通电延时定时器	1	0.001～32.767	T246～T249
	100	0.1～3276.7	T250～T255

（1）通电延时定时器使用说明。当定时器线圈得电时，定时器开始计时；任何时候当定时器线圈失电时，定时器复位，即定时器输出标志位为 0，定时器当前值复位为 0。

当定时器当前值大于等于设定值时，定时器动作，定时器被置位，动合触点闭合，动断触点断开。

使用举例：

现以 T200 定时器为例，如图 4-8 所示。定时器线圈 T200 的驱动输入 X0 接通时，T200 的当前值计数器对 10ms 的时钟脉冲进行累积计数。当该值与设定值 K123 相等时，定时器的标志位（输出触点）就接通，即输出触点是在驱动线圈后的 1.23s（10ms×123＝1.23s）时动作。

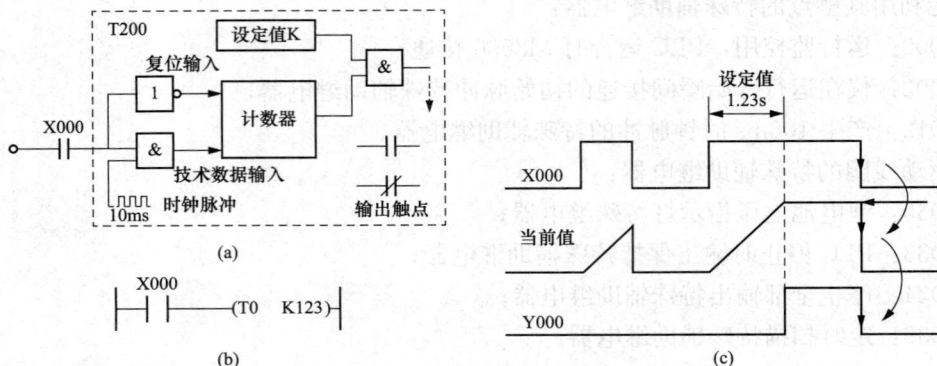

图 4-8 通电延时定时器

(a) 定时器原理图；(b) 定时器梯形图；(c) 定时器时序图

驱动输入 X0 断开时，或发生停电时，计数器就复位，标志位（输出触点）也复位，即定时器的当前值和标志位复位。

（2）保持型通电延时定时器使用说明。当定时器线圈得电时，定时器开始计时；当定时器当前值大于等于设定值时，定时器动作，定时器被置位，动合触点闭合，动断触点断开。

在定时器当前值小于设定值时，若定时器线圈断电，则定时器的当前值保存，等到定时器线圈再次得电时，定时器从之前的当前值基础上继续计时，如果使能输入端再断电，当前值继续保存；使能端再接通时，TONR 再次从当前值处继续计数，以此重复，直到计时达到设定值。

TONR 的复位必须使用复位指令 R，TONR 定时器的启动信号是输入使能端接通为"1"电平，且应保持定时器才能继续计数。

使用举例：

现以 T250 定时器为例。如图 4-9 所示，定时器线圈 T250 的驱动输入 X001 接通时，T250 的当前值计数器对 100ms 的时钟脉冲进行累积计数。当该值与设定值 K345 相等时，定时器的标志位（输出触点）就接通，即输出触点是在驱动线圈后的 34.5s（100ms×345＝34.5s）时动作。

6. 计数器（C）

计数器用来计数输入脉冲的数量。在 FX 系列 PLC 中，普通计数器有两种类型，即递增计数器和增减计数器，编号 C0～C199 为 16 位增计数器，计数范围为 0～32767；编号 C200～C234 为 32 位增/减计数器，计数范围为－2147483648～＋2147483647。

（1）16 位增计数器指令使用说明。16 位增计数器的设定值在 K1～K32767（10 进制常数）范围内有效，编号为 C0～C199。

一般用计数器的情况下，如果可编程控制器的电源断开，则计数值会被清除，编号为 C0～C99。但是停电保持（电池保持）用计数器的情况下，会记住停电之前的计数值，所以

图 4-9　保持型通电延时定时器

（a）定时器原理图；（b）定时器梯形图；（c）定时器时序图

能够继续在上一次的值上进行累计计数，编号为 C100～C199。

其使用如图 4-10 所示。通过计数输入 X011，每驱动一次 C0 线圈，计数器的当前值就会增加，在第 10 次执行线圈指令的时候输出触点动作。

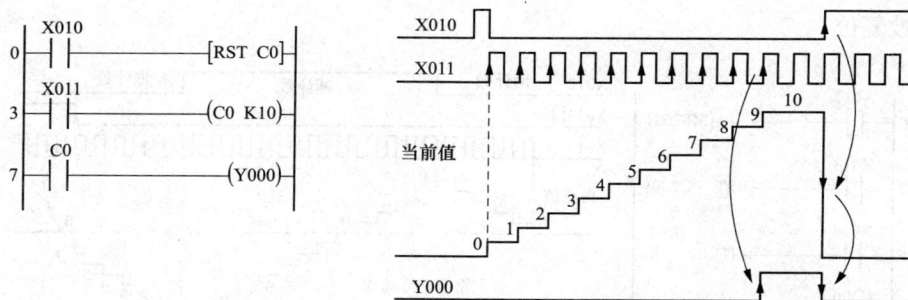

图 4-10　16 位计数器一般用/停电保持指令功能

此后，即使计数输入 X011 动作，但是计数器的当前值不会变化。

如果输入复位 X010 为 ON，在执行 RST 指令时，计数器的当前值变 0，输出触点也复位。

作为计数器的设定值，除了可以通过上述的常数 K 进行设定以外，还可以通过数据寄存器编号进行指定。例如，指定 D10 后，D10 的内容如果是 123，就等同于 K123 的设定。

使用 MOV 指令等对当前值寄存器写入超过设定值的数据，当有下一个计数输入时，计数器输出线圈为 ON，当前值寄存器为设定值。

停电保持用的情况下，计数器的当前值和输出触点的动作、复位状态都会被停电保持。计数器的停电保持是通过可编程控制器内置的后备用电池执行的。

（2）32 位增/减计数器指令使用说明。32 位增计数器的设定值在 -2147483648～+2147483647 范围内有效，编号为 C200～C234。

一般用计数器的情况下，如果可编程控制器的电源断开，则计数值会被清除，编号为 C200～C219。但是停电保持（电池保持）用计数器的情况下，会记住停电之前的计数值，所以能够继续在上一次的值上进行累积计数，编号为 C220～C234。

该计数器可切换使用，即通过辅助继电器来切换该计数器当前为增计数器，还是减计数器。增减计数切换用的辅助继电器见表 4-6（部分，其他依此类推）。当该辅助计数器为 ON 时为减计数器，OFF 时为增计数器。

表 4-6　　　　　　　　　　　　　　　增减计数切换用的辅助继电器

计数器号	切换方向	计数器号	切换方向	计数器号	切换方向
C200	M8200	C201	M8201	C202	M8202
C203	M8203	C204	M8204	C205	M8205
C206	M8206	C207	M8207	C208	M8208

对于 C△△△，当 M8△△△为 ON 时，为减计数器；当为 OFF 时，为增计数器。

作为计数器的设定值，除了可以通过上述的常数 K 进行设定以外，还可以通过数据寄存器 D 进行指定。设定值可以使用正负的值；使用数据寄存器的情况下，将编号连续的软元件视为一对，将 32 位数据作为设定值。例如，指定 D0 的情况下，D1、D0 这两个就是 32 位的设定值。

使用如图 4-11 所示，通过计数输入 X014，每驱动一次 C200 线圈时，可增计数也可减计数。在计数器的当前值由"—6"增加到"—5"时，输出触点被置位，在由"—5"减少到"—6"时被复位。

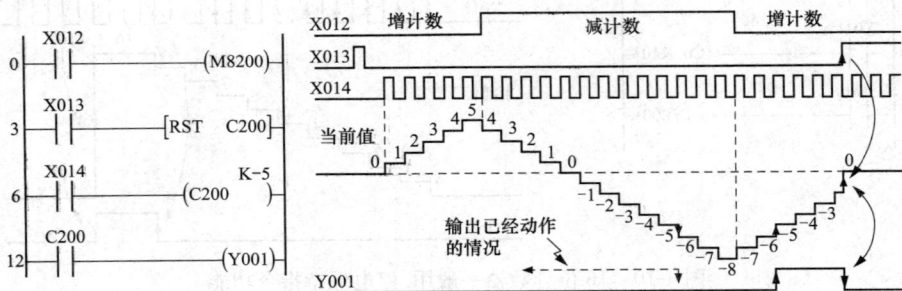

图 4-11　32 位计数器一般用/停电保持指令功能

如果复位输入 X013 为 ON 时，执行 RST 指令，此时计数器的当前值变为 0，输出触点也复位。

停电保持用的情况下，计数器的当前值和输出触点的动作、复位状态都会被停电保持。计数器的停电保持是通过可编程控制器内置的后备用电池执行的。

7. 数据寄存器（D）

数据寄存器可用于存放读取数据、操作数、运算结果等。其分为通用数据寄存器、断电保持数据寄存器、特殊数据寄存器、文件寄存器。

通用数据寄存器 D0～D199 共 200 点。只要不写入其他数据，已写入的数据不会变化。但是 PLC 状态由运行到停止时，全部数据均清零。

断电保持数据寄存器 D200～D511 共 312 点，只要不改写，原有数据不会丢失。

　　特殊数据寄存器 D8000～D8255 共 256 点，这些数据寄存器供监视 PLC 中各种元件的运行方式用。

　　文件寄存器 D1000～D2999 共 2000 点。

4.3.2　PLC 常用逻辑指令系统

1. 逻辑取指令及驱动线圈指令

指令的作用：

LD（LoaD：取指令，动合触点与母线连接。

LDI（LoaD Inverse）：取反指令，动断触点与母线连接。

OUT：驱动线圈的输出指令。

表 4-7 与表 4-8 为逻辑取指令及驱动线圈指令的梯形图及对应语句表。

表 4-7　　　　　　　　　　　　　装载指令的梯形图、语句表

语句表	梯形图	说明	对象软元件
LD 对象软元件	对象软元件 ┤├	以动合触点"对象软元件"为起始引出一行新程序	X，Y，M，T，C，S，D □.b
LDI 对象软元件	对象软元件 ┤/├	以动断触点为起始引出一行新程序	单位：位，如 X001，Y008，D20.0

表 4-8　　　　　　　　　　　　　输出指令的梯形图、语句表

语句表	梯形图	说明	对象软元件
OUT 对象软元件	对象软元件 ──( )	线圈左边所有的触点闭合时，线圈得电，否则线圈失电	Y，M，T，C，S，D□.b 单位：位，如 Y008，D20.0

　　逻辑取指令及驱动线圈指令使用说明：LD、LDI 用于将触点接到母线上，LD、LDI 还与块操作指令 ANB、ORB 相配合，用于分支电路的起点。OUT 不能用于 X；并联输出 OUT 指令可连续使用任意次。OUT 指令用于 T 和 C，其后须跟常数 K，K 为延时时间或计数次数。某一个线圈驱动不能有双线圈输出。

　　2. 触点串联指令 AND、ANI 和并联指令 OR、ORI

串联指令见表 4-9。

表 4-9　　　　　　　　　　　　　串联指令的梯形图、语句表

语句表	梯形图	说明	对象软元件
AND 对象软元件	对象软元件1　对象软元件2 ┤├──┤├	动合触点"对象软元件 2"与动合触点"对象软元件 1"串联连接	X，Y，M，，T，C，S，D
ANI 对象软元件	对象软元件1　对象软元件2 ┤├──┤/├	动断触点"对象软元件 2"与动合触点"对象软元件 1"串联连接	单位：位，如 X001，Y008，D20.0

语句表	梯形图	说明	对象软元件
OR 对象软元件	对象软元件1 ┤├ 对象软元件2 ┤├	动合触点"对象软元件2"与动合触点"对象软元件1"并联连接	
ORI 对象软元件	对象软元件1 ┤├ 对象软元件2 ┤/├	动断触点"对象软元件2"与动合触点"对象软元件1"并联连接	

指令使用说明：AND、ANI 应用于单个触点的串联，可连续使用；OR、ORI 指令应用于并联单个触点，紧接在 LD、LDI 之后使用，可以连续使用。

3. 置位指令 S（Set）与复位指令 R（Reset）

置位指令与复位指令的格式见表 4-10。

表 4-10　　　　　　　　　　置位指令与复位指令的梯形图及语句表

语句表	梯形图	说明	对象软元件
SET 对象软元件	─[SET　对象软元件]	将该"对象软元件"置位为"1"。被该指令操作过的对象具有自保持功能，只能用复位指令才能使该"对象软元件"恢复常态	Y，M，S，D□. b 单位：位，如 Y008，D20.0
RST 对象软元件	─[RST　对象软元件]	将该"对象软元件"清"0"，并保持；如果"对象软元件"是定时器或计数器，那么它们的标志位和当前值被清"0"	Y，M，S，D□.b T，C，D，R，V，Z 单位：位，如 Y008，D20.0

置位指令与复位指令使用说明如图 4-12 所示。与 OUT 指令不同，SET 或 STR 指令可以多次使用同一个操作数（如上图中的 Y000）；"1"后，必须通过复位指令才能清"0"。

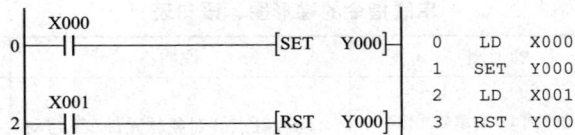

```
      X000
0     ┤├                [SET  Y000]      0   LD   X000
                                          1   SET  Y000
      X001                                2   LD   X001
2     ┤├                [RST  Y000]      3   RST  Y000
```

图 4-12　置位、复位指令的使用

4. 边沿触发指令 LDP、LDF、ANDP 和 ANDF

边沿触发指令格式见表 4-11。

表 4-11　　　　　　　　　　　**边沿触发指令的语句表及梯形图**

语句表	梯形图	说明	对象软元件
LDP	对象软元件	上升沿触发指令，当捕捉到"对象软元件"出现上升沿后，该"对象软元件"导通一个扫描周期	
ANDP	对象软元件		
ORP	对象软元件		X，Y，M，S，D□.b T，C 单位：位，如 Y008，D20.0
LDF	对象软元件	下降沿触发指令，当捕捉到"对象软元件"出现下降沿后，该"对象软元件"导通一个扫描周期	
ANDF	对象软元件		
ORF	对象软元件		

其指令应用如图 4-13 所示。边沿触发指令可以用来检测开关信号的变化（出现与消失）。

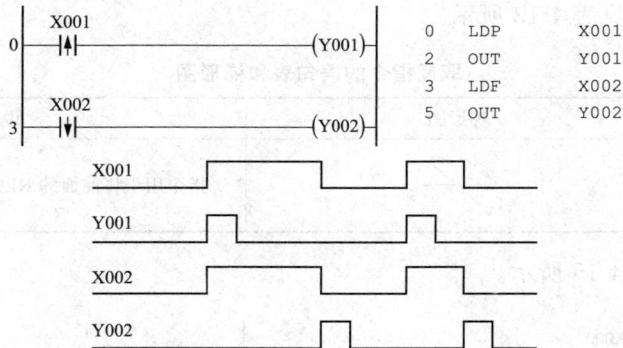

图 4-13　应用边沿触发指令的梯形图、时序图

5. 触点块串联（并联）指令 ANB（ORB）

触点块由 2 个以上的触点构成，触点块中的触点可以是串联连接，或者是并联连接，也可以是混联连接。触点块串联指令的语句表、梯形图见表 4-12。

表 4-12　　　　　　　　　　　　　　　　**ANB、ORB 的语句表梯形图**

语句表	梯形图	说明	操作数
ANB		n1、n2 为电路模块 1，n3、n4 为电路模块 2，用 ANB 指令将电路模块 2 与电路模块 1 串联起来	无
ORB		n1、n2 为电路模块 1，n3、n4 为电路模块 2，用 ORB 指令将电路模块 2 与电路模块 1 并联起来	无

其指令应用如图 4-14 所示。并联电路模块串联时，分支电路起始用 LD n 或 LDI n；模块串联结束用 ANB，分支电路内部编程不变。串联电路模块并联时，分支电路起始用 LD n 或 LDI n；模块并联结束用 ORB，分支电路内部编程不变。

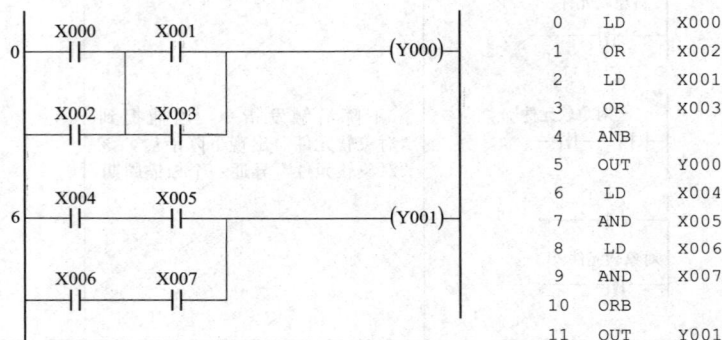

```
0    LD    X000
1    OR    X002
2    LD    X001
3    OR    X003
4    ANB
5    OUT   Y000
6    LD    X004
7    AND   X005
8    LD    X006
9    AND   X007
10   ORB
11   OUT   Y001
```

图 4-14　ANB、ORB 指令的应用

6. INV 逻辑操作取反指令

INV 指令的格式见表 4-13 所示。

表 4-13　　　　　　　　　　　　　　　　**取反指令的语句表和梯形图**

语句表	梯形图	说明
INV		指令用于将前面的 RLO 结果取反，无操作数

其指令应用如图 4-15 所示。

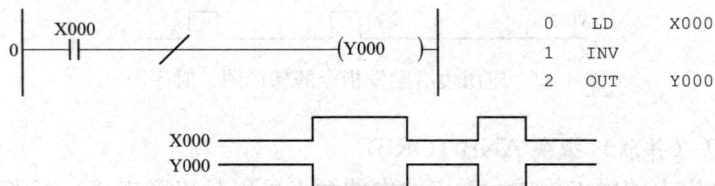

```
0    LD    X000
1    INV
2    OUT   Y000
```

图 4-15　INV 指令的使用及其时序图

4.3.3　几种常用功能指令

1. 比较指令

比较指令用于两个相同数据类型的有符号数或无符号数 IN1 和 IN2 的比较判断操作；比较运算符号有等于（＝）、大于等于（＞＝）、小于等于（＜＝）、大于（＞）、小于（＜）、不等于（◇）。比较指令的数据类型有 16 位和 32 位，鉴于比较指令大部分存在着相似的功能，故将它们合在一起阐明，见表 4-14。

表 4-14　　　　　　　　　　　　　　比较指令的语句表、梯形图

语句表	梯形图	说明	操作对象
16 位比较： LD＝IN1　IN2	—[= IN1 IN2]—	用于比较 16 位 IN1 和 IN2 的大小，如果 IN1 等于 IN2，该触点闭合。 　　比较式还可以是：IN1＞＝IN2，IN1＜＝IN2，IN1＞IN2，IN1＜IN2，IN1◇IN2	T、C、D、R、V、Z、K、H 等
32 位比较： LDD＝IN1　IN2	—[D= IN1 IN2]—	与字比较类似	T、C、D、R、V、Z、K、H 等
比较	⊣⊢[CMP S1 S2 D]⊢	将源数据［S1］、［S2］的数据进行比较，比较结果送到操作数［D］中。当［S1］＞［S2］时，［D］标志位为 ON；当［S1］＝［S2］时，［D+1］标志位为 ON；当［S1］＜［S2］时，［D+2］标志位为 ON	

应用举例：如图 4-16（a）所示，当计数器 C2 的当前值为 200 时，Y000 线圈得电，即被驱动。当 C4 的当前值小于 8 时，Y001 线圈得电，即被驱动。当计数器 C200 的当前值为 678493 时，Y002 线圈得电，即被驱动。

如图 4-16（b）所示，当 X00 为 ON 时，当 10＞D1 当前值时，M10 为 ON；当 10＝D1 当前值时，M11 为 ON；当 10＜D1 当前值时，M12 为 ON。

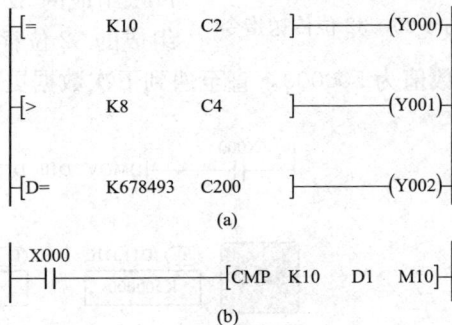

```
—[=    K10      C2   ]———(Y000)

—[>    K8       C4   ]———(Y001)

—[D=   K678493  C200 ]———(Y002)
                (a)

 X000
—||—————————————[CMP  K10  D1  M10]—
                (b)
```

图 4-16　比较指令

2. 传送指令

将软元件的内容传送到其的软元件中的指令。

（1）16 位的传送指令。当使能端接通时，将传送源 Ⓢ· 的内容传送给传送目标 Ⓓ·，如图 4-17 所示。

```
—[ MOV | Ⓢ· | Ⓓ· ]—
```
图 4-17　16 位传送指令

应用举例：如图 4-18 所示，当 X000 触点接通时，将 D10 里面的数值（50）传送到 D50 里面去，此时 D50 里面的数值为 50，直至遇到下次数据更改。

此指令还可以指定传送软元件的位，最多传送 16 个位软元件（4 的倍数）。如图 4-19 所示，当 X007 触点接通时，将从 X000 开始的 4 位（K1×4＝4）软元件（即 X000、X001、

X002、X003）里面的数值传送到从 Y000 开始的 4 位里面去（即 Y000、Y001、Y002、Y003）。

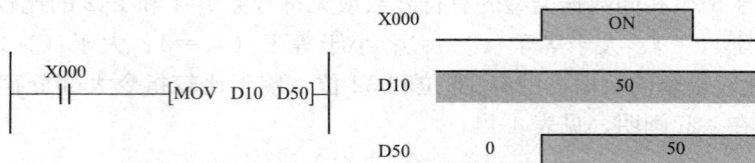

图 4-18　16 位传送指令的梯形图及时序图

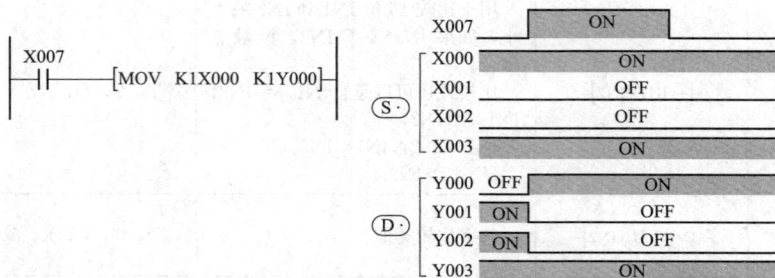

图 4-19　位传送指令中指定位数传送

（2）32 位的传送指令。当使能端接通时，将传送源 ［ⓈＤ ＋1，ⓈＤ ］的内容传送给传送目标 ［ⒹＤ ＋1，ⒹＤ ］，如图 4-21 所示。

图 4-20　32 位传送指令

应用举例：如图 4-21 所示，当 X000 触点接通时，将 D10 和 D11 组成的 32 位存储空间中的数值（500000）传送到 D50 和 D51 组成的 32 位存储空间中，此时 D50 和 D51 组成的 32 位存储空间中的数值为 500000，直至遇到下次数据更改。

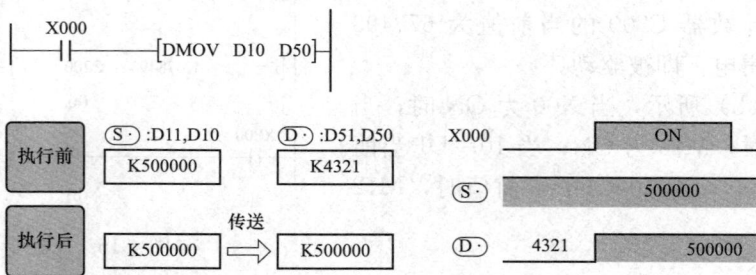

图 4-21　32 位传送指令的梯形图及时序图

此指令还可以指定传送软元件的位，最多传送 32 个位软元件（4 的倍数）。如图 4-22 所示，当 X40 触点接通时，将从 X000 开始的 32 位（K8×4＝32）软元件（即 X000，X001，X002，…，X037）中的数值传送到从 Y000 开始的 32 位中（即 Y000，Y001，Y002，…，Y037）。

3. 算术逻辑指令

算术运算指令见表 4-15。

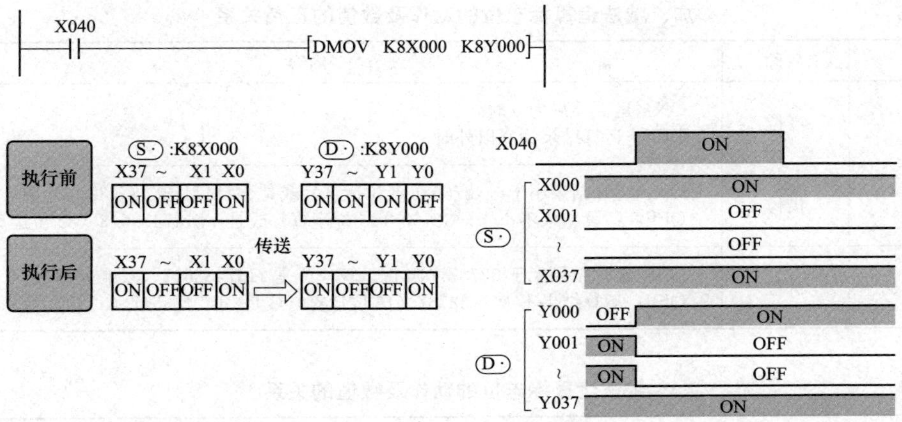

图 4-22　32 位传送指令中指定位数传送

表 4-15　　　　　　　　　　**算 术 运 算 指 令**

语句表	梯形图	说明	操作对象
加法指令 ADD S1 S2 D		16 位：ADD 为连续执行型，ADDP 为脉冲执行型。将 S1 和 S2 的内容进行加法运算后，传送到 D 中 32 位：DADD，DADDP，功能和动作说明同上 标志位的动作及数值见表 4-16	KnY，KnM，KnS，T，C，D，R，V，Z 等
减法指令 SUB S1 S2 D		16 位：SUB 为连续执行型，SUBP 为脉冲执行型。将 S1 和 S2 的内容进行减法运算后，传送到 D 中 32 位：DSUB，DSUBP，功能和动作说明同上 标志位的动作及数值见表 4-16	KnY，KnM，KnS，T，C，D，R，V，Z 等
乘法指令 MUL S1 S2 D		16 位：MUL 为连续执行型，MULP 为脉冲执行型。将 S1 和 S2 的内容进行乘法运算后，传送到 [D+1，D] 的 32 位双字中 32 位：DMUL，DMULP，将 [S1+1，S1] 和 [S2+1，S2] 的内容进行乘法运算后，传送到 [D+3，D+2，D+1，D] 的 64 位中 标志位的动作及数值见表 4-17	KnY，KnM，KnS，T，C，D，R，V 等
除法指令 DIV S1 S2 D		16 位：DIV 为连续执行型，DIVP 为脉冲执行型。S1 的内容作为被除数，S2 的内容作为除数，商传送到 D 中，余数传到 [D+1] 中 32 位：DDIV，DDIVP，[S1+1，S1] 的内容作为被除数，[S2+1，S2] 的内容作为除数，商传送到 [D+1，D] 中，余数传到 [D+3，D+2] 中 标志位的动作及数值见表 4-18	KnY，KnM，KnS，T，C，D，R，V 等

表 4-16　　　　　　　　　　加、减法运算标志位的动作及数值的正负关系

软元件	名称	内容
M8020	零位	ON：运算结果为 0 时 OFF：运算结果为 0 以外时
M8021	借位	ON：运算结果小于 -32768（16 位运算）或是 -2147483648（32 位运算）时 OFF：运算结果不小于 -32768（16 位运算）或是 -2147483648（32 位运算）时
M8022	进位	ON：运算结果大于 32767（16 位运算）或是 2147483647（32 位运算）时 OFF：运算结果不大于 32767（16 位运算）或是 2147483647（32 位运算）时

表 4-17　　　　　　　　　　乘法运算标志位的动作及数值的关系

软元件	名称	内容
M8304	零位	ON：运算结果为 0 时 OFF：运算结果为 0 以外时

注：FX3U、FX3U 可编程控制器需要 Ver. 2.30 以上的版本才能对应。

表 4-18　　　　　　　　　　除法运算标志位的动作及数值的关系

软元件	名称	内容
M8304	零位	ON：运算结果为 0 时 OFF：运算结果为 0 以外时
M8306	进位	ON：运算结果大于 32767（16 位运算）或是 2147483647（32 位运算）时 OFF：运算结果不大于 32767（16 位运算）或是 2147483647（32 位运算）时

注　FX3U、FX3U 可编程控制器需要 Ver. 2.30 以上的版本才能对应。

应用举例：如图 4-23 所示，当 X000 触点接通时，将 2 个 16 位的 D1 和 D6 中的数值相加，再将相加的结果传送到 D10 中。

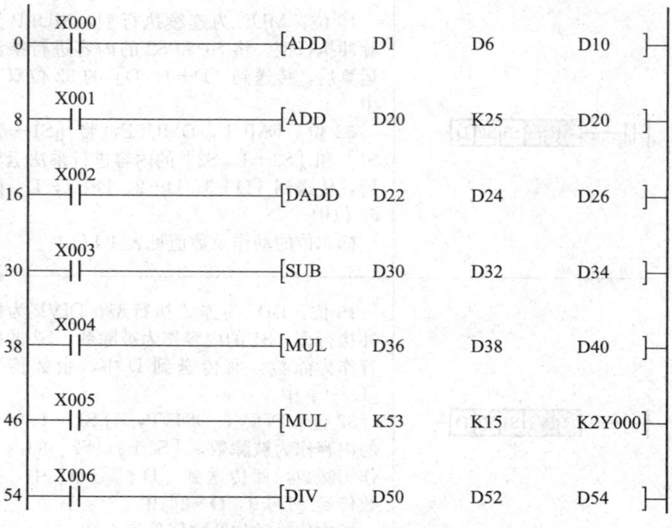

图 4-23　算术运算应用举例

当 X001 触点接通时，将 D20 中的数值加 25，再将相加的结果传送到 D20 中。

当 X002 触点接通时，将 2 个 32 位的［D23，D22］和［D25，D24］中的数值相加，再将相加的结果传送到 32 位的［D27，D26］中。

当 X003 触点接通时，将 D30 中的数值减去 D32 中的数值，再将相减的结果传送到 D34 中。

当 X004 触点接通时，将 2 个 16 位的 D36 和 D38 中的数值相乘，再将相乘的结果传送到 32 位的［D41，D40］中。

当 X005 触点接通时，将数值 53 和数值 15 相乘，再将相乘的结果的低 8 位向 Y000 中输入。因为指定了 K2，所以只输出低 8 位，同理，当指定位 K3，则只输出低 12 位。

当 X006 触点接通时，将 D50 中的数值作为被除数，将 D52 中的数值作为除数，再将相除的结果的商传送到 D54 中，余数传送到 D55 中。

4.3.4　几种常用 PLC 梯形图程序

1. 电动机的启保停电路

（1）控制要求。按下启动按钮 SB1，电动机启动运行，按下停止按钮 SB2，电动机停止运行。

（2）输入/输出（I/O）分配。X0：SB1，X1：SB2（动合触点），Y0：电动机（接触器）。

（3）梯形图方案设计。图 4-24（a）与图 4-24（b）采用的形式不同，实现的效果是一样的。

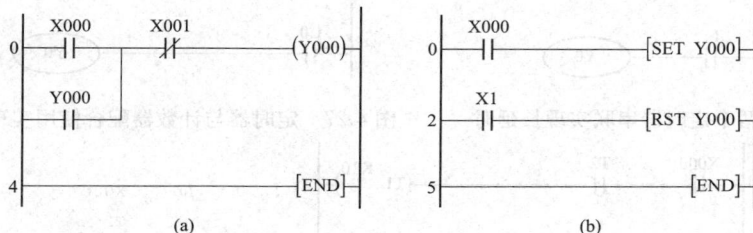

图 4-24　电动机的启保停梯形图（停止优先）

2. 定时器的应用

（1）使用 FX 系列 PLC 提供的通电延时型定时器，实现断电延时的功能。

图 4-25 中，接通输入元件 X0，定时器 T0 线圈接通，延时 9s 后 T0 动合触头闭合，接通输出元件 Y1 线圈，实现通电延时启动。此时 Y1 动合触点闭合，程序中第四行 Y1 动合触

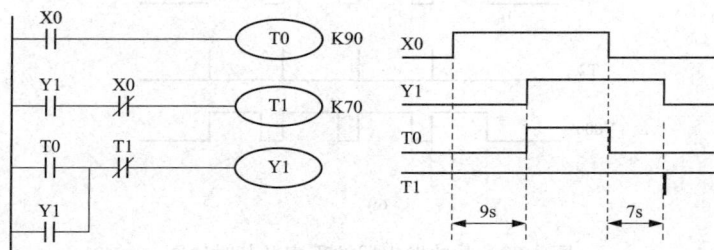

图 4-25　Y1 实现通电延时启动及断电延时失电程序

点实现自锁，第二行 Y1 动合触点闭合为接通 T1 线圈实现前提，但此时 T1 线圈不得电，因为 X0 动断触点处于断开状态。当输入元件 X0 由接通变为断开后，T0 线圈失电，而 X0 动断触点闭合，接通 T1 线圈，T1 动断触点延时 7s 后断开，Y1 线圈失电，实现断电延时。Y1 线圈失电后，T1 线圈同时失电。

（2）长延时程序。定时器的最大设定值为 32767，不足 1h，为了扩展定时器的延时时间，可以采用几种方法。

图 4-26 使用两个定时器 T0、T1 串联的方法实现长延时，X0 接通后，T0 延时 3000s（30000×0.1s）后接通 T1，T1 再延时 600s 后，接通 Y0，即 X0 接通后，延时 h 后 Y0 接通。

图 4-27 采用定时器与计数器配合的方法实现长延时。X2 接通后，T0 线圈接通 60s 后，T0 动合触点闭合，计数器 C0 增 1，同时 T0 动断断开 T0 线圈，重新计时 60s 后 C0 增 1，C0 计到 60 时，C0 动合触点闭合，接通 Y0。即延时时间为 60s×60，实现延时 1h 功能。

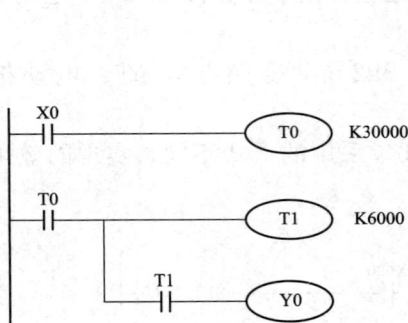

图 4-26　两个定时器串联实现长延时　　图 4-27　定时器与计数器配合使用实现长延时

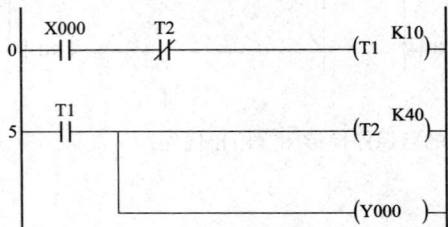

(a)　　　　　　　　　　　　(b)

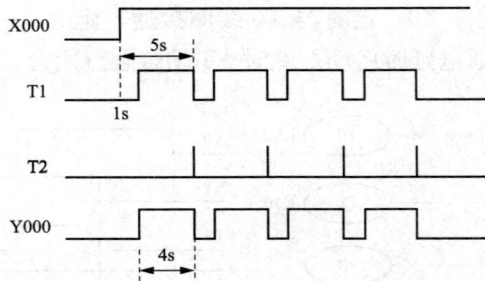

(c)

图 4-28　脉冲发生器的程序及其时序图
(a) 梯形图；(b) 语句表；(c) 时序图

（3）占空比可调的脉冲产生程序。按下 X000 后，T1 开始定时，1s 后定时时间到，触点动作，T1 动合触点闭合，Y000 接通；T2 开始定时，4s 后，T2 的触点动作，T2 动断触点断开，T1 断电复位，Y000 断开，T2 断电复位。T2 的动断触点重新闭合，开始循环定时。这样，T1 就输出 4s 的高电平，1s 的低电平，周期为 5s 的连续脉冲。若要改变占空比或脉冲周期，只要将 T1 和 T2 的设定值改变即可

4.4　顺序功能图（SFC）

在工业控制领域中，可以将整个控制任务在时间上划分成能够实现不同功能的阶段，相当于工序。通过转换条件，各阶段相互衔接，按顺序依次执行。这就是目前被工业控制领域广泛采用的一种先进的控制方法——顺序控制。使用顺序控制方法，不仅编程容易实现，而且编写的程序前后逻辑关系更加清晰，可以极大提高工程技术人员的编程效率。

4.4.1　顺序功能图的组成

1. 步的概念

步是顺序功能图中最基本的组成部分，它是顺序控制条件下为完成相应的控制功能而设计的独立的控制程序或程序段。"步"有三要素：步的开始与结束、步内操作和转移条件。根据系统输出量的变化，将系统的一个工作循环过程分解成若干个顺序相连的阶段。"步"在顺序功能图中用方框来表示，如 M20 或 S20 。编程时一般用 PLC 内部的标志位表示各步。

（1）初始步：系统的初始状态对应的步。每个功能图都有一个初始步。在状态转移图中，初始步用双线框表示，如 M0 。

（2）活动步：当前正在执行的步。

2. 有向连线

步与步之间的连线，表示步的活动状态的进展方向。无箭头的有向连线表示转换方向为上→下，左→右。

3. 转移

从当前步进入下一步。转移是用与有向连线垂直的短划线表示。

转移的实现：

（1）前级步必须是"活动步"；

（2）对应的转换条件成立。

转移的特点：当前步转移到下一步后，前一步的操作立即终止。

4. 步的转移条件

使系统从上一步向下一步转换时应该满足的条件。利用转换条件对应在 PLC 中变量或辅助寄存器作为转换命令执行的条件，就可实现步的转换。激活下一步，同时终止本步的操作。

常用的一些转移条件为按钮、行程开关、定时器或计数器的状态位等。

说明：转移条件可以是文字语言、布尔代数表达式或图形符号标注在表示转换的短划线旁边。

5. 动作（输出）

动作（输出）是指某步活动时，PLC 向被控系统发出的命令，或系统应执行的动作。

动作用矩形框，中间用文字或符号表示，如果某一步有几个动作，则可如图 4-29 方法表示。

注意，动作 A 和动作 B 没有前后顺序之分。

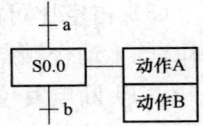

图 4-29　动作矩形框

4.4.2　顺序功能图的基本结构

1. 单序列结构

每个前级步的后面只有一个转换，每个转换的后面只有一步。每一步都按顺序相继激活，如图 4-30（a）所示。

2. 选择序列结构

一个前级步的后面紧跟着若干后续步可供选择，但一般只允许选择其中的一条分支，如图 4-30（b）所示。

3. 并列序列结构

一个前级步的后面紧跟着若干后续步，当转换实现时将后续步同时激活，如图 4-30（c）所示。

注：用双线表示并进并出。

4. 跳步、重复和循环序列结构

（1）跳步序列：当转换条件满足时，几个后续步将被跳过不执行，如图 4-30（d）所示。

（2）重复序列：当转换条件满足时，重新返回到某个前级步执行，如图 4-30（e）所示。

（3）循环序列：当转换条件满足时，用重复的办法直接返回到初始步，如图 4-30（f）所示。

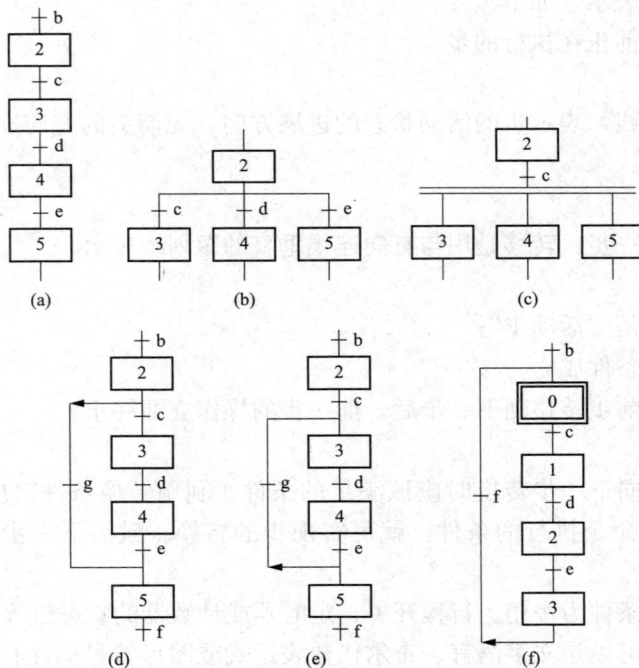

图 4-30　顺序功能图的结构

（a）单序列结构；（b）选择序列结构；（c）并列序列结构；（d）跳步序列结构；
（e）重复序列结构；（f）循环序列结构

4.4.3 状态元件

状态元件（又称状态继电器）是构成状态转移图的基本元素。其作用是从母线上提供一个状态接点，形成子母线。状态元件具有负载驱动，指定状态转移条件和状态转移方向三个要素，这三个要素描述了一个状态的基本特征和功能。三菱系列 PLC 有状态元件 1000 点（S0～S999）。根据功能分类和编号见表 4-19。

表 4-19 三菱系列 PLC 的状态元件的分类与编号

功能	元件编号	点数	用途及特点
初始状态	S0～S9	10	用于状态转移图（SFC）的初始状态
返回状态	S10～S19	10	多运行模式控制中，用作返回原点的状态
一般状态	S20～S499	480	用作状态转移图（SFC）的中间状态
断电保持状态	S500～S899	400	具有停电保持功能，用于停电恢复后需要继续执行停电前状态的场合
信号报警状态	S900～S999	100	用作报警元件使用

图形编程语言 SFC 包括生成一系列顺序步，确定每一步的内容，以及步与步之间的转换条件。编写每一步的程序要用特殊的编程语言，其指令见表 4-20。

表 4-20 三菱系列 PLC 顺序控制指令

指令	注释
[STEP]	步（S）
[JUMP]	跳转（J）
[END]	结束步（E）
[DUMMY]	空步（D）
[TR]	转移（T）
[－－D]	选择分支（F）
[＝＝D]	并列分支（G）
[－－C]	选择分支合并（H）
[＝＝C]	并列分支合并（I）
[｜]	竖线（L）
TRAN	转换（指满足 TRAN 的前面条件时，向下跳转执行下一个状态图）

第 5 章　基于 PLC 的电气控制电路

本章主要介绍一些 PLC 电气控制系统实例，一是对继电器—接触器控制系统的 PLC 改造，二是 PLC 控制系统设计，包括硬件接线、地址分配、软件编程与调试。

5.1　基础编程举例

5.1.1　单按钮控制电动机的启停

1. 控制对象简介

本案例的控制对象是用一个按钮控制一台电动机的启停。

这个控制程序非常有实用价值，因为可编程控制器的输入触点是有限的，往往在一些复杂的控制中，需要很多的输入触点，利用这个程序就可以将一个触点当成两个触点使用。

2. PLC 的输入和输出接口

PLC 的输入和输出接口地址定义见表 5-1 和表 5-2。

表 5-1　数字量输入地址定义

符号	地址	数据类型	注释
按钮	X000	BOOL	点触式按钮

表 5-2　数字量输出地址定义

符号	地址	数据类型	注释
KM	Y000	BOOL	控制电动机运行的交流接触器

3. PLC 控制程序开发

单按钮控制电动机启停的 PLC 控制程序流程图如图 5-1 所示。

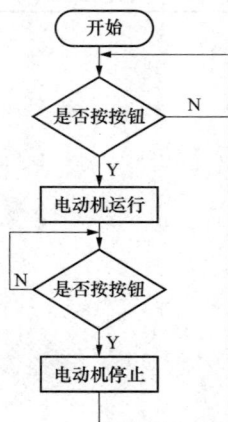

图 5-1　PLC 控制程序流程图

单按钮控制电动机启停的 PLC 控制程序如图 5-2 所示。图 5-2 (a) 利用内部继电器 M80 和 M81 作为记忆元件，图 5-2 (b) 是利用计数器指令实现的单按钮控制电动机启停控制程序的梯形图。

程序说明：①控制方案 1 用 Y0 的动合触点标记电动机当前状态，当 Y0 处于接通情况下，按钮 X0 的上升沿接通 M80，同时也接通 M81，该电路为复位优先方式，所以断开 Y0；②控制方案 2 使用计数器完成功能，第一次 X0 的上升沿触发 C0，C0 当前值为 1，则 Y0 接通，第二次 X0 的上升沿再触发 C0，C0 当前值增为 2，执行程序中第二行［RST C0］，Y0 断开。

5.1.2　电动机正反转应用实例

1. 控制对象简介

本案例的控制对象是控制一台电动机的正转及反转。

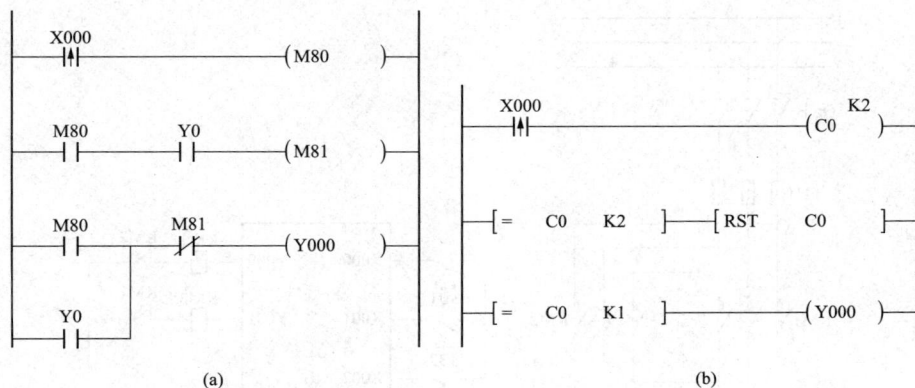

图 5-2　单按钮控制电动机启停的 PLC 控制程序

（a）控制方案 1；（b）控制方案 2

2. PLC 的输入和输出接口（见表 5-3 和表 5-4）

PLC 的输入和输出接口地址定义见表 5-3 和表 5-4。

表 5-3 　　　　　　　　　　　　　　　**数字量输入地址定义**

符号	地址	数据类型	注释
按钮 SB1	X000	BOOL	正转按钮
按钮 SB2	X001	BOOL	反转按钮
按钮 SB3	X002	BOOL	停止按钮
FR	X003	BOOL	热继电器

表 5-4 　　　　　　　　　　　　　　　**数字量输出地址定义**

符号	地址	数据类型	注释
KM1	Y000	BOOL	控制电动机正转的交流接触器
KM2	Y001	BOOL	控制电动机反转的交流接触器

3. PLC 控制程序开发

电动机的主接线图如图 5-3（a）所示，PLC 的 I/O 接线图如图 5-3（b）所示，控制程序如图 5-3（c）所示。

正反转控制电路中，正转与反转交流接触器不能同时接通，所以一定要加互锁，上述设计控制电路中，不仅在图 5-3（b）中输出驱动 KM1 与 KM2 采用硬件互锁，同时在图 5-3（c）所示程序设计中也用了 Y0、Y1 的动合触点实现软件互锁，两者缺一不可。

5.1.3　星形—三角形降压启动

1. 控制对象简介

星形—三角形降压启动是指电动机启动时，将定子绕组接成星形，以降低启动电压，限制启动电流；待电动机启动后，再将定子绕组改接成三角形，使电动机全压运行。凡是在正常运行时定子绕组作三角形连接的异步电动机，均可采用这种降压启动方法。第 3 章中图 3-13 及图 3-14 为星形—三角形降压启动的继电器接触器控制电路。

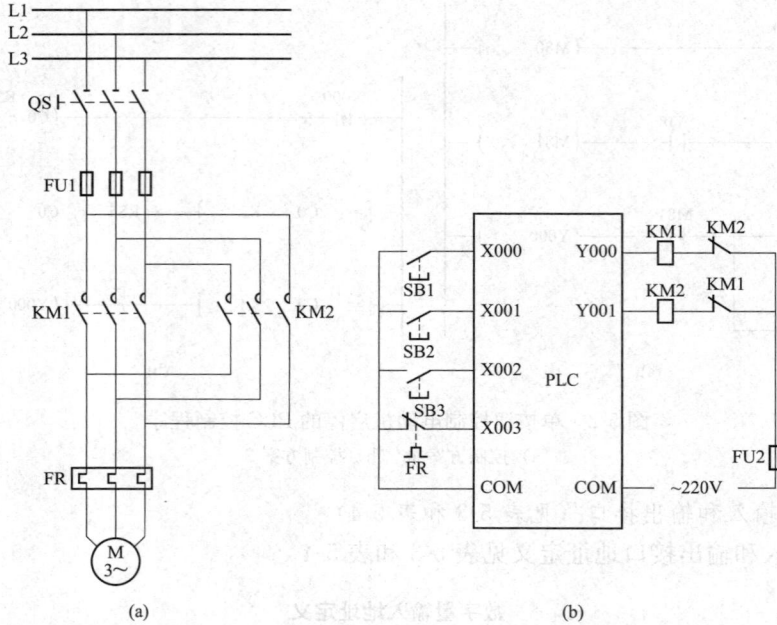

图 5-3　电动机正反转外部接线及程序
（a）主电路图；（b）I/O 接线图；（c）梯形图

具体控制过程为：当按下启动按钮 SB1 后，先星形启动 5s 后，再切换到三角形运行，SB2 为停止按钮。

2. PLC 的输入和输出接口

PLC 的输入和输出接口地址见表 5-5 和表 5-6。

表 5-5　　　　　　　　　　　　　　　数字量输入地址定义

符号	地址	数据类型	注释
按钮 SB1	X000	BOOL	启动按钮
按钮 SB2	X001	BOOL	停止按钮
FR	X002	BOOL	热继电器

表 5-6　　　　　　　　　　　　　　　　　　数字量输出地址定义

符号	地址	数据类型	注释
KM1	Y000	BOOL	交流接触器
KM2	Y001	BOOL	星形启动交流接触器
KM3	Y002	BOOL	三角形运行交流接触器

3. PLC 控制程序开发

电动机的主接线图如图 5-4（a）所示，PLC 的 I/O 接线图如图 5-4（b）所示，控制程序如图 5-4（c）所示。

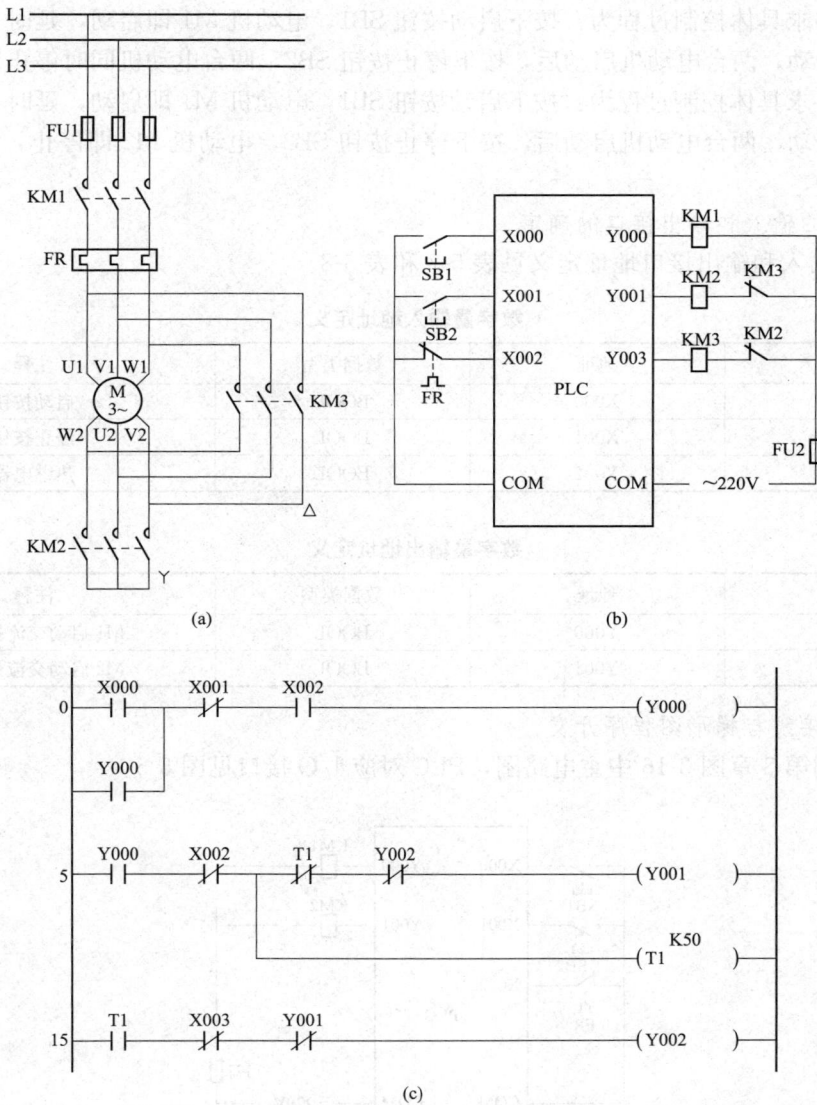

(a)

(b)

(c)

图 5-4　星三角降压启动外部接线及程序

(a) 主电路图；(b) I/O 接线图；(c) 梯形图

　　星形—三角形降压启动电路中，星形接法启动交流接触器与三角形接法运行交流接触器，不能同时接通，所以一定要加互锁。上述设计控制电路中，不仅在图 5-4（a）中输出驱动 KM2 与 KM3 采用硬件互锁，同时在图 5-4（c）程序设计中也用了 Y2、Y3 的动合触点实现软件互锁，两者缺一不可。

5.1.4　两台电动机顺序启动

1. 控制对象简介

　　顺序启动是指两台电动机在启动时，其中有一台电动机必须在另一台电动机启动后才能启动。顺序启动电动机停车有两种方式，一种是同时停止，一种是逆序停止。第 3 章中图 3-15 为不同停车的顺序启动方式。

　　（1）若要求具体控制过程为：按下启动按钮 SB1，电动机 M1 即启动，延时 3s 后第二台电动机 M2 启动，两台电动机启动后，按下停止按钮 SB2，两台电动机同时停止。

　　（2）若要求具体控制过程为：按下启动按钮 SB1，电动机 M1 即启动，延时 3s 后第二台电动机 M2 启动，两台电动机启动后，按下停止按钮 SB2，电动机 M2 即停止，4s 后电动机 M1 停止。

2. PLC 的输入和输出接口的确定

　　PLC 的输入和输出接口地址定义见表 5-7 和表 5-8。

表 5-7　　　　　　　　　　　　　　数字量输入地址定义

符号	地址	数据类型	注释
按钮 SB1	X000	BOOL	启动按钮
按钮 SB2	X001	BOOL	停止按钮
FR	X002	BOOL	热继电器

表 5-8　　　　　　　　　　　　　　数字量输出地址定义

符号	地址	数据类型	注释
KM1	Y000	BOOL	M1 启动交流接触器
KM2	Y001	BOOL	M2 启动交流接触器

3. PLC 接线与梯形图程序开发

　　主电路同第 3 章图 3-16 中主电路图，PLC 对应 I/O 接口见图 5-5。

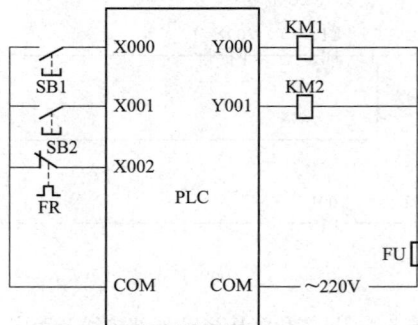

图 5-5　两台电动机顺序启动 I/O 接口图

程序如图 5-6 所示。

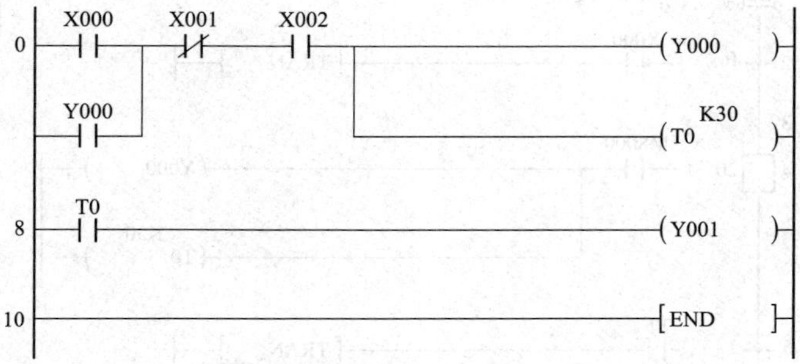

图 5-6　顺序启动同时停止程序

图 5-7 和图 5-6 共用主电路及 I/O 接口图，只需在程序中稍作改动，就可以实现功能的变化与拓展。

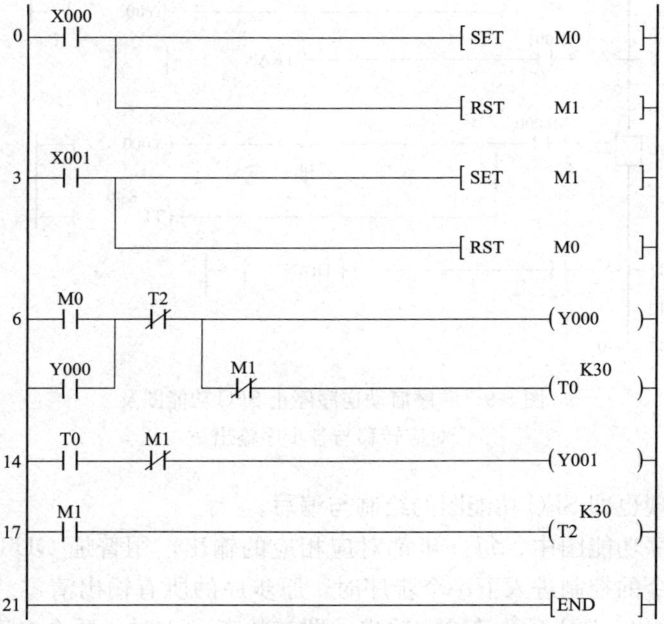

图 5-7　顺序启动逆序停止控制程序

4. 顺序功能图程序开发

电动机顺序启动逆序停车功能可以使用顺序功能图实现，在逻辑上更加清楚，主电路及控制电路不变，顺序启动逆序停止 SFC 控制程序包括两个程序块，一个块为初始化及过载保护复位（见图 5-8），另一个块为控制功能的实现（见图 5-9）。

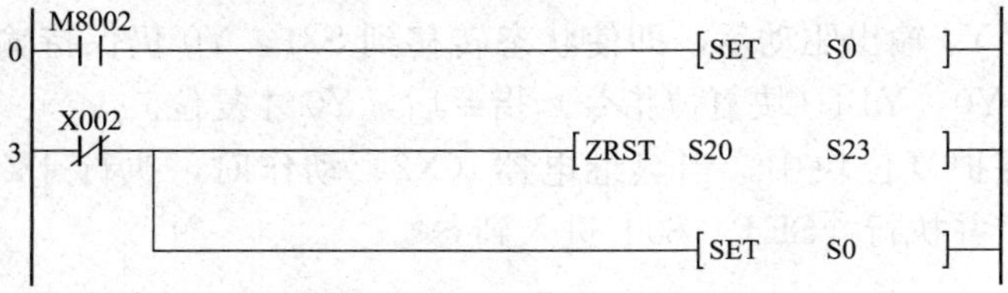

图 5-8　SFC 初始化及过载保护复位

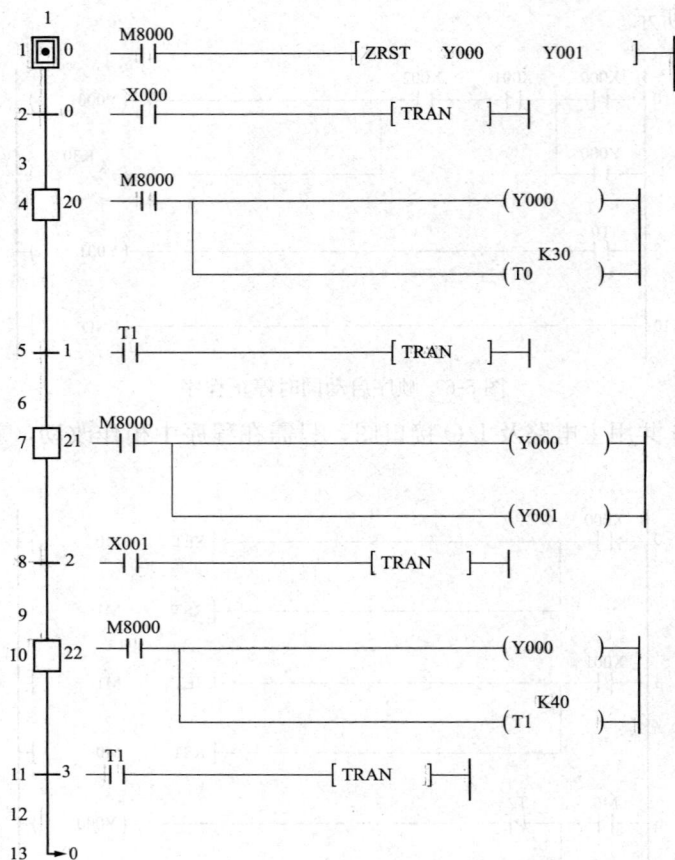

图 5-9　顺序启动逆序停止 SFC 功能图及
对应转移与各步序输出

控制功能的实现也即 SFC 功能图的绘制与编写。

程序说明：顺序功能图中，每一步都对应相应的输出，用普通 OUT 指令驱动输出时，当程序受到转移指令的控制进入下一个步序时，原步序的所有输出清零。所以，图 5-9 状态 S20 后有对应 Y0 输出，S21 后也有 Y0 输出，即在状态 S21 时，两个电动机是同时启动的，若 S21 后没有 Y0 输出，则电动机 M1 会在 M2 启动的同时停车。但是采用"SET"指令驱动，就不需要考虑状态转移后对前面输出的清零，用法见图 5-10（控制功能仍然为顺序启动逆序停止）。

当采用"SET"指令对输出置位时，状态的转移不会改变输出的状态，若要改变输出值，必须使用"RST"指令对输出复位。所以，在图 5-10 的 SFC 功能图中，S20 中使用 [SET　Y0] 指令对 Y0 输出驱动后，即使状态转移到 S21，Y0 仍保持输出，只有在运行到 S0，执行 [ZRST　Y0　Y1]（块复位指令）指令后，Y0 才复位。

初始化及过载保护复位块中，当热继电器（X2）动作时，执行 [ZRST　S20　S23]，停止一切运行状态，并执行 [SET　S0] 进入到 S0。

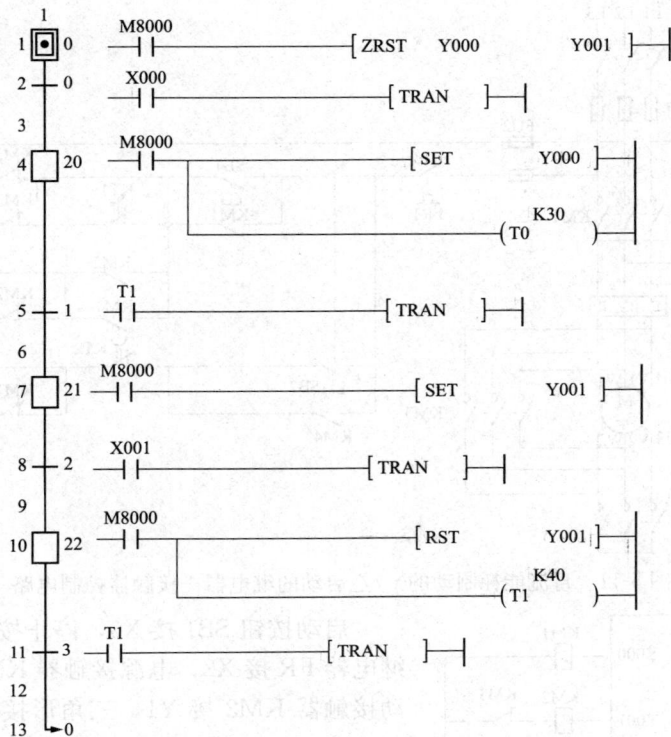

图 5-10　运用 SET 指令时顺序启动逆序停止顺序功能图

5.2　PLC 改造传统继电器—接触器控制电路

使用 PLC 对传统的继电器—接触器控制电路进行改造时，主电路基本不变，主要用 PLC 及其输入、输出电路将控制电路取代，实现相同的控制功能，或在原来的功能上进行改进。

5.2.1　直流能耗制动的丫/△启动的控制电路改造

如图 5-11 所示，电动机 M1 启动时运用星形—三角形降压启动方法，停车时，串入二极管整流电路即接入直流电路能耗制动。

1. 运用翻译法进行 PLC 的电路改造

在已知继电器—接触器控制电路的前提下，其主电路不变，控制部分可运用翻译法完成 PLC 部分的编程。改造过程如下：

（1）分析输入、输出接口。由图 5-11 可知，该控制电路有以下元器件：启动按钮 SB1、停止按钮 SB2、热继电器 FR1、时间继电器 KT1 及 KT2、交流接触器 KM1/KM2/KM3/KM4。启动按钮 SB1、停止按钮 SB2、热继电器 FR1 为输入信号。需要输出驱动的元器件为交流接触器 KM1/KM2/KM3/KM4。PLC 改造后，时间继电器 KT1 及 KT2 不再需要，由 PLC 内部定时器 T 实现延时控制功能。

（2）直接由原继电器—接触器控制电路转换，动合触点仍然为动合触点，动断触点仍然为动断触点。然后对应 I/O 接口图，确定每个动合和动断触点及输出驱动的地址。

图 5-11   直流能耗制动的丫/△启动的继电器—接触器控制电路

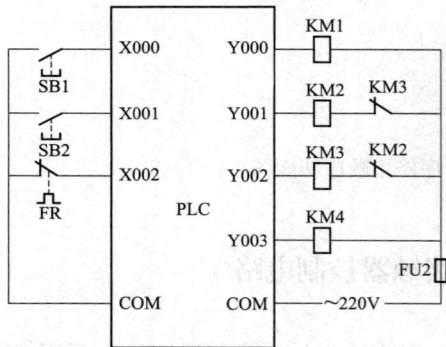

图 5-12   直流能耗制动的丫/△
启动 PLC 的 I/O 接口图

启动按钮 SB1 接 X0，停止按钮 SB2 接 X1，热继电器 FR 接 X2；电源接触器 KM1 接 Y0，星形启动接触器 KM2 接 Y1，三角形接触器 KM3 接 Y2，制动接触器 KM4 接 Y4，因 KM2 与 KM3 不能同时吸合，在硬件接线中也需要电气互锁。其 I/O 接口如图 5-12 所示。

以电源线 L3 为程序的左母线，电源线 L2 为程序的右母线。KT1 对应定时器 T1，KT2 对应定时器 T2。

图 5-13 的程序完全对应图 5-11 的继电器—接触器控制电路。

图 5-13   翻译法编程实现直流能耗制动的丫/△启动

2. 根据控制功能实现 PLC 改造

用翻译法进行电路改造时，方法容易掌握，但程序往往会比较复杂，占用的程序步也比较多。所以也可根据控制功能进行 PLC 改造，先分析该继电器—接触器控制系统的工作过程：

按下启动按钮 SB1，交流接触器 KM2 得电吸合，KM2 动合辅助触点闭合，接通交流接触器 KM1，但同时 KM2 动断辅助触点断开，使 KM3 不能得电吸合。这时主电路中 KM1、KM2 主触点闭合，电动机星形启动。在 KM2 闭合的同时，通电延时继电器 KT1 线圈同时吸合，其动断触点在延时后断开，KT1 动断触点断开时，KM2 也断开，KM3 线圈得电，主电路交流电动机转为三角形运行。按下停止按钮 SB2，SB2 动断触点断开，断开交流接触器 KM1/KM3，SB2 动合触点闭合，接通交流接触器 KM4 与时间继电器 KT2，主电路接入二极管整流电路，能耗制动。时间继电器 KT2 的动断触点延时后断开 KM4，结束能耗制动，电路控制完成。

根据控制过程，编写 PLC 梯形图程序（I/O 接口图仍然为图 5-12）。

图 5-14 程序与图 5-13 程序功能一样，但图 5-14 程序的程序步数为 23 步，而图 5-13 的程序步数为 32 步。由此可见，改进编程方法，可以减少程序步数，提高程序运行速度。

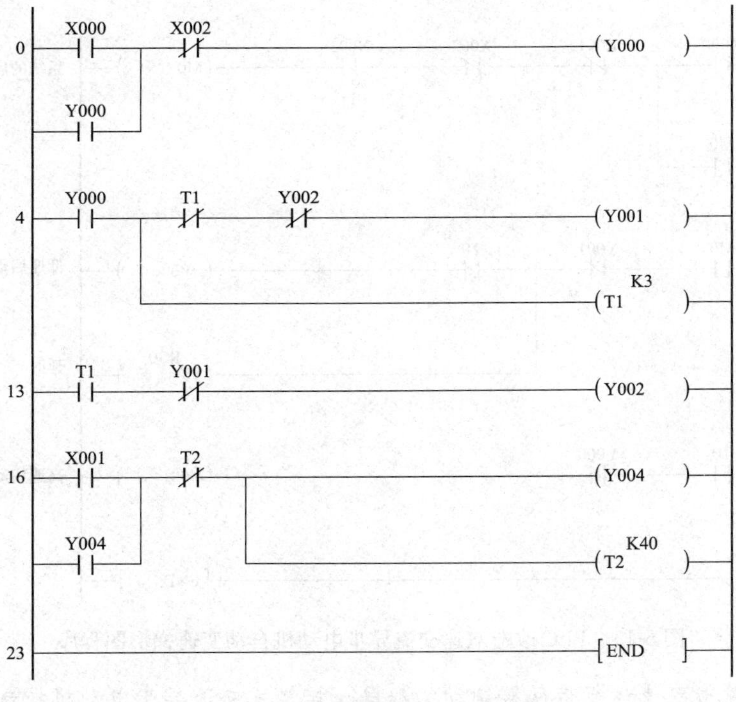

图 5-14　直流能耗制动的丫/△启动程序

5.2.2　自动变速双速电气控制电路的 PLC 改造

1. 用 PLC 改造双速交流异步电动机自动变速控制电路

继电器—接触器控制电路可见第 3 章图 3-29。改造继电器—接触器电动机控制电路时，主电路不变，因此在下述的讲解中，主电路不再作说明。

（1）输入和输出地址分配及 I/O 接口图。分析图 3-29 中的控制电路部分，主令电器有启动按钮 SB1、停止按钮 SB2，保护电器有热继电器 FR1、FR2，交流接触器有低速运行

KM1、高速运行 KM2，控制过程分析略。地址分配见表 5-9 及表 5-10。

表 5-9　　数字量输入地址定义

符号	地址	数据类型	注释
按钮 SB1	X000	BOOL	启动按钮
按钮 SB2	X001	BOOL	停止按钮
FR1	X002	BOOL	热继电器
FR2	X003	BOOL	热继电器

表 5-10　　数字量输出地址定义

符号	地址	数据类型	注释
KM1	Y000	BOOL	低速启动交流接触器
KM2	Y001	BOOL	高速启动交流接触器

（2）程序设计与编写。PLC 改造双速交流异步电动机自动变速梯形图程序如图 5-15 所示。

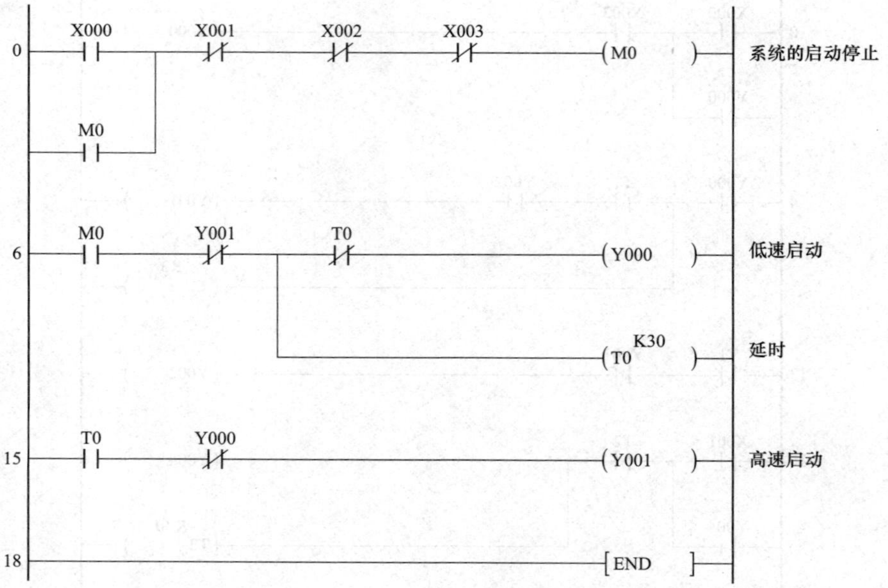

图 5-15　PLC 改造双速交流异步电动机自动变速梯形图程序

2. 用 PLC 改造双速运行带反接制动的继电—接触式交流异步电动机控制电路

如图 5-16 所示，一台生产设备由双速三相异步电动机拖动，双速三相异步电动机型号为 YD123M-4/2，三相异步电动机铭牌为 6.5kW/8kW、△/丫、13.8A/17.1A、450/2880r/min，电动机自动切换运转，并且具有过载保护、短路保护、失电压保护和欠压保护。

（1）分析电路功能。此电路中按钮 2 个，交流接触器 3 个，中间继电器 1 个，时间继电器 2 个。该控制电路中的时间继电器均为断电延时型时间继电器。由于三菱 PLC 指令中没有断电延时定时器直接使用，所以翻译法将显得比较复杂，可以根据控制功能进行程序的设计与编写。

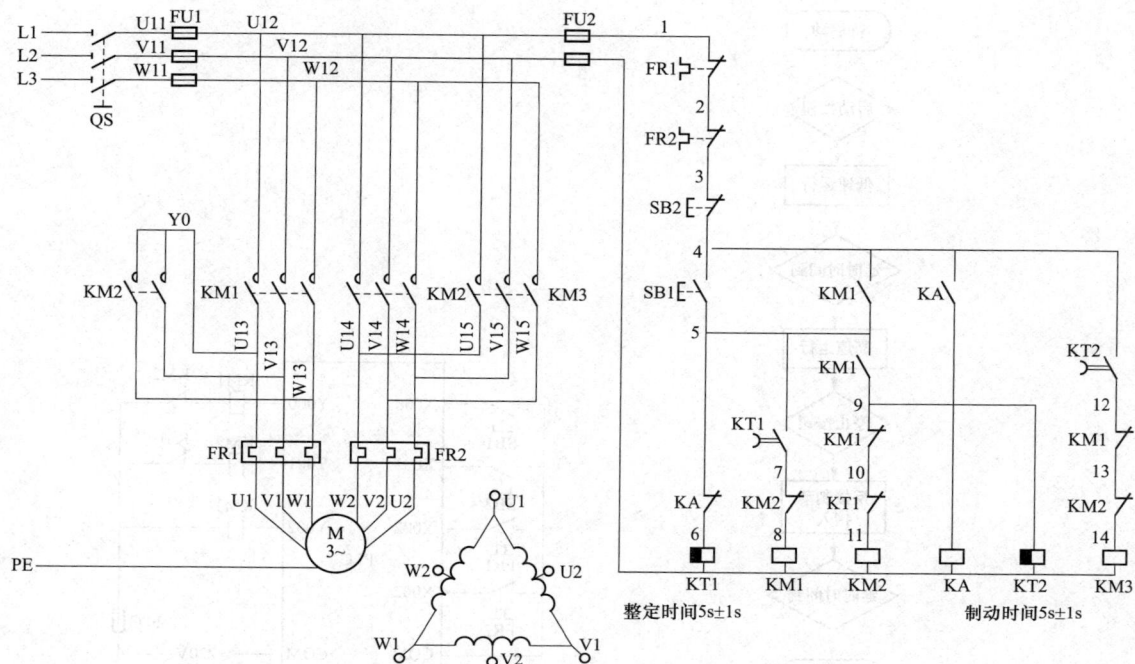

图 5-16　自动变速双速电动机带反接制动的继电器—接触器控制电路

分析该继电器—接触器控制系统的工作过程：三相交流异步电动机主电路交流接触器 KM1 接通时，电动机低速运行，KM2 主触点接通时，电动机高速运行，停车时接通 KM3 实现反接制动。

按下按钮 SB1→KT1 线圈得电→KT1 动合触点瞬时接通→KM1 线圈得电，低速启动。
　　　　　　　　　　　　　　　　→KT 动断触点瞬时断开，避免 KM2 得电。

KM1 线圈得电→KM1 动合触点接能 KA 与 KT2 线圈→KA 动断触点断开 KT1→

KT1 动合触点延时断开 KM1 线圈→断开低速，同时 KM1 动断触点恢复闭合→KM2 通过 KA 的触点得电高速启动。

按下停止按钮 SB2→KM1 或 KM2 线圈断电→KM1 或 KM2 动断触点闭合，KM3 线圈得电，电动机接入反相电源进入反接制动状态。因 KT2 为断电延时继电器，所以 KT2 的动合触点会延时断开，即延时断开反接制动接触器 KM3。

根据以上控制过程，画出控制流程如图 5-17 所示。

（2）确定 I/O 接口。由以上分析可知，本控制电路输入信号有启动按钮 SB1，停止按钮 SB2，热过载保护 FR1、FR2，输出驱动有低速驱动 KM1、高速驱动 KM2，反接制动 KM3，确定最终 I/O 接口图如图 5-18 所示。

3. 程序设计编写

由以上 I/O 接口图及程序流程图，编写 PLC 梯形图程序，如图 5-19 所示。

程序说明：Y0 与 Y1 不能同时吸合，故在程序中须加互锁；Y2 须在停车后方可启动，须在 Y2 程序行回路串联 Y0、Y1 的动断触点进行联锁，这也和继电器—接触器电路中的控制要求一致。T0 与 T1 均为通电延时定时器，继电器—接触器电路中的时间继电器为断电延时型，但作用是一致的。

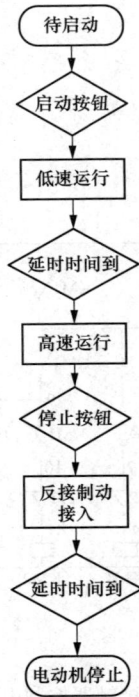

图 5-17 自动变速双速电动机控制流程图   图 5-18 自动变速双速电动机 I/O 接口图

图 5-19 自动变速双速电动机梯形图程序

5.3 PLC 控制电路的设计与编程

多数情况下,现场并没有继电器—接触器控制电路作为基础,需要工程技术人员根据控制要求设计整个电路,包括主电路、I/O 接线图、PLC 程序。

5.3.1　PLC 控制系统的一般设计方法

PLC 控制系统的设计首先要确定控制系统设计的技术条件。技术条件是整个系统设计的基础，需要以任务书的形式规定下来。PLC 控制系统的设计包括 PLC 的选择、I/O 分配、输入/输出设备（传感器与执行机构）的选择、图样设计、程序设计、控制柜设计以及技术文件的准备等工作。

1. 分析被控对象并提出控制要求

深入了解和分析被控对象的工艺条件及工作过程，提出被控对象的控制要求，然后确定控制方案，拟定设计任务书。被控对象是指被控的机电设备或生产过程；控制要求主要指控制的方式、控制的动作、工作循环的组成以及系统保护等。对于较复杂的控制系统可以将控制要求分解成多个部分，这样有利于结构化编程和系统调试。

2. 确定 I/O 设备

根据系统的控制要求，确定系统所需的输入设备和输出设备。常用的输入设备有按钮、选择开关、行程开关及各种传感器等；常用的输出设备有继电器、接触器、信号指示灯、电磁阀及其他执行器等。确定了输入设备和输出设备就可以了解 PLC 的 I/O 的类型和点数需求。

3. PLC 的选择

PLC 的选择包括对 PLC 的机型、容量、I/O 模块和电源等的选择。

机型的选择是最关键的。应优先选择中小型 PLC，并选择主流机型，还要考虑本单位技术人员的技术现状，尽量选择技术人员熟悉的 PLC 机型。主流机型一般支持主流的 PLC 技术，并且符合 IEC 61131 的相关规定，为整个系统的设计奠定良好基础。

PLC 输入/输出的选择要考虑信号的类型和数量。先考虑模拟量要求，再考虑数字量要求。若有模拟量信号，最好选择集成模拟量输入/输出接口的 PLC；若模拟量信号较多，最好选择独立的模拟量输入/输出模块。数字量的点数需要预留 15%～20%的备用量。

数字量的输入/输出类型需要仔细选择。输入接口一般为直流，选择直流输入模块时要注意输入接口的极性要求（PNP 型或 NPN 型）。不同的负载对 PLC 的输出方式有不同的要求。对于频繁通断的感性负载，应选择晶体管或晶闸管输出型，而不能选用继电器输出型。动作不频繁的交、直流负载可以选择继电器输出型。继电器输出型的 PLC 有许多优点，如导通电压降小，有隔离作用，价格相对较便宜，承受瞬时过电压和过电流的能力较强，其负载电压灵活（可交流、可直流）且电压等级范围大等。另外，PLC 输出点的接法也要注意，接法可分为共点式、分组式和隔离式三种。隔离式的各组输出点之间可以采用不同的电压种类和电压等级。

由于工业网络的发展，必须考虑通信接口的类型和数量。没有通信接口的 PLC 是不能正常使用的。现代 PLC 的通信功能已经成为编程和应用的基本功能。

此外，存储容量、I/O 响应时间和 PLC 封装形式也是 PLC 选择需要考虑的因素。

4. I/O 接口图及程序设计

根据系统的控制要求，选择适合的程序设计方法来设计 PLC 程序。程序要以满足系统控制要求目标，实现实际要求的控制功能。控制要求不是特别复杂的情况下，经验法是常用的编程方法；而控制要求相对复杂的场合，顺序控制法是比较常用的编程方法。

5．硬件设施施工

硬件设施施工方面主要是进行控制柜等硬件的设计及现场施工。主要内容有设计控制柜和操作台等部分的电气布置图及安装接线图、设计系统各部分之间的电气连接图。根据施工图样进行现场接线。

6．现场调试

现场调试是整个控制系统完成的重要环节。任何程序的设计都需要经过现场调试。只有通过现场调试才能发现控制回路和控制程序的不足之处，并进行最后的调试，以适应控制系统的要求。全部调试完毕后，交付试运行。

7．编写技术文档

技术文档包括设计说明书、硬件原理图、安装接线图、电气元件明细表、PLC 程序以及使用说明书等。

5．3．2　PLC 控制小车运动装置的设计

1．控制对象说明与分析

如图 5-20 所示，工作台有一小车，可实现物料的自动传输。左限位卸料，右限位装料。按下启动按钮，小车自左限位出发，向右行驶，至右限位，停车，翻门打开，装料，停留时间为 7s，7s 后小车自右限位出发，向左行驶，至左限位，停车，底门打开，卸料，时间为5s，5s 后再次向右行驶，循环往复。按下停止按钮，小车在卸料后系统装置工作停止。

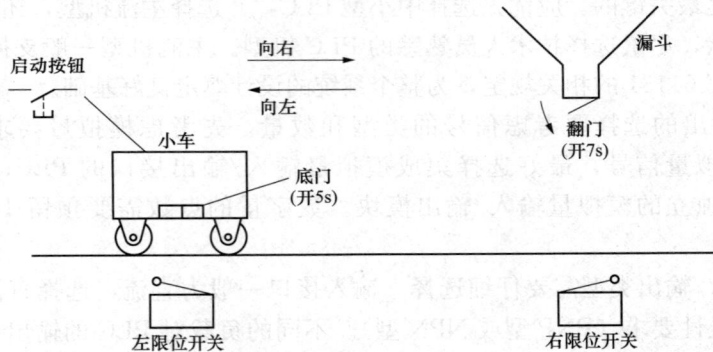

图 5-20　小车装置运动示意图

小车由三相笼形异步电动机带动，要求电动机有热过载保护，并在过载复位后继续运行。

2．确定 I/O 设备

根据控制要求，输入设备需要启动按钮一个，停止按钮一个，左限位开关一个，右限位开关一个。输出设备需要电动机正转接触器一个，反转接触器一个，底门控制器一个，翻门控制器一个。

3．PLC 的选型

本项目需用输入接口 4 个，输出接口 4 个，均为数字量信号。输出不需要频繁启动，因此可用继电器输出方式的 PLC，降压成本。综合分析，FX1N-24MR 的三菱 PLC 可满足要求。

4．确定输入/输出地址定义及程序设计

确定 I/O 的接口设备后，必须在确定 I/O 接口图后方可进行程序设计。表 5-11 为输入/

输出地址定义。

表 5-11　　　　　　　　　　　　　　**数字量输入/输出地址定义**

符号	地址	数据类型	注释
按钮 SB1	X000	BOOL	启动按钮
按钮 SB2	X001	BOOL	停止按钮
SQ1	X002	BOOL	左限位行程开关 SQ1
SQ2	X003	BOOL	右限位行程开关 SQ2
KM1	Y000	BOOL	右行交流接触器
KM2	Y001	BOOL	左行交流接触器
KM3	Y002	BOOL	翻门控制器
KM4	Y003	BOOL	底门控制器

根据控制要求及地址定义表进行程序的设计，见图 5-21～图 5-23。

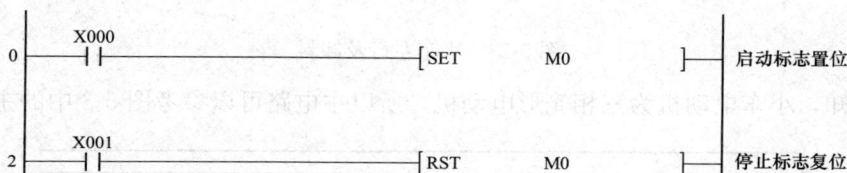

图 5-21　启动停止部分

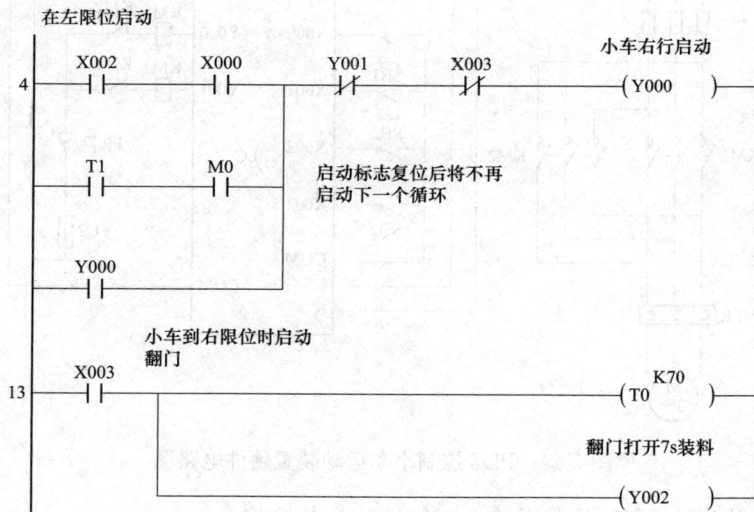

图 5-22　小车右行及装料

以上为小车运料装置的梯形图程序，设计该程序时，有几个注意点：一是要求小车在左限位启动，二是在按下停止按钮后小车最终要求停在左限位，三是小车在左限位时不能自动卸料底门。

5. 硬件电路图

硬件电路图在确定 I/O 地址定义后就可以根据各硬件型号进行接图，图 5-24 为本任务的硬件电路图。

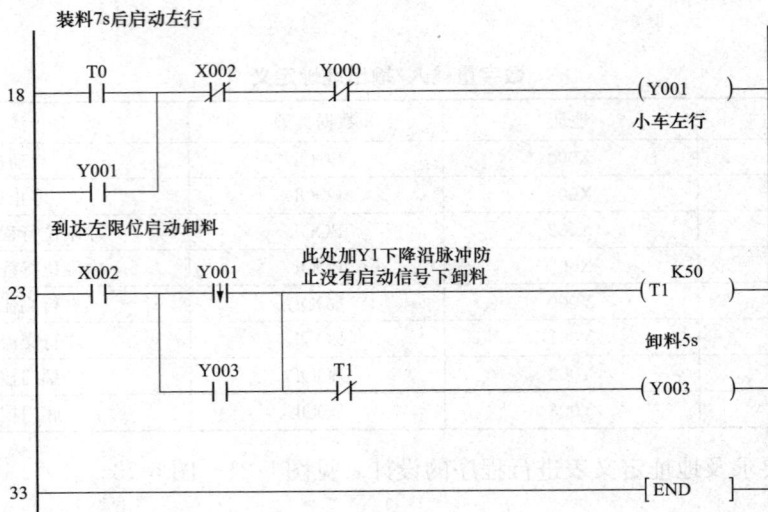

图 5-23 小车左行及卸料

前述可知，小车电动机为三相笼形电动机，所以主电路可以参考图 5-3 中的主电路图。

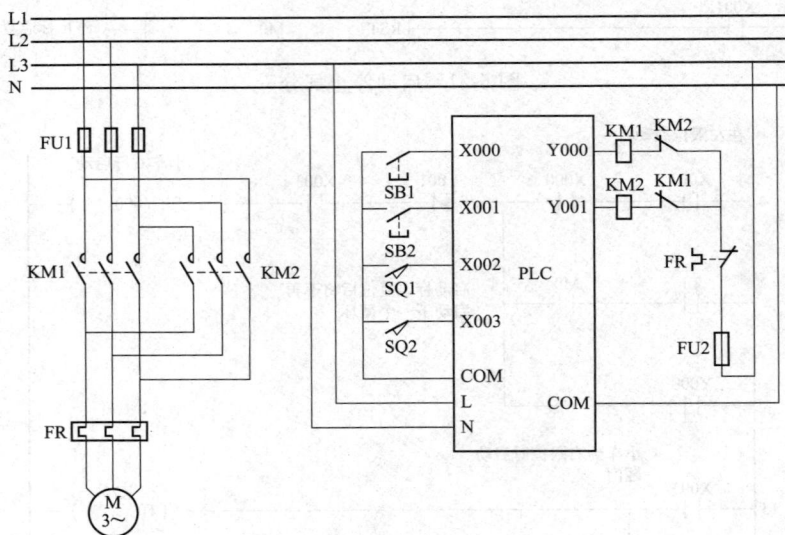

图 5-24 PLC 控制小车运动装置硬件电路图

本设计中，热继电器不再占用输入/输出点，直接将其接入交流接触器线圈 KM1、KM2 的公共支路中，同样可实现过载保护，直接断开交流接触器的电源以断开电动机电源，程序编号不需要考虑，并且运行不受影响，过载保护复位后，不需给任何信号，电动机即可恢复运行。

微课13 PLC控制运料小车程序仿真调试

5.3.3 PLC 控制上料爬斗生产线的设计

1. 控制对象说明与分析

图 5-25 所示为上料爬斗示意图，爬斗由 M1 三相异步电动机拖动，将料提升到上限后，

自动翻斗卸料，翻斗时撞行程开关 SQ1，随即反向下降，达到下限，撞行程开关 SQ2 后，停留 20s，同时起动皮带运输机由 M2 三相异步电动机拖动向料斗加料，20s 后，皮带机自行停止，料斗则自动上升……如此不断循环。

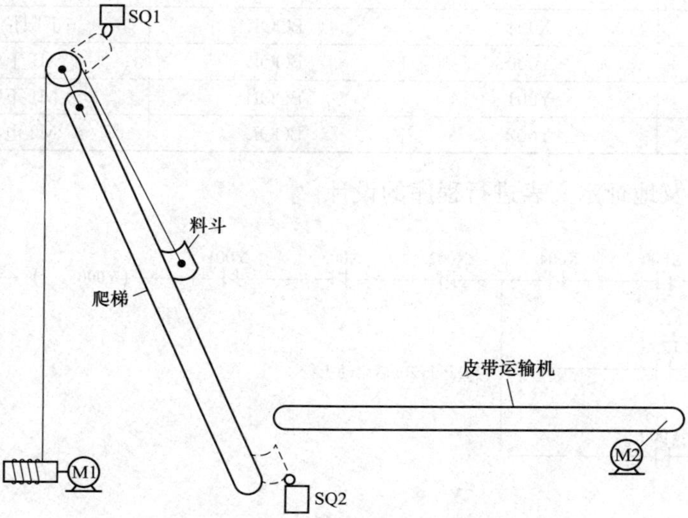

图 5-25　上料爬斗工作示意图

控制要求：

（1）工作方式设置为自动循环；

（2）有必要的电气保护和联锁；

（3）自动循环时应按上述顺序动作，料斗可以停在任意位置，起动时可以使料斗随意从上升或下降开始运行；

（4）爬斗拖动应有制动抱闸。

2. 确定 I/O 设备

根据控制要求，输入设备需要启动按钮两个（料斗上升启动及料斗下降启动），停止按钮 1 个，上限位开关 1 个，下限位开关 1 个。输出设备需要爬斗电动机 M1 上行接触器 1 个，下行接触器 1 个，皮带运输机由 M2 电源接触器 1 个。

3. PLC 的选型

由上所述，本系统需用输入接口 5 个，输出接口 3 个，均为数字量信号。输出不需要频繁启动，因此可用继电器输出方式的 PLC，降压成本。综合分析，FX1N-24MR 的三菱 PLC 可满足要求。

4. 确定输入/输出地址定义及程序设计

确定 I/O 的接口设备后，必须在确定 I/O 接口图后方可进行程序设计。表 5-12 为输入/输出地址定义。

表 5-12　　　　数字量输入/输出地址定义

符号	地址	数据类型	注释
按钮 SB1	X000	BOOL	料斗上升启动按钮
按钮 SB2	X001	BOOL	料斗下降启动按钮

符号	地址	数据类型	注释
按钮 SB3	X002	BOOL	停止按钮
SQ1	X003	BOOL	上限位行程开关 SQ1
SQ2	X004	BOOL	下限位行程开关 SQ2
KM1	Y000	BOOL	M1 上行交流接触器
KM2	Y001	BOOL	M1 下行交流接触器
KM3	Y002	BOOL	M2 电源交流接触器

根据控制要求及地址定义表进行程序的设计。

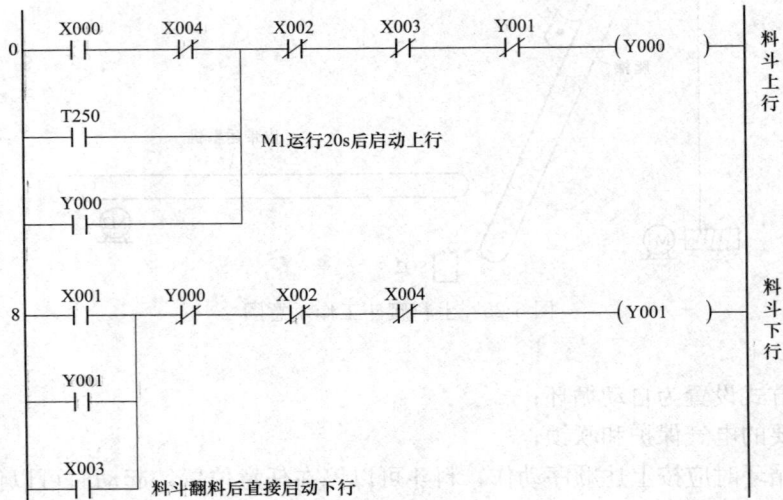

图 5-26　料斗的上行与下行启动

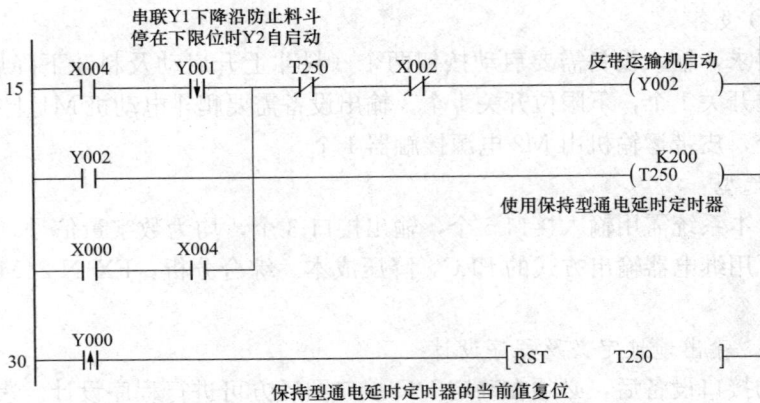

图 5-27　皮带运输机工作程序

程序说明：输出驱动 Y0、Y1、Y2 前均串联了停止按钮 X2，即料斗可停止在任何位置，并且可在任何位置启动，每个程序支路均有启动控制。当在下限位停止时，皮带运输机正在工作，因此使用了保持型通电延时定时器 T250，可以记录停止之前已经运输的时间，下次启动时可以接着当前值继续计数，但是这种定时器需要复位指令 RST。

5. 硬件电路设计

本系统要求料斗可停在任何位置，为防止下滑，需设置电磁抱闸，在抱闸后没有要求移位，所以可参考本书第 3 章 "3.3.1 机械制动"，选择电磁拖闸断电制动控制电路。本系统的硬件电路如图 5-28 所示。

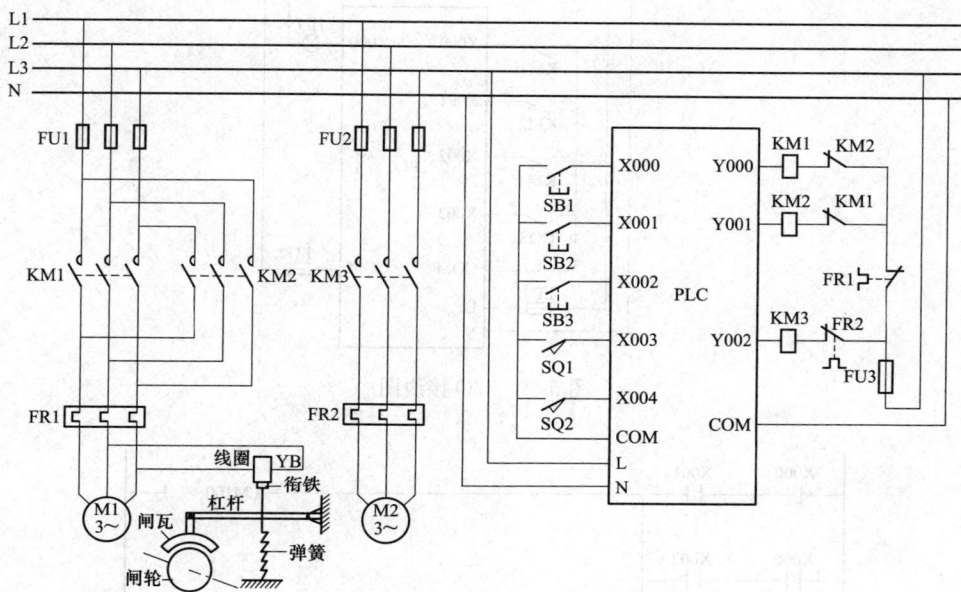

图 5-28　上料爬斗硬件电路图

热继电器 FR1 和 FR2 分别对 M1 和 M2 的过载保护，同样采用硬件接线方式实现。

5.3.4　三台电动机监控系统设计

1. 控制对象简介

对三台电动机的运行状态进行监控，如果 3 台电动机有 2 台在运行，信号灯持续发亮；如果只有 1 台电动机工作，信号灯以 0.4 Hz 的频率闪光；如果 3 台电动机都不工作，信号灯以 2 Hz 的频率闪光；如果选择运行装置不运行，信号灯熄灭。

微课14　PLC控制上料爬斗程序仿真调试

2. PLC 的输入和输出接口

PLC 的输入和输出接口地址见表 5-13 和表 5-14。

表 5-13　　　　　　　　　数字量输入地址定义

符号	地址	数据类型	注释
KM1	X000	BOOL	电动机 1 接触器辅助动合触点
KM2	X001	BOOL	电动机 2 接触器辅助动合触点
KM3	X002	BOOL	电动机 3 接触器辅助动合触点
COS	X003	BOOL	运转选择开关

表 5-14　　　　　　　　　数字量输出地址定义

符号	地址	数据类型	注释
HD	Y000	BOOL	信号灯

3. PLC 控制程序开发

PLC 的 I/O 接线图如图 5-29 所示，控制程序如图 5-30 所示。

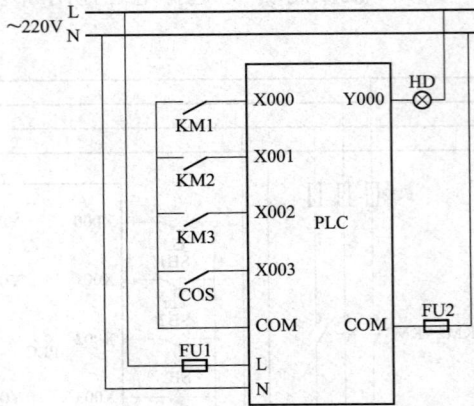

图 5-29　I/O 接线图

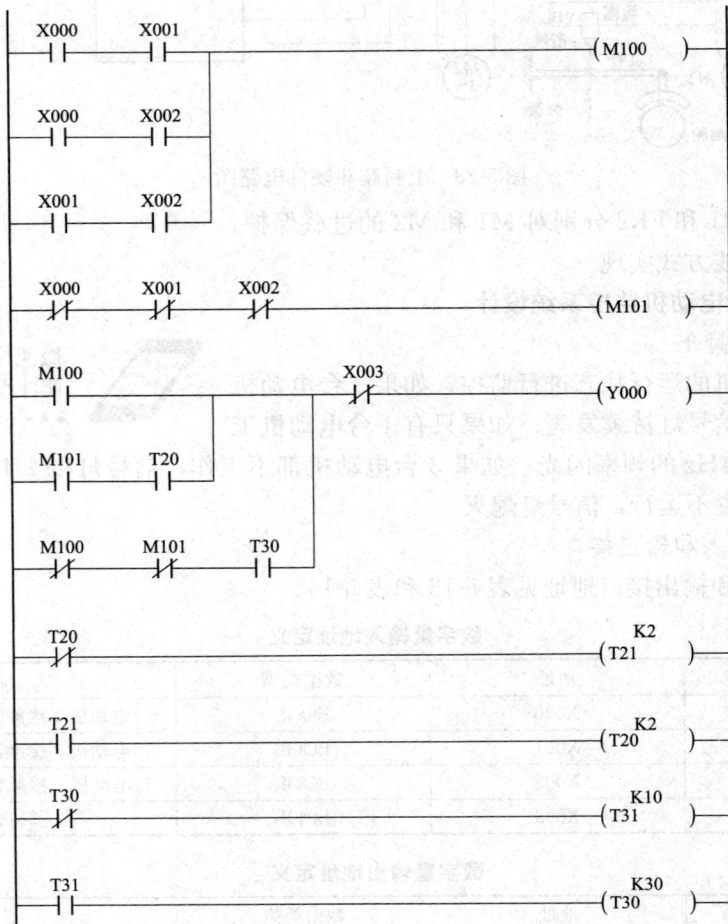

图 5-30　控制程序

5.3.5　多种液体自动混合控制系统设计

1. 控制对象简介

控制对象如图 5-31 所示，L1、L2、L3 为液面传感器，液面淹没时接通，T 为温度传感器，达到规定温度后接通。液体 A、B、C 与混合液体阀由电磁阀 Y1、Y2、Y3、Y4 控制，M 为搅匀电动机，H 为加热炉。

（1）初始状态。装置投入运行时，液体 A、B、C 阀门 Y1、Y2、Y3 关闭，混合液体阀门 Y4 打开 20s 将容器放空后关闭。

（2）启动操作。按下启动按钮 START，装置开始按下列给定规律运转：

1）液体 A 阀门 Y1 打开，液体 A 流入容器，当液面到达 L3 时，L3 接通，关闭液体 A 阀门 Y1，打开液体 B 阀门。

2）当液面到达 L2 时，关闭液体 B 阀门 Y2，打开液体 C 阀门 Y3。

图 5-31　多种液体自动混合工作示意图

3）当液面到达 L1 时，关闭阀门 Y3，搅匀电动机开始搅匀。

4）搅匀电动机工作 1min 后停止搅动，加热炉开始加热。

5）当加热到一定温度后，温度传感器 T 接通，混合液体阀门 Y4 打开，开始放出混合液体。

6）当液面下降到 L3 时，液面传感器 L3 由接通变断开，再过 30s 后，容器放空，混合液体阀门 Y4 关闭，开始下一周期。

（3）停止操作。按下停止按钮 STOP，要将当前的混合操作处理完毕后，才停止操作（停在初始状态）。

2. 确定 I/O 设备

根据控制要求，输入设备需要启动按钮 1 个，停止按钮 1 个，液位传感器 L1、L2、L3 3 个，温度传感器 T 1 个。输出设备需驱动 Y1、Y2、Y3、Y4 4 个电磁阀，搅匀电动机电源接触器 1 个，加热炉电源接触器 1 个。为防止工作过程中出现意外，设急停按钮 1 个。

3. PLC 的选型

由上所述，本系统需用输入接口 6 个，输出接口 6 个，均为数字量信号。输出不需要频繁启动，因此可用继电器输出方式的 PLC，降压成本。综合分析，考虑输入/输出接口的冗余量，选择三菱 FX1N-40MR 的 PLC。

4. 确定输入/输出地址定义及程序设计

确定 I/O 的接口设备后，必须在确定 I/O 接口图后方可进行程序设计。表 5-15 为输入、输出地址定义。

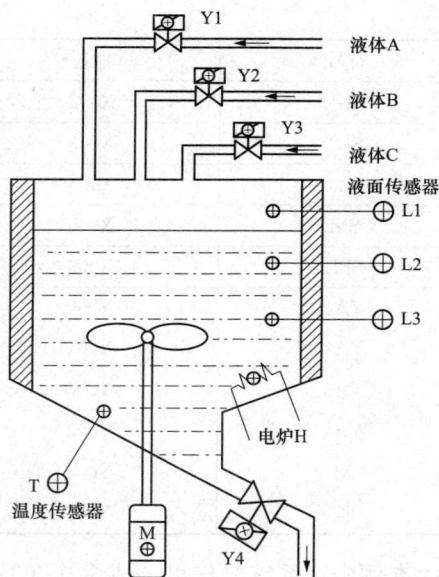

表 5-15　　　　　　　　　　　　　　　　　　数字量输入、输出地址定义

符号	地址	数据类型	注释
SB1	X000	BOOL	启动按钮
SBS	X001	BOOL	停止按钮

符号	地址	数据类型	注释
SL1	X002	BOOL	液面传感器 L1
SL2	X003	BOOL	液面传感器 L2
SL3	X004	BOOL	液面传感器 L3
SM	X005	BOOL	温度传感器 T
SBE	X006	BOOL	急停按钮
YA1	Y000	BOOL	液体 A 阀门 Y1
YA2	Y001	BOOL	液体 B 阀门 Y2
YA3	Y002	BOOL	液体 C 阀门 Y3
YA4	Y003	BOOL	混合液体阀门 Y4
M	Y004	BOOL	搅匀电动机 M
EE	Y005	BOOL	加热炉 H

本例中，系统操作可分成多个工序，各工序依次进行，因此可采用 SFC 顺序流程图编写。程序见图 5-32～图 5-34。

图 5-32　SFC 块 1 梯形图（对功能图的初始化及启动标志位的编写）

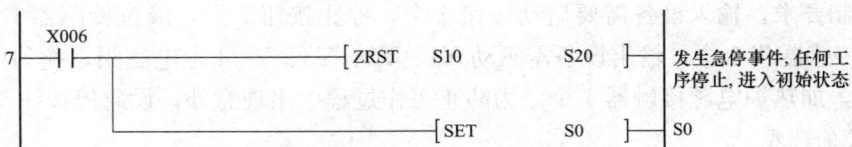

图 5-33　SFC 块 1 梯形图（系统急停的处理）

图 5-34 在 23 号处使用了 SFC 顺序功能图的选择分支功能，液体混料放空后判断启动标志位的值，也即判断有没有按过停止按钮。若已按过停止按钮，则跳转至状态号 S10，复位，等待下一次的启动信号；没有按过停止按钮，跳转至状态号 S20，进入下一个循环。

5. 硬件电路设计

主搅拌电动机需要热过载保护。硬件接线图如图 5-35 所示。

5.3.6　机床控制系统的设计

1. 控制要求

一台机床，有主轴电动机、油泵电动机、工作台驱动电动机，均为三相笼型异步电动机。启动顺序：按下系统总启动按钮，先启动油泵，然后启动主轴，再由工作台启动按钮启

状态号

状态对应的输出

放残余液体

条件转移

初始化复位

启动

进液体A

进液体B

进液体C

搅拌1min

加热

放混料

1	0	M8000 —— (Y003)	
		X004 —— (T0) K300	
2	0	T0 —[TRAN]	
3			
4	10	M8000 —[ZRST Y000 Y005]	
5	1	X000 —[TRAN]	
6			
7	20	M8000 —(Y000)	
8	2	X004 —[TRAN]	
9			
10	21	M8000 —(Y001)	
11	3	X003 —[TRAN]	
12			
13	22	M8000 —(Y002)	
14	4	X002 —[TRAN]	
15		M8000 —(Y004)	
16	23	M8000 —(T1) K600	
17	5	T1 —[TRAN]	
18		M8000 —(Y005)	
19	24		
20	6	X005 —[TRAN]	
21		M8000 —(Y003)	
22	25	X004 —(T2) K300	
23			
24	7	T2 M0 —[TRAN]　　　8　T2 M0 —[TRAN]	
25	20	启动标志位为1时循环　　　　　10 启动标志位为0时复位	

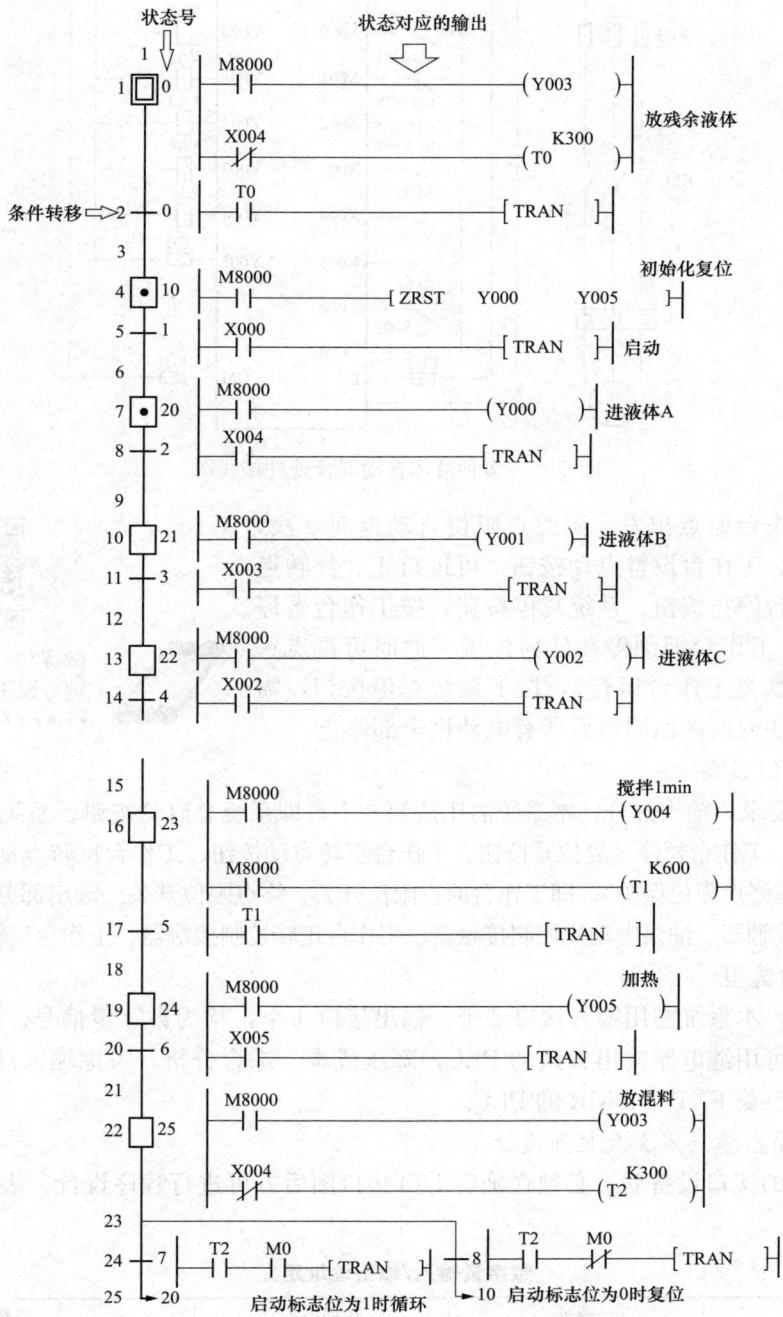

图 5-34　SFC 顺序功能图及对应输出

图 5-35　多种液体自动混合硬件接线图

动工作台。工作台原点出发，到终点限位自动返回 2 次，再到原点停止。工作台设置点动按钮，可进行正、反转点动。设有工作台停止按钮、系统总停按钮，按工作台暂停（复位）按钮，工作台即刻停在任何位置（此时可再点一次该按钮即可恢复工作台运行），按下系统总停按钮，需等工作台自动往返两次回原点后所有电动机全部停止。

微课15　多种液体自动混合程序仿真调试

2. 确定 I/O 设备

根据控制要求，输入部分，本系统需用按钮 6 个，即系统总启动按钮、系统总停按钮、工作台启动按钮、工作台暂停（复位）按钮、工作台正转点动按钮、工作台反转点动按钮，限位开关 2 个（不考虑终点限位保护），即工作台原点限位开关、终点限位开关。输出部分，需要驱动主轴电动机控制接触器、油泵电动机控制接触器、工作台正转控制接触器、工作台反转控制接触器。

3. PLC 的选型

由上所述，本系统需用输入接口 8 个，输出接口 4 个，均为数字量信号。输出不需要频繁启动，因此可用继电器输出方式的 PLC，降压成本。综合分析，考虑输入/输出接口的冗余量，可选择三菱 FX1N-40MR 的 PLC。

4. 输入/输出地址定义及程序设计

确定 I/O 的接口设备后，必须在确定 I/O 接口图后方可进行程序设计。表 5-16 为输入/输出地址定义。

表 5-16　　　　　　　　　　　　　数字量输入/输出地址定义

符号	地址	数据类型	注释
SB1	X000	BOOL	系统总启动按钮
SB2	X001	BOOL	系统总停按钮
SB3	X002	BOOL	工作台启动按钮
SB4	X003	BOOL	工作台暂停（复位）按钮

续表

符号	地址	数据类型	注释
SB5	X004	BOOL	工作台正转点动按钮
SB6	X005	BOOL	工作台反转点动按钮
SQ1	X006	BOOL	工作台原点限位开关
SQ2	X007	BOOL	工作台终点限位开关
KM1	Y000	BOOL	主轴电动机控制接触器
KM2	Y001	BOOL	油泵电动机控制接触器
KM3	Y002	BOOL	工作台正转控制接触器
KM4	Y003	BOOL	工作台反转控制接触器

本例中，系统操作可分成多个工序，各工序依次进行，因此可采用 SFC 顺序流程图编写。程序如图 5-36～图 5-40 所示。

图 5-36　SFC 块 1 梯形图（程序启动与点动控制部分）

图 5-36 程序功能有如下三个：初始化 SFC 程序、启动停止标置位 M0 的置位复位、油泵与主轴启动后的工作台可点动控制。

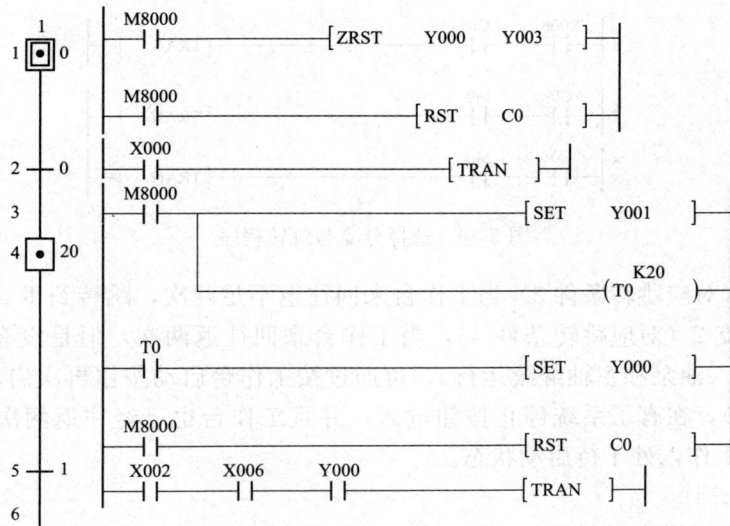

图 5-37　油泵、主轴、工作台的顺序启动

图 5-37 所示程序可实现油泵、主轴、工作台顺序启动。步 20 中使用了一个定时器 T0，在油泵启动 2s 后主轴自动启动，在步 20 中对计数器 C0 复位。主轴启动并且工作台在原位时，按下工作台启动按钮，转入图 5-38 所示步 21。

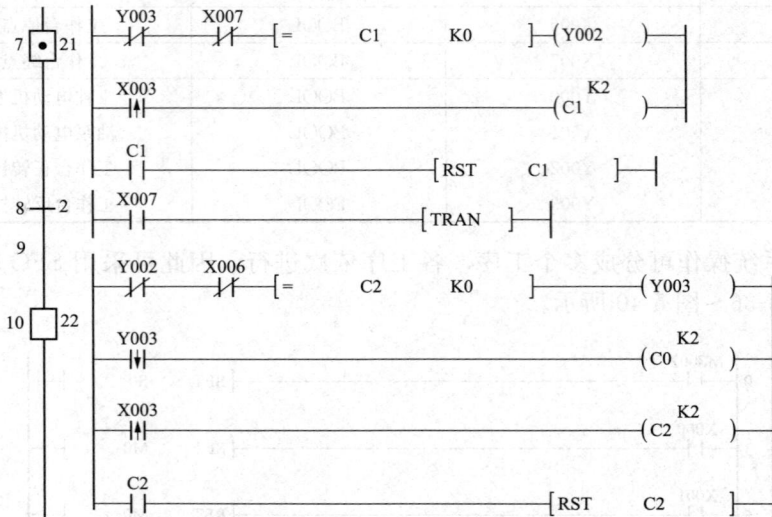

图 5-38 工作台自动往返（工作途中可暂停）

工作台自动往返运行时可使用暂停按钮暂停复位，程序中使用计数器 C1 及 C2 判断按钮的功能，第一次为暂停，第二次即为启动，第三次暂停……。注意：步 21 启动 Y2，步 22 启动 Y3，需要设置软件互锁。

图 5-39 选择分支与跳转程序

选择分支 1（对应跳转条件 3）当工作台来回往返不足两次，跳转到步 21，启动工作台再往返；选择分支 2（对应跳转条件 4），当工作台来回往返两次，但是没有按系统停止按钮，跳转至步 20（油泵和主轴继续运行），可通过按工作台启动按钮再次启动；选择分支 3（对应跳转条件 5），在有了系统停止按钮输入，并且工作台也已经往返两次，跳转至步 0，所有电动机停止工作，处于待启动状态。

5. 硬件电路设计

主轴电动机与油泵电动机需要连续运行，所以都需要设置热过载保护，过载保护辅助触点可以直接连接至主轴接触器的线圈后。除工作台正反转在前面程序软件中互锁外，控制电路的硬件连接也必需要接触器的动断触点互锁。硬件接线图如图 5-40 所示。

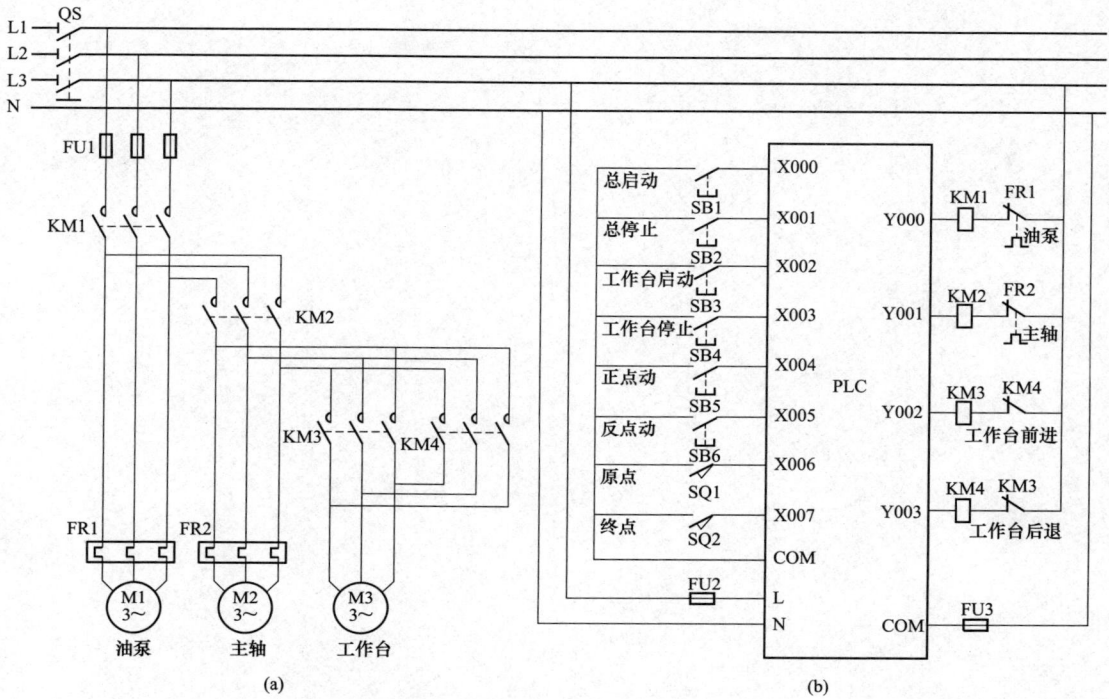

图 5-40　机床控制硬件接线图

（a）主电路；（b）控制回路

微课16　机床控制程序
仿真调试

提 高 篇

第6章 变频器及基本应用

变频器（Variable-frequency Drive，VFD）是应用技术与微电子技术，通过改变电动机工作电源频率方式来控制电动机的电气控制设备。本章主要介绍变频器工作原理和结构、分类结构，详细说明了变频器的应用操作方式，并以范例具体介绍其应用。

6.1 变频器的工作原理和结构

在交流异步电动机的诸多调速方法中，变频器调速的性能最好，调速范围宽，静态特性好，运行效率高。采用通用变频器对笼型异步电动机进行速度控制，其使用方便、可靠性高、经济效益显著，现已逐步得到推广。

6.1.1 变频调速的工作原理

根据异步电动机的转速表达式

$$n = \frac{60f_1}{p}(1-s) = n_0(1-s) \tag{6-1}$$

式中：f_1 为定子供电频率，Hz；p 为极对数；S 为转差率；n_0 为电动机转速，r/min。

可知，只要平滑地调节异步电动机的供电频率 f_1，就可以平滑调节异步电动机的同步转速 n_0，从而实现异步电动机的无级调速，这就是变频调速的基本原理。

表面看来，只要改变定子电压的频率 f_1 就可以调节转速大小，但是事实上只改变 f_1 并不能正常调速，为什么呢？

由电动机理论可知，三相异步电动机定子每相电动势的有效值为

$$E_1 = 4.44f_1N_1\varphi_m \tag{6-2}$$
$$T_e = C_m\varphi_m I_2\cos\varphi_2 \tag{6-3}$$

式中：E_1 为旋转磁场切割定子绕组产生的感应电动势，V；f_1 为定子供电频率，Hz；N_1 为定子相绕组有效匝数；φ_m 为每极磁通量，Wb；T_e 为电磁转矩，N·m；C_m 为转矩常数；I_2 为转子电流折算至定子侧的有效值，A；$\cos\varphi_2$ 为转子电路的各功率因数。

如忽略定子上的内阻压降，则有

$$U_1 \approx E_1 = 4.44f_1N_1\varphi_m \tag{6-4}$$

式中：U_1 为定子相电压。

对异步电动机进行调速控制时，希望电动机的主磁通保持额定值不变。磁通太弱，则铁心利用不充分，同样的转子电流下，电磁转矩小，电动机的负载能力下降；磁通太强，则处于过励磁状态，使励磁电流过大，这就限制了定子电流的负载分量，为使电动机不过热，负载能力也要下降。

由式（6-2）和式（6-4）可见，φ_m 的值是由 E_1 或 U_1 和 f_1 共同决定的，对 E_1 或 U_1 和 f_1 进行适当的控制，就可以使气隙磁通 φ_m 保持额定值不变。下面分两种情况说明。

1. 基频以下的恒磁通（恒转矩）变频调速

在基频以下调速时，保持 U_1/f_1＝常数，即恒转矩调速。从基频（电动机额定频率 f_{1N}）

向下调速时，为了保持电动机的负载能力，应保持气隙主磁通 φ_m 不变。由于 $\phi_m \propto \dfrac{E_1}{f_1} \approx \dfrac{U_1}{f_1}$，这就要求降低供电频率的同时降低感应电动势，保持 E_1/f_1 ＝常数，即保持电动势与频率之比为常数进行控制。这种控制方式又称为恒磁通变频调速，属于恒转矩调速方式。

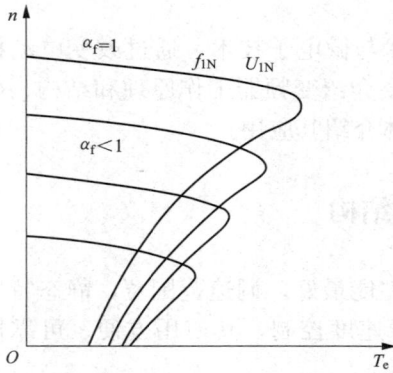

图 6-1　U_1/f_1 ＝常数时的近似
转矩机械特性

由于 E_1 难以直接检测和直接控制。当 E_1 和 f_1 值较高时，定子的漏阻抗压降相对比较小，可忽略不计，见式（4-4）中，$U_1 \approx E_1$，则可以近似保持定子相电压 U_1 和频率 f_1 比值为常数，即保持 U_1/f_1 ＝常数即可。这就是恒压频比控制方式，是近似的恒磁通控制。其机械特性曲线见图 6-1，其中 $\alpha_f = f_1/f_{1N}$。

当频率较低时，U_1 和 E_1 定子漏阻抗压降（主要是定子电性阻压降）不能再忽略。这种情况下，可以人为地适当提高定子电压以补偿定子电压降的影响，使气隙磁通基本保持不变。如图 6-2 所示，其中，曲线 1 为 $U_1/f_1 = C$ 时的电压、频率关系，曲线 2 为有电压补偿时（近似的 $E_1/f_1 = C$）的电压、频率关系。实际装置中 U_1 与 f_1 的函数关系并不简单的如曲线 2 所示。

通用变频器中 U_1 与 f_1 之间的函数关系有很多种，可以根据负载性质和运行状况加以选择。

2. 基频以上的弱磁（恒功率）变频调速

在基频以上调速，迫使主磁通与频率成反比降低，近似为恒功率调速。由基频开始向上调速时，频率由额定值 f_{1N} 向上增大，但电压 U_1 受额定电压 U_{1N} 限制不能再升高，只能保持 $U_1 = U_{1N}$ 不变。必然会使主磁通随着 f_1 的上升而减小，相当于直流电动机弱磁调速的情况，属于近似的恒功率调速方式。

综合上述两种情况，异步电动机变频调速的基本控制方式如图 6-3 所示。

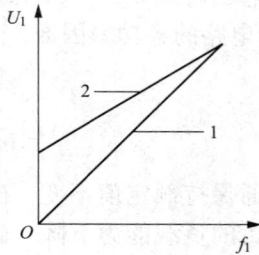

图 6-2　U/f 控制关系

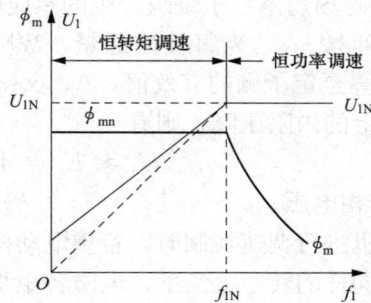

图 6-3　基本控制方式

6.1.2　变频器的基本构成

变频器的基本构成如图 6-4 所示，由主电路（包括整流器、中间直流环节、逆变器）和控制电路组成。

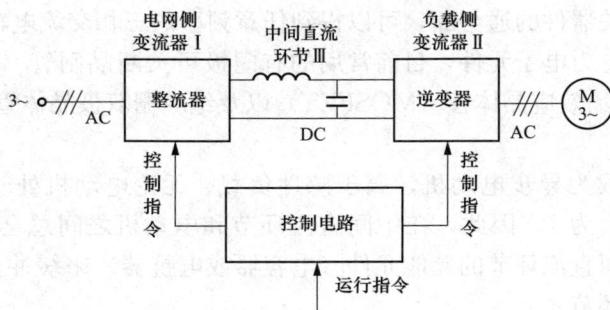

图 6-4　变频器的基本构成

1. 整流器

电网侧的变流器Ⅰ是整流器，它的作用是将三相（也可以是单相）交流电转换成直流电。

（1）整流器的种类。变频器中应用最多的是三相桥式整流电路。按使用的器件不向，整流电路可分为不可控整流电路和可控整流电路，如图 6-5 所示。不可控整流电路使用的器件为电力二极管（PD），可控整流电路使用的器件通常为普通晶闸管（SCR）。

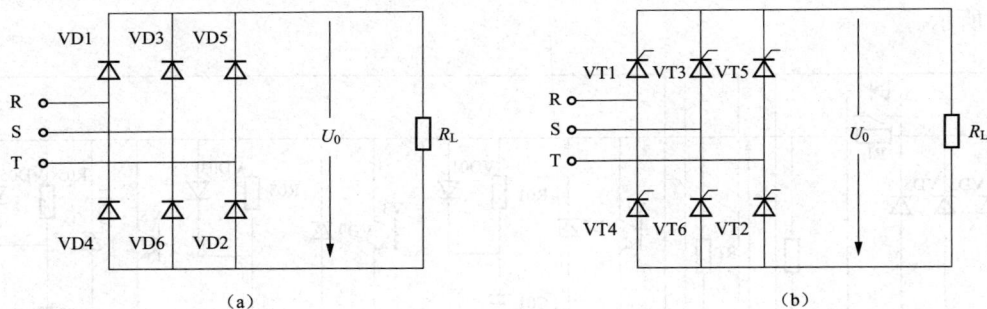

图 6-5　三相桥式整流电路

(a) 不可控整流电路；(b) 可控整流电路

（2）整流器中的电力电子元件

1）电力二极管（PD）。电力二极管是指可以承受高电压大电流具有较大耗散功率的二极管。电力二极管的内部结构是一个 PN 结，加正向电压导通，加反向电压截止，是不可控的单向导通器件。

2）普通晶闸管（SCR）。普通晶闸管是双极型电流控制器件。当对晶闸管的阳极和阴极两端加正向电，同时在它的门极和阴极两端也适当加正向电压，晶闸管开通。但导通后门极失去控制作用，不能用门极控制晶闸管关断，所以它是半控器件。关断时要使正向阳极电流减小到维持电流以下，或者在阳极和阴极间加反向电压。因此在逆变电路中使用时需要另设换流电路，造成电路结构复杂，增加了变频器的成本，但由于元件容量大，在 1000kVA 以上的大容量变频器中得到广泛应用。

2. 逆变器

负载侧的变流器Ⅱ为逆变器，其功能是将直流电转化为交流电。

（1）最常见的结构形式是利用六个半导体主开关器件组成的三相桥式逆变电路，有规律地控制逆变器中主开关器件的通与断，可以得到任意频率的三相交流电输出。

（2）逆变器中的电力电子元件，目前常用的有门极可关断晶闸管（GTO）、电力晶体管（GTR 或 BJT）、功率场效应晶体管（MOSFET）以及绝缘栅双极晶体管（IGBT）等。

3. 中间直流环节

由于逆变器的负载为异步电动机，属于感性负载。无论电动机处于电动或发电制动状态，其功率因数总不会为 1。因此，在中间直流环节和电动机之间总会有无功功率的交换。这种无功能量要靠中间直流环节的储能元件（电容器或电抗器）来缓冲。所以又称中间直流环节为中间直流储能环节。

4. 控制电路

控制电路通常由运算电路、检测电路、控制信号输入和输出电路、驱动电路等构成。其完成对逆变器的开关控制、对整流器的电压控制以及完成各种保护功能等，其控制方法可以采用模拟控制或数字控制。高性能的变频器目前已经采用微型计算机进行全数字控制，采用尽可能简单的硬件电路，靠软件来完成各种功能。由于软件的灵活性，数字控制方式常可以完成模拟控制方式难以完成的功能。

6.1.3　变频器的工作原理

最常见的变频器的主电路是脉宽调制（PWM）型的交—直—交变频器。其主电路如图 6-6 所示。

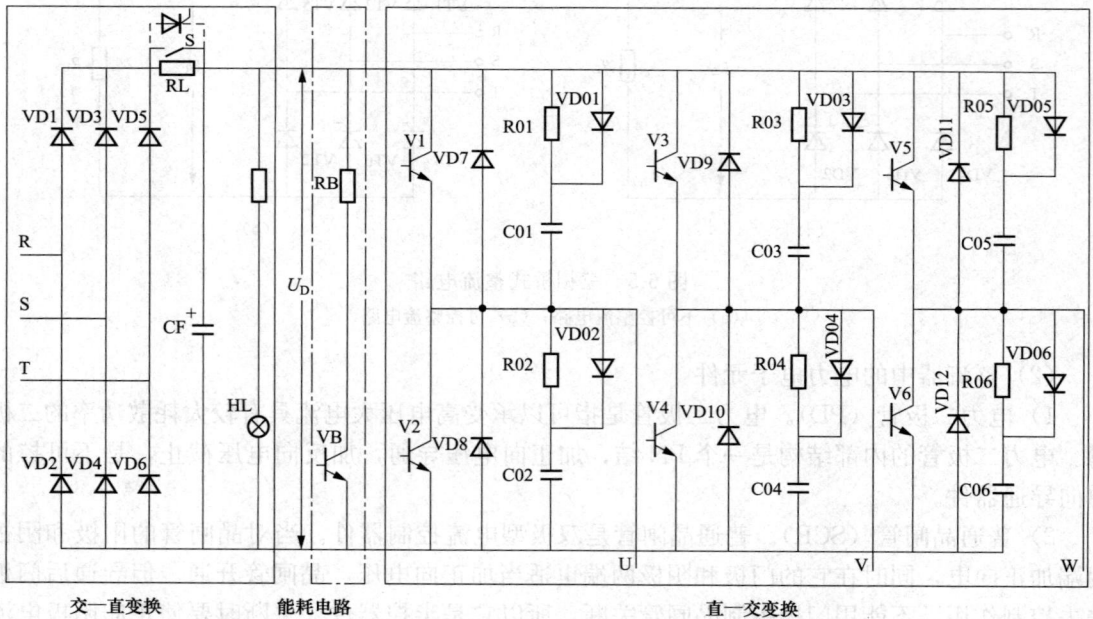

图 6-6　交—直—交变频器的主电路

1. 交—直部分

（1）三相桥式整流桥。由整流二极管 VD1～VD6 构成三相桥式整流电路，是将频率固定的三相交流电换成直流电。若电源的线电压为 U_L，则整流后的平均电压为 $U_D = 1.35 U_L$。

（2）滤波电容器 CF。其作用是滤平桥式整流后的电压纹波，使直流电压保持平稳。

（3）限流电阻 RL 和开关 S。在变频器电源接通的瞬间，滤波电容 CF 的充电电流很大，过大的冲击电流可能会损坏三相整流桥中的二极管。为了保护二极管，在电路中串入限流电阻 RL，从而将电容器 CF 的充电电流限制在允许的范围内。当 CF 充电到一定程度，令开关 S 接通，将 RL 短接掉。在许多新系列的变频器中，S 已由晶闸管代替，如图 6-6 中的虚线所示。

（4）电源指示 HL。HL 除表示电源是否接通外，还有一个重要的功能，即在变频器切断电源后，指示电容器 CF 上的电荷是否已释放完毕。

电容器 CF 的容量较大，而切断变频器电源又必须在逆变器电路停止工作状态下运行，所以 CF 没有快速放电电路，其中放电时间往往需要数分钟，而 CF 上的电压又太高，如不放完，将对人身安全构成威胁。故在维修时，必须等 HL 完全熄灭后才能接触变频器的内部带电部分。

2. 直—交部分

（1）逆变管 V1～V6 构成三相逆变桥。这六个逆变管是变频器实现变频的具体执行元件，是变频器的核心部分，它按一定规律轮流导通和截止，将直流电逆变成频率可调的三相交流电。

（2）续流二极管 VD7～VD12 的作用。

1）电动机是电感性负载，其电流具有无功分量。VD7～VD12 为无功电流返回直流电源时提供通道；

2）当频率下降、电动机处于再生制动状态时，再生电流将通过 VD7～VD12 返回直流电路；

3）在 V1～V6 进行逆变的基本工作过程中，同一桥臂的两个逆变管不停地交替导通和截止，在这交替导通和截止的过程中，需要 VD7～VD12 提供通路。

（3）缓冲电路。

1）每次逆变管 V1～V6 由导通状态切换成截止状态的关断瞬间，集电极（c 极）和发射极（e 极）间的电压 U_{CE} 将迅速地由接近 0V 上升至直流电压值 U_d。这过高的电压增长率将有可能导致逆变管的损坏。为了减小 V1～V6 在每次关断时的电压增长率，在电路中接入了电容器 C01～C06。

2）每次 V1～V6 由截止状态切换成导通状态的接通瞬间，C01～C06 上所充的电压（等于 U_d）将向 V1～V6 放电。此放电电流的初始值很大，将叠加到负载电流上，导致 V1～V6 的损坏。R01～R06 功能就是限制逆变管在接通瞬间 C01～C06 的放电电流。

3）当 R01～R06 接入时，会影响 C01～C06 在 V1～V6 关断时减小电压增长率的效果。为此接入 VD01～VD06，其功能是：

a）在 V1～V6 的关断过程中，使 R01～R06 不起作用；

b）在 V1～V6 的接通过程中，又迫使 C01～C06 的放电电流流经 R01～R06。

不同型号的变频器中，缓冲电路的结构也不尽相同。

3. 制动电阻和制动单元

（1）制动电阻 RB。电动机在工作频率下降过程中，将处于再生制动状态，拖动系统的动能将要反馈到直流电路中，使直流电压 U_D 不断上升，甚至可能达到危险的地步。因此，在电路中接入制动电阻 RB，用来消耗这部分能量，使 U_D 保持在允许范围内。

（2）制动单元 VB。由大功率晶体管 GTR 及其驱动电路构成制动单元 VB。其功能是为放电电流 I_B 流经 RB 提供通路。

在整流电路中采用自关断器件进行 PWM 控制，可使电网侧的输入电流接近正弦且功率因数接近于 1，有望达到彻底解决对电网的影响问题。

6.2　变频器的分类与特点

对交流电动机实现变频调速的装置称为变频器，其功能是将电网电压提供的恒压恒频 CVCF（Constant Voltage Constant Frequency）交流电变换为变压变频 VVVF（Variable Voltage Variable Frequency）交流电，变频伴随变压，对交流电动机实现无级调速。变频器的基本分类如图 6-7 所示。

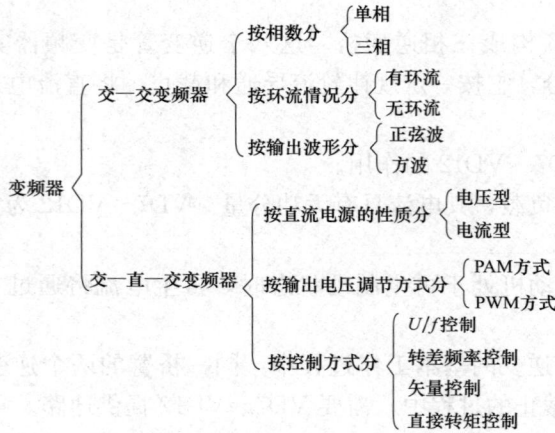

图 6-7　变频器基本分类

6.2.1　交流变频系统的基本形式

从交流变频调速的系统结构上来分可以分为交—交直接变频系统和交—直—交间接变频系统。

交—交变频器与交—直—交变频器的结构对比，如图 6-8 所示，可以看出：交—交变频器没有明显的中间滤波环节，电网交流电被直接变成可调频调压的交流电，又称为直接变频器。而交—直—交变频器先将电网交流电转换为直流电，经过中间滤波环节之后，再进行逆变才能转换为变频变压的交流电，故称为间接变频器。

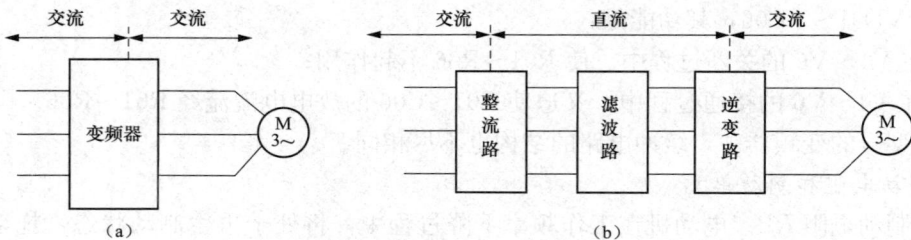

图 6-8　两种类型的变频器
（a）交—交变频器；（b）交—直—交变频器

6.2.2 变频器的特点

交—交变频器与交—直—交变频器的主要特点比较见表 6-1。

电流型与电压型交—直—交变频器的主要特点比较见表 6-2。

表 6-1   **交—交变频器与交—直—交变频器主要特点比较**

变频器类型 比较内容	交—交变频器	交—直—交变频器
换能方式	一次换能，效率较高	二次换能，效率略低
换流方式	电网电压换流	强迫换流或负载换流
装置元件数量	较多	较少
元件利用率	较低	较高
频率范围	输出最高频率为电网频率的 $1/3 \sim 1/2$	频率调节范围
电网功率因数	较低	如用可控整流桥调压，则低频低压时功率因数较低；如用斩波器或 PWM 方式调压，则功率因数高
适用场合	低速大功率拖动	可用于各种拖动装置，稳频稳压电源和不停电电源

表 6-2   **电流型与电压型交—直—交变频器主要特点比较**

变频器类型 比较内容	电流型	电压型
直流回路滤波环节	电抗器	电容器
输出电压波形	决定于负载，当负载为异步电动机时，近似正弦形	矩形
输出电流波形	矩形	取决于逆变器电压与负载电动机的电动势，近似正弦形，有较大的谐波分量
输出动态阻抗	大	小
再生制动	尽量整流器电流为单向，但 L_d 上电压反向容易再生制动方便，主回路不需要附加设备	整流器电流为单向且 C_d 上电压极性不容易改变，再生制动困难，需要在电源侧设置反并联有源逆变器
过电流及短路保护	容易	困难
动态特性	快	较慢，如用 PWM 则快
对晶闸管要求	耐压高，对关断时间无严格要求	耐压一般可较低，关断时间要求短
线路要求	较简单	较复杂
适用范围	单机、多机拖动	多机拖动，稳频稳压电源或不停电电源

6.3 变频器应用操作

6.3.1 变频器的接线与基本操作（以三菱 FR-A500 及 FR-A700 为例）

1. 变频器的接线

图 6-9 为 FR-A500 系列变频器的端子接线图。图 6-10 为 FR-A700 系列变频器的接线图。其中◎表示主回路接线端子，○表示控制回路输入接线端子，●表示控制回路输出接线端子。

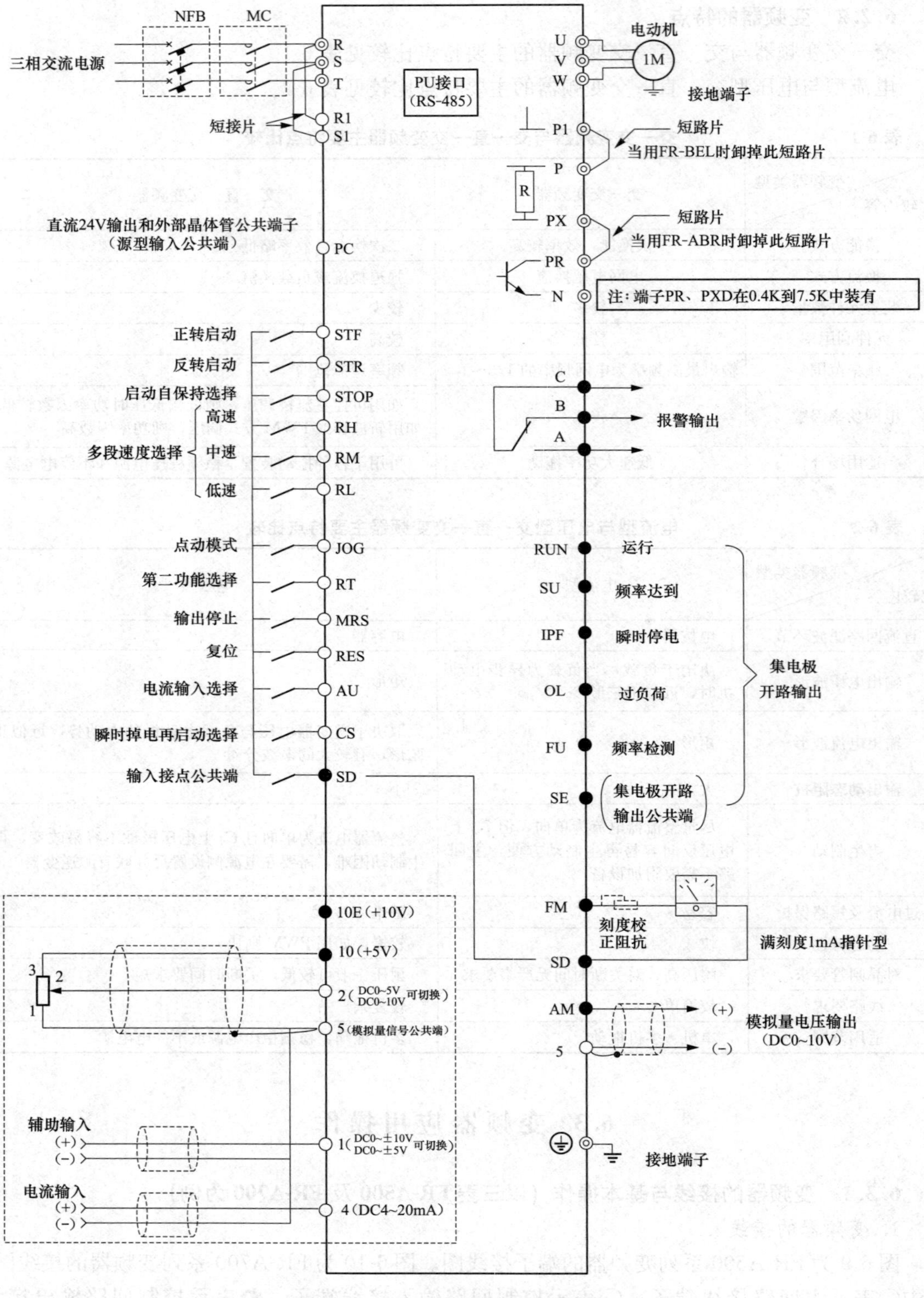

图 6-9　FR-A500 系列变频器接线图

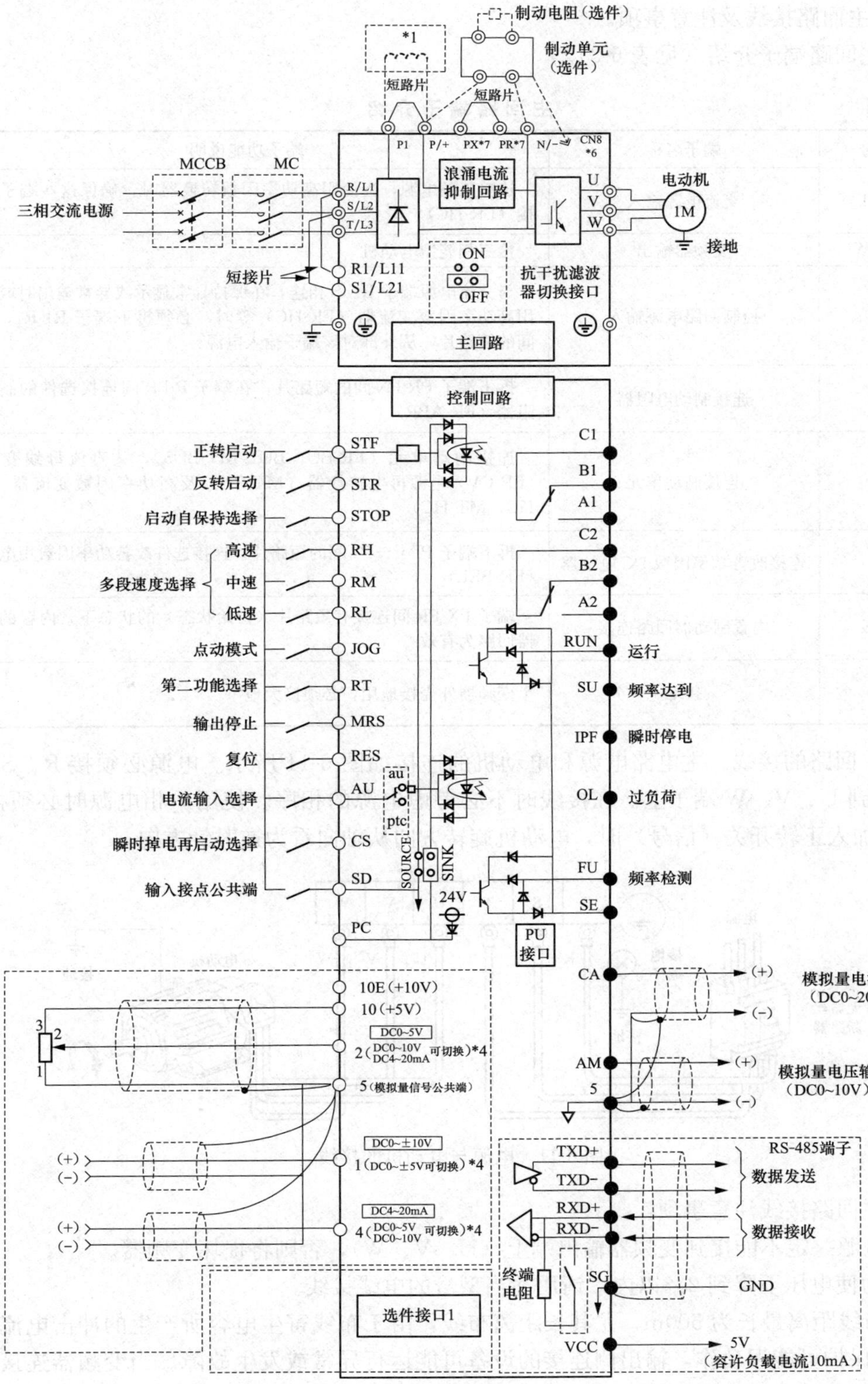

图 6-10　FR-A700 系列变频器接线图

（1）主回路接线及注意事项。

1）主回路端子介绍（见表 6-3）。

表 6-3　　　　　　　　　　　　主 回 路 端 子 介 绍

端子记号	端子名称	端子功能说明
R、S、T	交流电源输入	连接工频电源，当使用高功率因数转换器时，确保这些端子不连接（FR-HC）
U、V、W	变频器输出	接三相笼型电动机
R1、S1	控制回路电源输入	与交流电源端子 R、S 相连，在保持异常显示或异常输出时或当使用高功率因数变流器（FR-HC）等时，必须拆下端子 R1-R1，S-S1 间的短路片，从外部对该端子输入电源
P、PR	连接制动电阻器	拆下端子 PR-PX 间的短路片，在端子 P-PR 间连接选件的制动电阻器（FR-ABR）
P、N	连接制动单元	连接制动单元（FR-BU，BU，MT-BU5），共直流母线变流器（FR-CV）电源再生转换器（MT-RC）及高功率因数变流器（FR-HC，MT-HC）
P、P1	连接改善功率因数 DC 电抗器	拆下端子 P/＋－P1 间的短路片，连接选件改善功率因数用电抗器（FR-BEL）
PR、PX	内置制动器回路连接	端子 PX-PR 间连接有短路片（初始状态）的状态下，内置的制动器回路为有效
⏚	接地	变频器外壳接地用，必须接大地

2）主回路的接线。主电路电源和电动机的连接如图 6-11 所示。电源必须接 R、S、T，电动机接到 U、V、W 端子上。在接线时不必考虑电源的相序。使用单相电源时必须接 R、S 端。当加入正转开关（信号）时，电动机旋转方向从轴向看为逆时针方向。

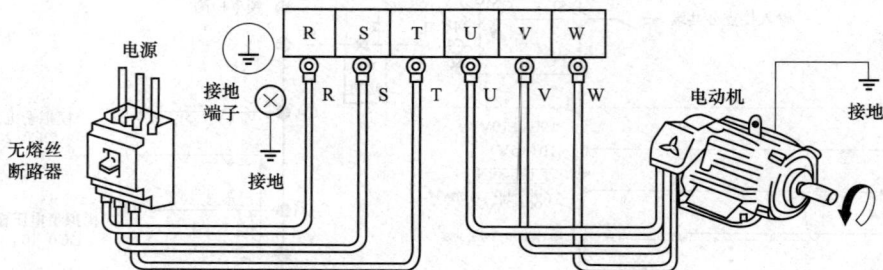

图 6-11　电源与电动机的接线

3）主回路接线注意事项：

a）电源一定不能接到变频器输出端上（U、V、W），否则将损坏变频器。

b）为使电压下降到 2％以内，请用适当型号的电线接线。

c）布线距离最长为 500m，尤其长距离布线，由于布线寄生电容所产生的冲击电流会引起过电流保护可能误动作，输出侧连接的设备可能运行异常或发生故障。当变频器连接两台以上电动机，总布线距离必须在要求范围以内。

d）在 P 和 PR 端子间建议连接制定的制动电阻选件，端子间原来的短路片必须拆下。

e）电磁波干扰变频器输入/输出（主回路）包含有谐波成分，可能干扰变频器附近的通信设备（如 AM 收音机）。因此，安装选件无线电噪声滤波器 FR-BIF（仅用于输入侧）或 FR-BSF01 或 FR-BOF 线路噪声滤波器，使干扰降至最小。

f）不要安装电力电容器，浪涌抑制器和无线电噪声滤波器（FR-BIF 选件）在变频器输出侧。这将导致变频器故障或电容和浪涌抑制器的损坏。

g）运行后，改变接线的操作，必须在电源切断 10min 以上，用万用表检查电压后进行。断电后一段时间内，电容上仍然有危险的高压电。

h）如果控制电源与主回路电源分开时，主回路电源（端子 R、S、T）处于 ON 时，不要使控制电源（端子 R1、S1）处于 OFF，否则会损坏变频器。

（2）控制回路输入开关信号接线端子介绍。输入信号出厂设定为漏型逻辑。在这种逻辑中，信号端子接通时，电流是从相应输入端子流出。端子 SD 是触点输入信号的公共端，其输入接线原理图如图 6-12 所示。

1）正转启动信号（STF）：STF 信号处于 ON 便正转，处于 OFF 便停止。程序运行模式时为程序运行开始，（ON 开始，OFF 停止）。

2）反转启动信号（STR）：STR 信号 ON 为逆转，OFF 为停止。当 STF 和 STR 信号同时 ON 时，相当于给出停止指令。

图 6-12　控制回路输入接线原理图

3）启动自保持选择信号（STOP）：使 STOP 信号处于 ON，可以选择启动信号自保持。

4）输出停止 MRS：MRS 信号为 ON（20ms 以上）时，变频器输出停止。当用电磁制动停止电动机时，MRS 用于断开变频器的输出。

5）复位 RES：MRS 信号为 ON 时，变频器输出停止。当用电磁制动停止电动机时，RES 用于断开变频器的输出。

6）输入信号中具有功能设定端子的有 RL、RM、RH、RT、AU、JOG、CS，这些端子功能选择通过 Pr.180～Pr.186 来设定。输入端子功能设定意义见表 6-4。

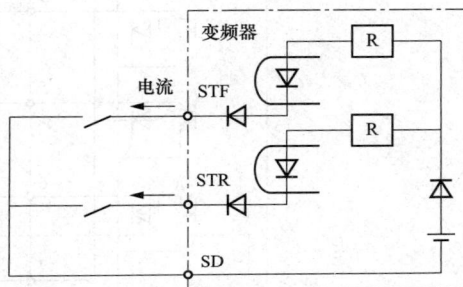

表 6-4　　　　　　　　　　　　　输入端子功能设定意义

功能	参数号	端子符号	出厂值	出厂设定端子功能	设定范围
端子安排功能	180	RL	0	低速运行指令（RL）	0～99.9999
	181	RM	1	中速运行指令（RM）	0～99.9999
	182	RH	2	高速运行指令（RH）	0～99.9999
	183	RT	3	第二功能选择（RT）	0～99.9999
	184	AU	4	电流输入选择（AU）	0～99.9999
	185	JOG	5	点动运行选择（JOG）	0～99.9999
	186	CS	6	瞬时掉电自动在启动选择（CS）	0～99.9999

7）公共输入端子（漏型）SD：接点输入端子（漏型）的公共端子（见图 6-13）。

8）外部晶体管输出公共端，DC24V 电源接点输入公共端（源型）PC：DC24V，0.1A 电源。不要将变频器 SD 端子与外部电源 0V 端子相连，另外把端子 PC-SD 间作为 DC24V 电源使用时，不要在变频器外部设置并联电源，否则有可能发生因回流造成的误动作（见图 6-13）。

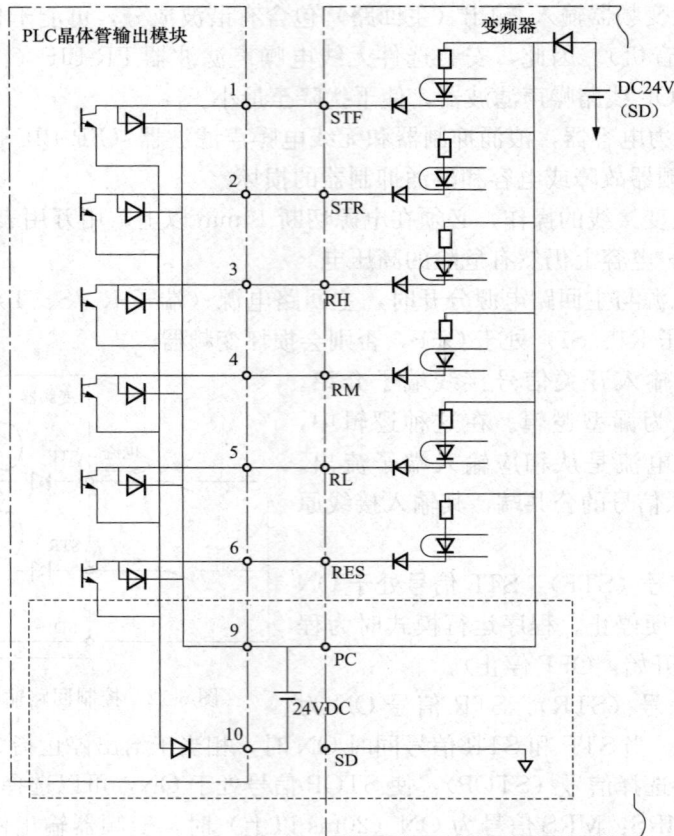

图 6-13 PLC 晶体管输出到变频器
由外电源供电的接线方法

（3）控制回路模拟量频率输入端子。

1）频率设定用电源（10E、10）：10E 接 DC10V，10 接 DC5V，允许负荷电流 10mA。

2）频率设定电压输入端 2：输入 0～5VDC（或 0～10VDC）时 5V（10VDC）对应于为最大输出频率。输入、输出成比例。用参数单元进行输入直流 0～5V（出厂设定）和 0～10VDC 的切换。

3）频率设定电流输入端 4：DC4～20mA，20mA 为最大输出频率，只在端子 AU 信号处于 ON 时，该输入信号有效（否则端子 2 的输入将无效）。

4）辅助频率设定端 1：输入 0～±5VDC 或 0～±10VDC 时，端子 2 或 4 的频率设定信号与这个信号相加。用参数单元进行输入 0～±5VDC 或 0～±10VDC（出厂设定）的切换。

5）频率设定公共端 5：频率设定信号（端子 2、1 或 4）和模拟输出端子 AM 的公共端子。不能接大地。

（4）控制路输出信号端子简介。输出信号均可使用漏型逻辑及源型逻辑，通常选用正（漏型）逻辑，变频器 RUN 输出信号结构如图 6-14 所示，端子 SD 是集电极开路输入信号的公共端，其他输出信号端子功能设定意义见表 6-5。

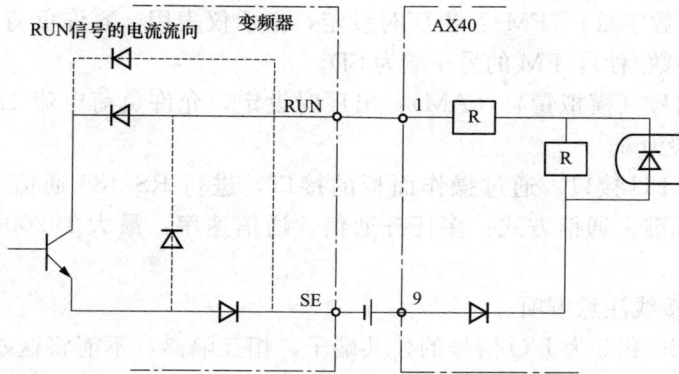

图 6-14　控制回路输出接线原理图

表 6-5　　　　　　　　　　　　　　　　输出信号端子功能设定意义

功能	参数号	端子符号	出厂值	出厂设定端子功能	设定范围
端子安排功能	190	RUN	0	变频器运行	0～1999999
	191	SU	1	频率到达	0～1999999
	192	IPF	2	瞬时掉电/低电压	0～1999999
	193	OL	3	过负荷报警	0～1999999
	194	FU	4	输出频率检测	0～1999999
	195	A、B、C	99	报警输出	0～1999999

1) 报警输出 (A、B、C):指示变频器因保护功能动作而停止输出的转换接点。

正常时:A-C (OFF),B-C (ON);故障时:A-C (ON),B-C (OFF)。

接点参数:AC230V、0.3A;DC 30V、0.3A。

2) 输出智能端子 (RUN、SU、OL、IPF、FU 及公共端 SE):每个端子有 21 种功能,可通过功能指令设定其中一种功能运行。

a) 变频器正在运行 (RUN):出厂时设定,变频器输出频率为启动频率以上时为低电平 (集电极开路输出的晶体管处于导通)。变频器停止或直流制动状态时为高电平 (晶体管处于断开)。端点参数:DC24V、0.1A。

b) 频率到达 (SU):出厂时设定,变频器输出频率达到设定频率的 $\pm10\%$ 时为 ON,正在加、减速或停止时为 OFF。

c) 过负荷报警 (OL):出厂时设定,当失速保护动作时为 ON,失速保护解除,恢复正常时为 OFF。

d) 瞬时停电 (IPF):出厂时设定瞬时停电,电压不足保护动作时为 ON,恢复正常后为 OFF。

e) 频率检测 (FU):出厂时设定输出频率为设定频率以上时为 ON,为以下为 OFF。

f) 公共端 (SE):是 5 个输出端子的公共端,集电极开路输出的公共端。

3) 输出监视端子 (FM、AM):也是智能端子,可以从 16 种监视项目中选一种作为输出。

　　a）输出频率（数字量）（FM）：出厂时设定，指示仪表用，容许负荷电流 2mA、60Hz 时，1440P/s（脉冲数/秒），FM 的另一端为 SD。

　　b）输出电压信号（模拟量）（AM）：出厂时设定，允许负荷电流 1mA，电压 DC0～10V。AM 的另一端为 5。

　　4）通信接口，PU 接口。通过操作面板的接口，进行 RS-485 通信（串口）。通信标准：EIA FR-485 标准。通信方式：多任务通信。通信速率：最大 19200bit/s。最长距离：500m。

　　（5）控制回路接线注意事项。

　　1）端子 SD、SE 和 5 为 I/O 信号的公共端子，相互隔离，不能将这些公共端子互相连接或接地。

　　2）控制回路端子的接线应使用屏蔽线或双绞线，而且必须与主回路、强电回路（含 200V 继电器程序回路）分开布线。

　　3）由于控制回路的频率输入信号是微小电流，所以在接点输入的场合，为了防止接触不良，微小信号接点应使用两个并联的接点或使用双生接点。

　　4）控制回路建议用 $0.75mm^2$ 的电缆接线。如果使用 $1.25mm^2$ 或以上的电缆，在布线太多和布线不恰当时，前盖将盖不上，导致操作面板或参数单元接触不良。

　　5）漏—源逻辑转换跳线必须只能安装在其中一个位置上。如果，在两个位置上同时安装有跳线，将会损坏变频器。

　　2. 变频器的基本操作

　　（1）变频器的操作面板（FR-DU04）。三菱变频器的操作面板主要有两种形式，现分别介绍操作面板 FR-A500 系列（FR-DU04）和 FR-A700 系列（FR-DU07）。

　　操作面板的各部分名称，如图 6-15 所示。面板上单位指示和运行状态指示说明见表 6-6。

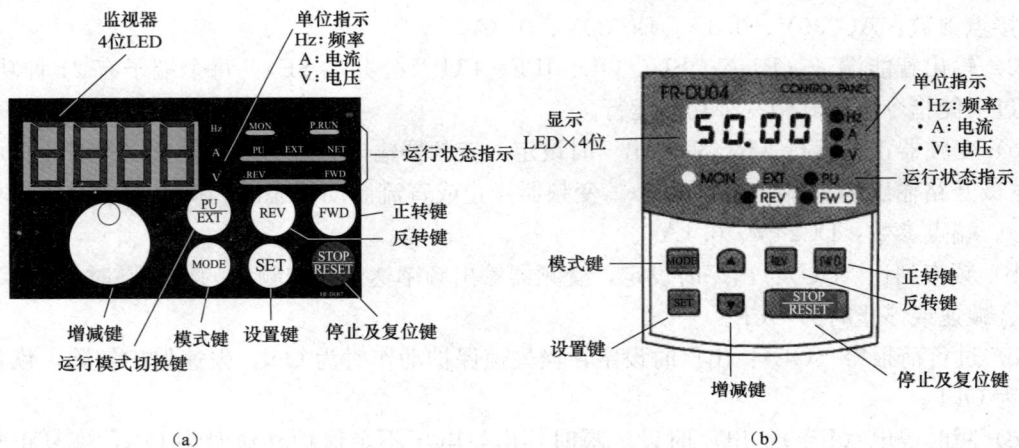

（a）　　　　　　　　　　　　　　　（b）

图 6-15　操作面板的名称

（a）FR-A700 系列变频器操作面板（FR-DU07）；（b）FR-A500 系列变频器操作面板（FR-DU04）

　　（2）操作面板的基本功能。操作面板可以实现改变监视模式、设定运行频率、设定参数、显示错误、报警记录清除、参数复制等功能，具体见表 6-7。

表 6-6　　　　　　　　　　　　　单位指示和运行状态指示说明

按键	说明	按键	说明
Hz	显示频率时点亮	EXT	外部操作模式时点亮
A	显示电流时点亮	NET	网络运行模式时亮灯
V	显示电压时点亮	FWD	正转时闪烁
MON	监视显示模式时点亮	REV	反转时闪烁
PU	PU 操作模式时点亮		

表 6-7　　　　　　　　　　　　　　操作面板各按键功能

（FR-DU07）按键	（FR-DU04）按键	功能说明
MODE	MODE 键	可用于选择操作模式或设定模式
SET	SET 键	用于确定频率和参数的设定
▲/▼	▲/▼ 键	在设定模式下按下此键，则可连续设定参数
FWD	FWD 键	用于给出正转指令
REV	REV 键	用于给出反转指令
	STOP RESET 键	用于停止运行 用于保护功能动作、输出停止时，复位变频器
PU EXT	无	运行模式切换：PU 进行与外部运行模式切换

1）按［MODE］键改变监视显示，如图 6-16 所示。

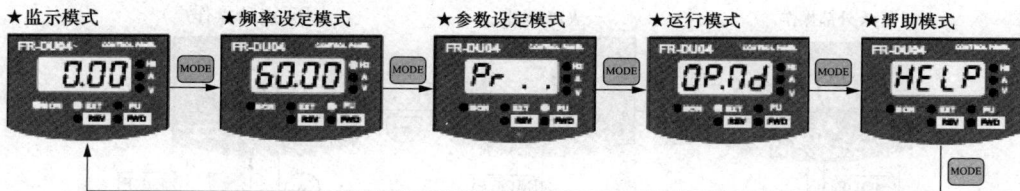

图 6-16　监视显示

2）监视显示模式，如图 6-17 所示。监视器模式有三种：输出频率、输出电压或输出电流显示。在监视器模式中按［SET］键可以进行输出频率、输出电压或输出电流的循环切换，从而实现显示电动机的频率（Hz 灯亮）、电压（V 灯亮）或电流（A 灯亮）等各种信息。监视器显示运转中也能改变。具体操作如下。

EXT 指示灯亮表示外部操作；PU 指示灯亮表示 PU 操作；EXT 和 PU 指示灯亮表示 PU 和外部操作组合方式。

a）按下标有 *1 的［SET］键超过 1.5s 能将监视模式改为上电监视模式。

b）按下标有 *2 的［SET］键超过 1.5s 能显示包括最近 4 次的错误指示。

c）在外部操作模式下转换到参数设定模式。

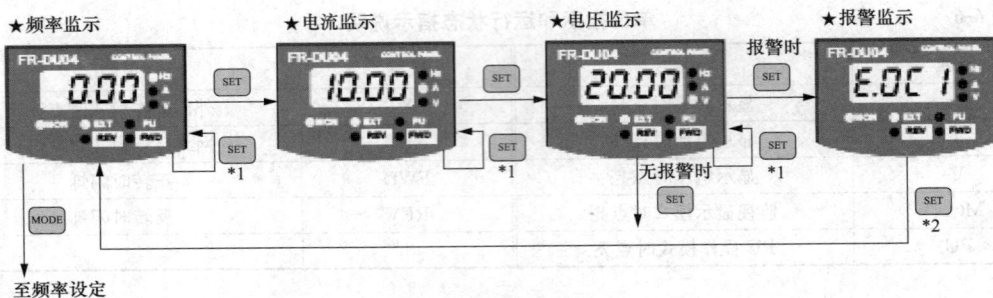

图 6-17　显示内容切换

3）频率设定模式。在 PU 操作模式下设定运行频率，如图 6-18 所示。

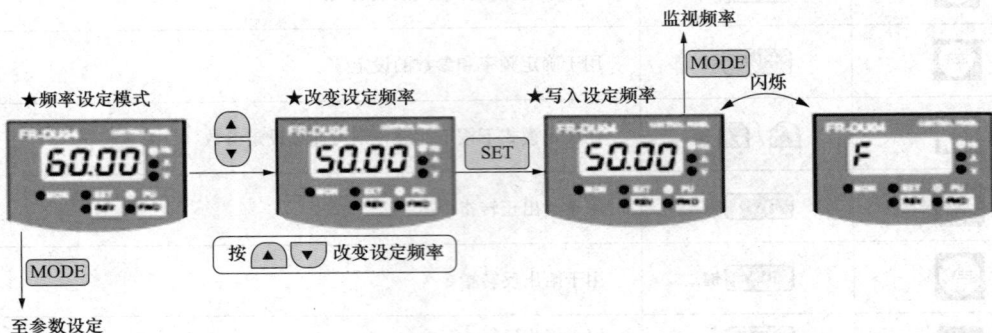

图 6-18　频率设定

4）操作模式设定。操作模式转换的条件是 Pr.79＝0。如果外部操作"EXT"灯亮，即外部输入信号 STF 或 STR 为 ON 时，也无法转换操作模式。操作模式设定如图 6-19 所示。

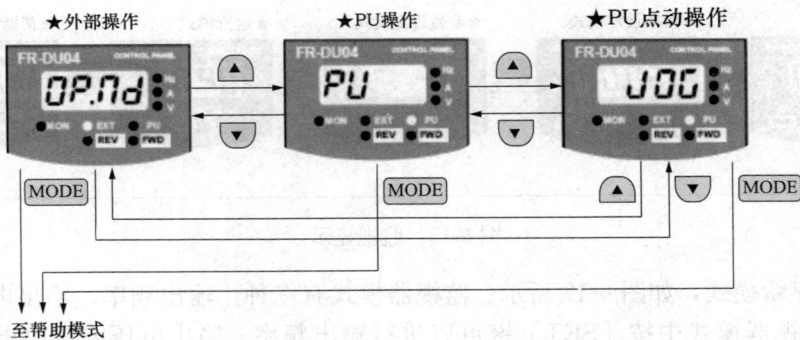

图 6-19　操作模式设定

5）参数设定方法。

a）一个参数值的设定既可以用数字键设定也可以用［增减］键增减。

b）按下［SET］键 1.5s 写入设定值并更新。

例如，将 Pr.79"运行模式选择"设定值从"2"（外部操作模式）变更到"1"（PU 操作模式）时，操作方法如图 6-20 所示。

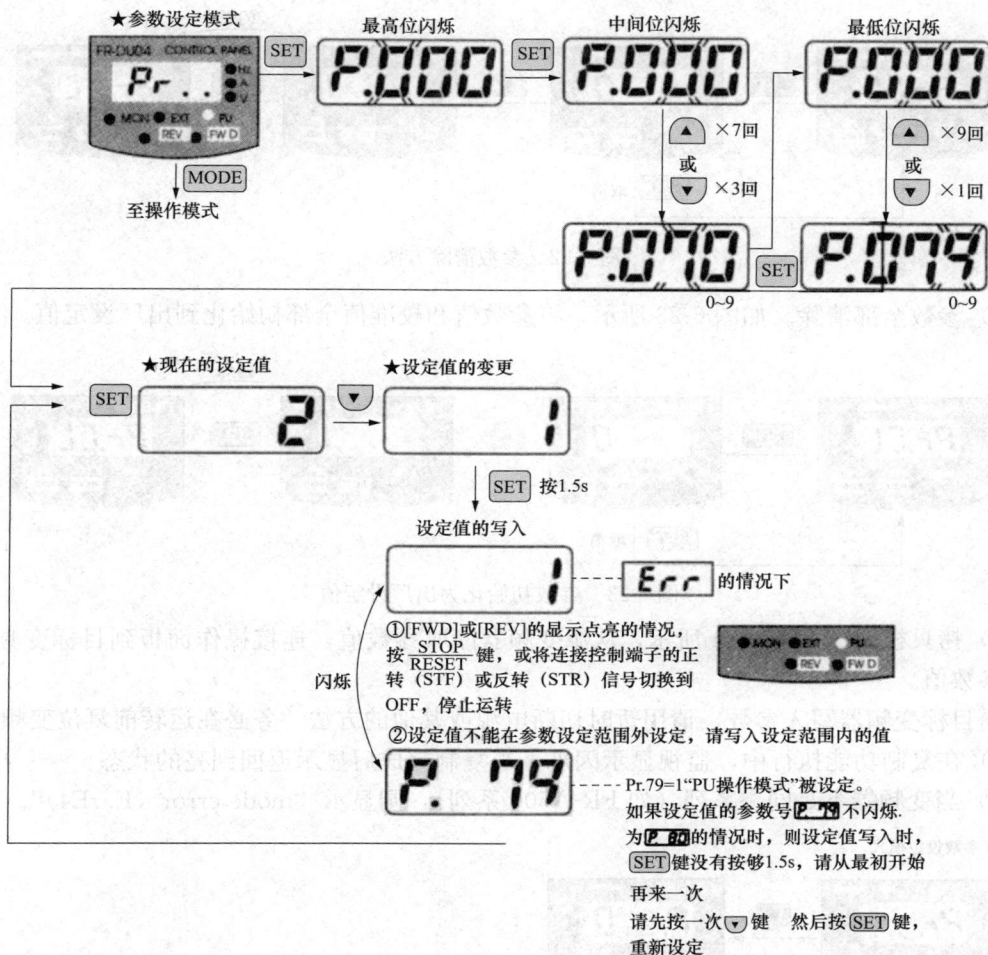

图 6-20　参数设定操作方法

6）帮助模式。当要查看报警记录、清除参数等必须在帮助模式下才能操作，如图 6-21 所示。

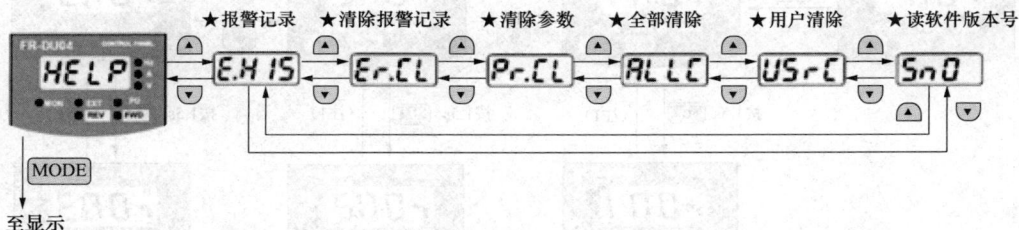

图 6-21　帮助模式操作

7）参数清除。

a）参数清除示例。如图 6-22 所示，将参数值初始化到出厂设定值，校准值不被初始化。Pr.77 设定为"1"时（即选择参数写入禁止），参数值不能被消除。

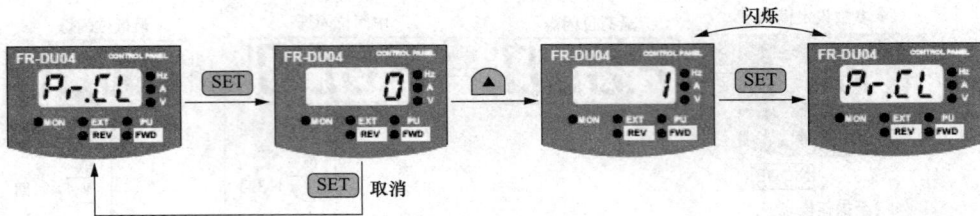

图 6-22　参数清除方法

b）参数全部清除。如图 6-23 所示，将参数值和校准值全部初始化到出厂设定值。

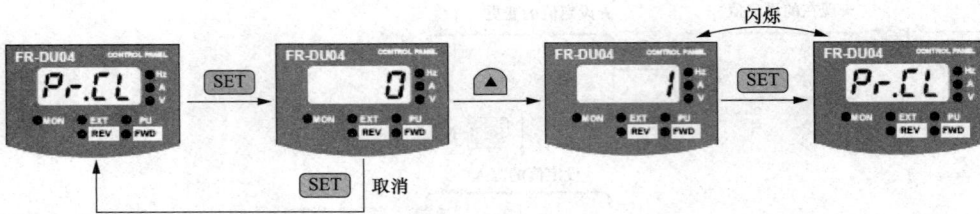

图 6-23　参数初始化为出厂设定值

8）拷贝模式。如图 6-24 所示，从源变频器读取参数值，连接操作面板到目标变频器并写入参数值。

向目标变频器写入参数，请用暂时切断电源或其他的方法，务必在运转前复位变频器。

a）在复制功能执行中，监视显示闪烁，当复制完成后显示返回到亮的状态。

b）当变频器不是同一系列（如 FR-A500 系列），则显示 "mode error（E. rE4）"。

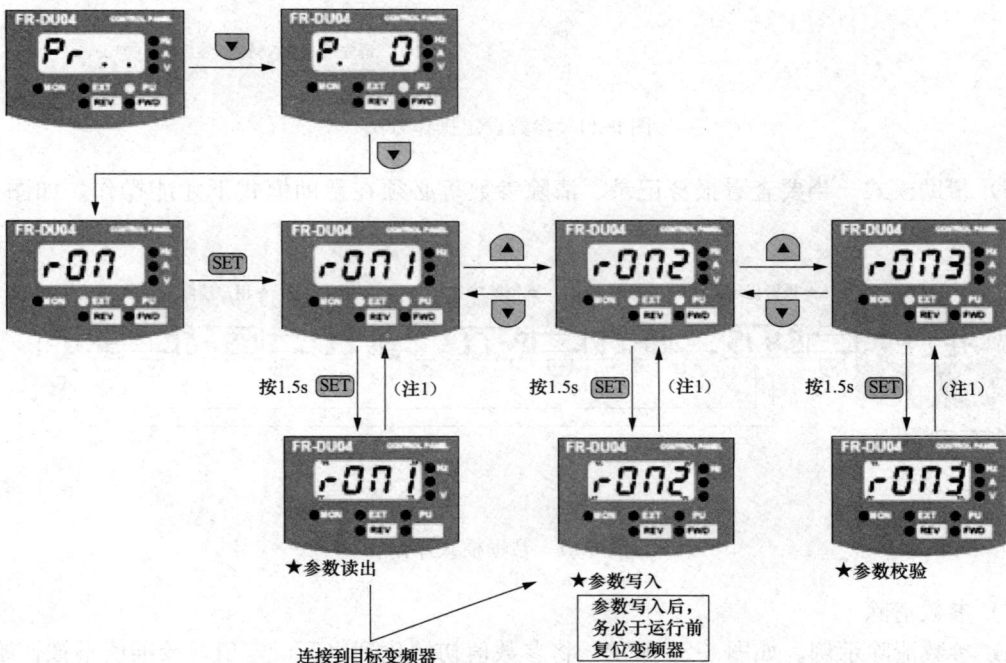

图 6-24　拷贝操作

根据上述的基本操作步骤，以"全都清除"的操作为例来说明变频器的基本操作。

为了实验能顺利，在实验开始前宜进行一次"全部清除"操作，使变频器的参数全部恢复到出厂设定值。步骤如下（见图 6-25）：

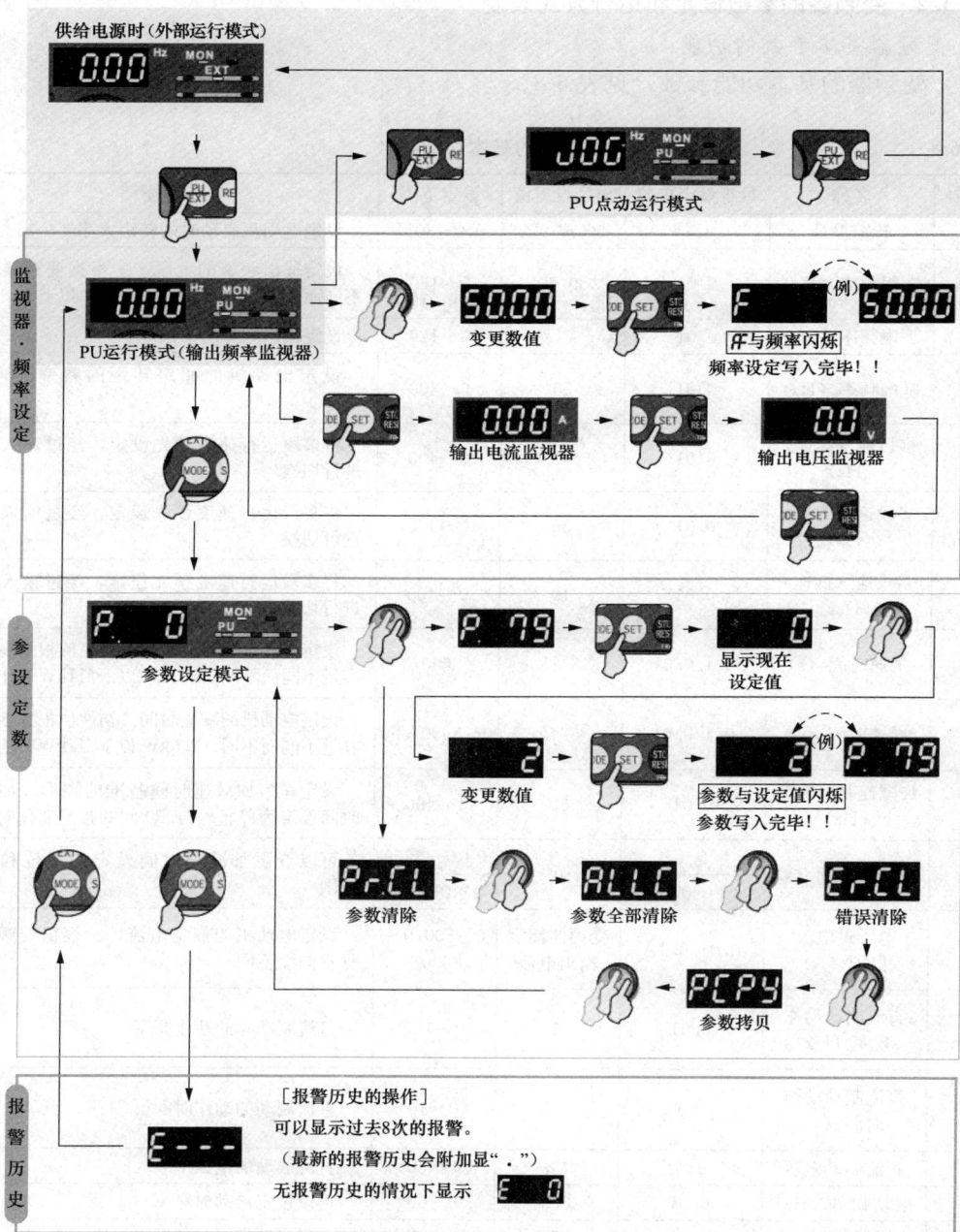

图 6-25 FR-DU07 操作面板的综合操作

a）设定操作模式 Pr.79＝1 或 0，确认变频器 PU 灯亮，即使变频器工作在 PU 操作模式。

b）按［MODE］键至"帮助模式"。

c) 按［增/减］键至"全部清除"（ALLC）。

d) 按［SET］键出现"0"，按［增/减］键将"0"改为"1"。

e) 按［SET］键 1.5s 即可。

6.3.2 变频器的参数设定和运行方式改变

1. 变频器基本参数的功能

（1）变频器的基本功能参数，见表 6-8。

表 6-8　　　　　　　　　　　　　　变频器的基本功能参数

参数编号	名称	最小设定单位	出厂设定值	设定范围	用途
0	转矩提升	1%	3%或2%	0%～30%	设定电动机启动时的转矩大小
1	上限频率（Hz）	0.01	50/60	0～120	设定输出频率的上限。＊根据变频器容量不同而不同（55kW以下/75kW以上）
2	下限频率（Hz）	0.01	0	0～120	设定输出频率的下限
3	基准频率（Hz）	0.01	50	0～400	设定电动机的额定转距的频率（50Hz/60Hz）
4	多段速（高速）（Hz）	0.01	60	0～400	将多段运行速度预先设定，经过输入端子进行切换
5	多段速（中速）（Hz）	0.01	30	0～400	将多段运行速度预先设定，经过输入端子进行切换
6	多段速（低速）（Hz）	0.01	10	0～400	将多段运行速度预先设定，经过输入端子进行切换
7	加速时间（s）	0.1/0.01	5/15	0～3600/360	设定电动机的加速时间。初使值根据变频器容量不同而不同（7.5kW以下/11kW以上）
8	减速时间（s）	0.1/0.01	5/15	0～3600/360	设定电动机的减速时间。初使值根据变频器容量不同而不同（7.5kW以下/11kW以上）
20	加减速基准频率（Hz）	0.01	50	1～400	设定作为加减速时间基准的频率。加减速时间设定为停止～Pr.20间的频率变化时间
21	加减速时间（s）	0.1 / 0.01	0	0：0～3600 / 1：0～360	可以变更加减速时间设定的单位和设定范围
9	电子过电流保护（A）	0.01/0.1A	变频器额定输出电流	0～500/0～3600A	设定电动机的额定电流，＊根据变频器容量不同而不同
10	直流制动动作频率（Hz）	0.01	3	0～120	直流制动时的动作频率
11	直流制动动作时间（s）	0.1	0.5	0～10	直流制动的动作时间
12	直流制动电压	1%	4%	0%～30%	直流制动的电压
13	启动频率（Hz）	0.01	0.5	0～60	可以设定启动时频率
15	点动频率（Hz）	0.01	5	0～400	设定点动运行时的频率
16	点动加减速时间（s）	0.1/0.01	0.5	0～3600/360	设定点动运动时的加减速时间。加减速时间设定为加减速到Pr.20中设定的加减速基准频率的时间（初使值为50Hz）加减时间不能另外设定

续表

参数编号	名称	最小设定单位	出厂设定值	设定范围	用途
14	适用负荷选择	1	0	0～5	选择与负载特性最适宜的输出特性（U/f 特性）
17	MRS 端子输入选择		0	0, 2	用于选择 MRS 端子的逻辑。当 MRS 信号为 ON 时，变频器停止输出
77	参数禁止写入选择	1	0	0, 1, 2	用于参数写入禁止或允许，主要用于参数被意外改写
78	逆转防止选择	1	0	0, 1, 2	可以防止由于启动信号的误动作产生的逆转事故
79	运行模式选择	1	0	0～7	选择启动指令场所和频率设定场所

（2）基本功能参数的功能。

1）转矩提升（Pr.0）。转矩提升主要用于设定电动机启动时的转矩大小。通过设定此参数，补偿电动机绕组上的电压降，改善电动机低速时的转矩性能。假定基底频率电压为 100%，用百分数设定 0 时的电压值。设定过大，将导致电动机过热；设定过小，启动力矩不够，一般最大值设定为 10%，如图 6-26 所示。

2）上限频率（Pr.1）和下限频率（Pr.2）。

a）频率的限制功能。根据生产机械所要求的最高与最低转速，以及电动机与生产机械之间的传动比，可以推算出相对应的频率，分别称为上限频率（用 f_H 表示）与下限频率（用 f_L 表示）。

b）上限频率与最高频率的关系。上限频率小于最高频率，上限频率比最高频率优先。这是因为，上限频率是根据生产机械的要求来决定的，所以具有优先权。

Pr.1 设定输出频率的上限，如果运行频率设定值高于此值，则输出频率被钳位在上限频率；Pr.2 设定输出频率的下限，若运行频率设定值低于这个值，运行时被钳位在下限频率值上。在这两个值确定之后，电动机的运行频率就在此范围内设定，如图 6-27 所示。

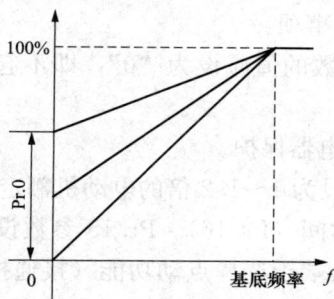

图 6-26　Pr.0 参数功能图　　　　图 6-27　Pr.1、Pr.2 参数功能图

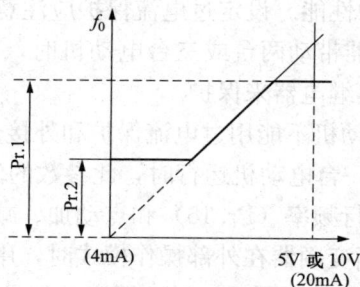

3）基底频率（Pr.3）。基底频率主要用于调整变频器输出到电动机的额定值。当用标准电动机时，通常设定为电动机的额定频率；当需要电动机运行在工频电源与变频器切换时，设定与电源频率相同。

4）多段速度（Pr.4、Pr.5、Pr.6）。用此参数将多段运行速度预先设定，经过输入端子进行切换。各输入端子的状态与参数之间的对应关系见表 6-9。

表 6-9   各输入端子的状态与参数之间的对应关系表

输入端子状态	RH	RM	RL	RM、RL	RH、RL	RH、RM	RH、RM、RL
参数号	Pr.4	Pr.5	Pr.6	Pr.24	Pr.25	Pr.26	Pr.27

Pr.24、Pr.25、Pr.26 和 Pr.27 也是多段速度的运行参数，与 Pr.4、Pr.5、Pr.6 组成其中速度的运行。

设定多段速度参数时应注意以下几点：

a）在变频器运行期间，每种速度（频率）均能在 0~400Hz 范围内被设定。

b）多段速度在 PU 运行和外部运行时都可以设定。

c）多段速度比主速度优先。

d）运行期间参数值可以改变。

e）以上各参数之间的设定没有优先级。

在以上七种速度的基础上，借助于端子 REX 信号，又可实现八种速度，其对应的参数是 Pr.232~Pr.239，见表 6-10。

表 6-10   各端子的状态与参数之间的对应关系表

参数号	REX	REX、RL	REX、RM	REX、RM、RL	REX、RH	REX、RH、RL	REX、RH、RM	REX、RH、RM、RL
对应端子	Pr.232	Pr.233	Pr.234	Pr.235	Pr.236	Pr.237	Pr.238	Pr.239

注 REX 端子通过 Pr.180~Pr.186 的参数设定来确定。

5）加、减速时间（Pr.7、Pr.8）及加、减速基准频率（Pr.20）。Pr.7、Pr.8 用于设定电动机加速、减速时间。Pr.7 的值设得越大，加速时间越长；Pr.8 的值设得越大，减速越慢。Pr.20 是加、减速基准频率，Pr.7 设的值就是从 0Hz 加速到 Pr.20 所设定的基准频率的时间，Pr.8 设定的值就是从 Pr.20 所设定的基准频率减速到 0Hz 的时间，如图 6-28 所示。

6）电子过电流保护（Pr.9）。通过设定电子过电流保护的电流值，可防止电动机过热，得到最优的保护性能。设定过电流保护应注意以下事项：

a）当变频器带动两台或三台电动机时，此参数的值应设为"0"，即不起保护作用，每台电动机外接热继电器来保护。

b）特殊电动机不能用过电流保护和外接热继电器保护。

c）当控制一台电动机运行时，此参数的值应设为 1~1.2 倍的电动机额定电流。

7）点动运行频率（Pr.15）和点动加、减速时间（Pr.16）。Pr.15 参数设定点动状态下的运行频率。当变频器在外部操作模式时，用输入端子选择点动功能（接通控制端子 SD 与 JOG 即可）；当点动信号 ON 时，用启动信号（STF 或 STR）进行点动运行；在 PU 操作模式时用操作单元上的操作键（FWD 或 REV）实现点动操作。用 Pr.16 参数设定点动状态下的加、减速时间，如图 6-29 所示。

8）直流制动相关参数（Pr.10、Pr.11、Pr.12）。Pr.10 是直流制动时的动作频率，Pr.11 是直流制动时的动作时间（作用时间），Pr.12 是直流制动时的电压（转矩），通过这三个参数的设定，可以提高停止的准确度，使之符合负载的运行要求，如图 6-30 所示。

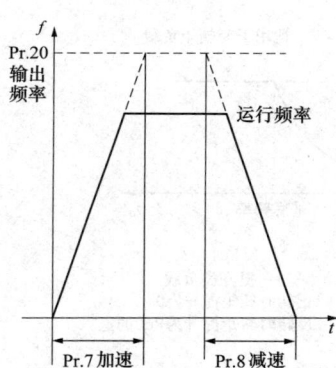

图 6-28　Pr.7、Pr.8 参数功能图

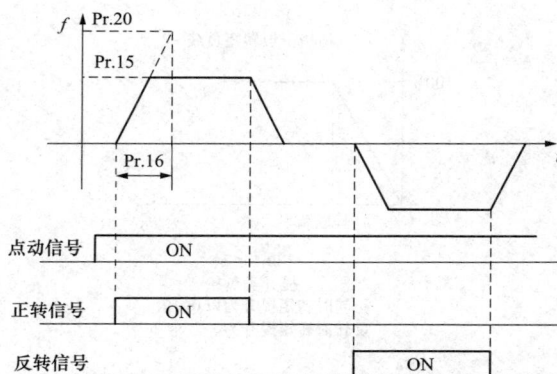

图 6-29　Pr.15、Pr.16 参数功能图

9）启动频率（Pr.13）。Pr.13 参数设定电动机开始启动时的频率。如果频率（运行频率）设定值较此值小，电动机不运转；若 Pr.13 的值低于 Pr.2 的值，即使没有运行频率（即为"0"），启动后电动机也将运行在 Pr.2 的设定值，如图 6-31 所示。

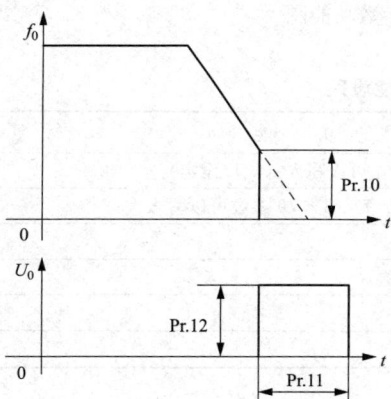

图 6-30　Pr.10、Pr.11、Pr.12 参数功能图

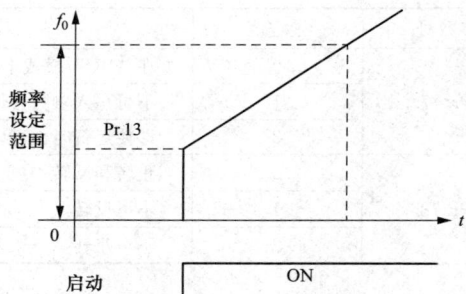

图 6-31　Pr.13 参数功能图

10）负载类型选择参数（Pr.14）。用此参数可以选择与负载特性最适宜的输出特性（U/f 特性），如图 6-32 所示。

11）参数禁止写入选择（Pr.77）和逆转防止选择（Pr.78）。Pr.77 用于参数写入禁止或允许，主要用于参数被意外改写；Pr.78 用于泵类设备，防止反转，具体设定值见表 6-11。

12）回避频率。任何机械在运转过程中，都或多或少会产生振动。每台机器又都有一个固有振荡频率，它取决于机械的结构。如果生产机械运行在某一转速下时，所引起的振动频率和机械的固有振荡频率相吻合，则机械的振动将因发生谐振而变得十分强烈（也称为机械共振），并可能导致机械损坏的严重后果。设置回避频率 f_{J} 的目的，就是使拖动系统"回避"掉可能引起谐振的转速，如图 6-33 所示。

预置回避频率时，必须预置以下两个数据：

a）中心回避频率 f_{J}：回避频率所在的位置；

b）回避宽度 Δf_{J}：回避区域，如图 6-33（b）所示。

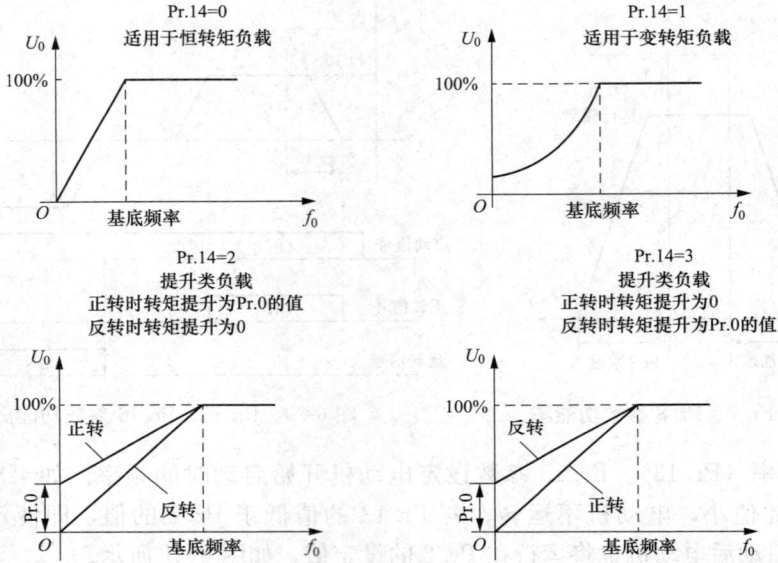

图 6-32　负载类型选择参数功能图

表 6-11　　　　　　　　　　　**Pr. 77 以及 Pr. 78 功能设定**

参数号	设定值	功　　能
Pr. 77	0	在"PU"模式下，仅限于停止可以写入（出厂设定）
	1	不可写入参数，但 Pr. 75、Pr. 77、Pr. 79 参数可以写入
	2	即使运行时也可以写入
Pr. 78	0	正转和反转均可（出厂设定值）
	1	不可反转
	2	不可正转

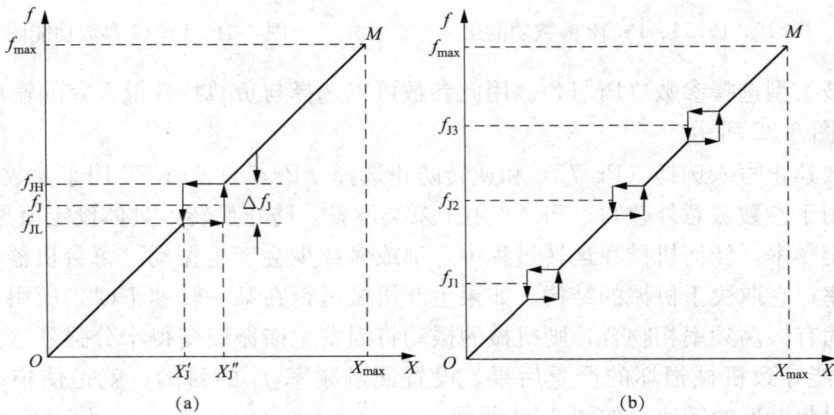

图 6-33　回避频率预置

（a）升降回避过程不一致；（b）升降回避过程相同

大多数变频器都可以预置三个回避频率，如图 6-33（b）所示 f_{J1}、f_{J2}、f_{J3}。

2. 运行操作方式的选择

（1）给定方式的基本含义。要调节变频器的输出频率，必须首先向变频器提供改变频率的信号，这个信号称为频率给定信号，也称为频率指令信号或频率参考信号的。所谓给定方式，是调节变频器输出频率的具体方法，也就是提供给定信号的方式。

（2）面板给定方式。通过面板上的键盘或电位器进行频率给定（即调节频率）的方式，称为面板给定方式。面板给定又有两种情况，如图 6-34 所示。多数变频器在面板上并无电位器 [见图 6-34（b）]，故说明书中所说的"面板给定"，实际就是键盘给定。变频器的面板通常可以取下，通过延长线安置在用户操作方便的地方。

1）键盘给定频率的大小通过键盘上的升键（▲键）和降键（▼键）来进行给定。键盘给定属于数字量给定，精度较高。

2）电位器给定部分变频器在面板上设置了电位器，如图 6-34（a）所示。频率大小也可以通过电位器来调节。电位器给定属于模拟量给定，精度稍低。

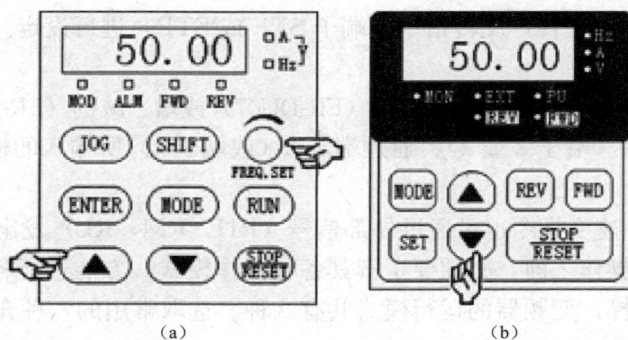

图 6-34 面板给定方式
(a) 面板带电位器；(b) 面板不带电位器

此外，采用哪一种给定方式，须通过功能预置来事先确定。

（3）外部给定方式。从外接输入端子输入频率给定信号，来调节变频器输出频率的大小，称为外部给定，或远控给定。主要的外部给定方式有四种。

1）外接模拟量给定。通过外接给定端子从变频器外部输入模拟量信号（电压或电流）进行给定，并通过调节给定信号的大小来调节变频器的输出频率。模拟量给定信号的种类有：

a）电压信号。以电压大小作为给定信号。给定信号的范围有 $0 \sim 10V$、$2 \sim 10V$、$0 \sim \pm 10V$、$0 \sim 5V$、$1 \sim 5V$、$0 \sim \pm 5V$ 等。

b）电流信号。以电流大小作为给定信号。给定信号的范围有 $0 \sim 20mA$、$4 \sim 20mA$ 等。

2）外接数字量给定。通过外接开关量端子输入开关信号进行给定。

3）外接脉冲给定。通过外接端子输入脉冲序列进行给定。

4）通信给定。由 PLC 或计算机通过通信接口进行频率给定。

（4）选择给定方式的一般原则。

1）面板给定和外接给定。优先选择面板给定。因为变频器的操作面板包括键盘和显示屏，而显示屏的显示功能十分齐全。例如，可显示运行过程中的各种参数，以及故障代码等。

但由于受连接线长度的限制，控制面板与变频器之间的距离不能过长。

2）数字量给定与模拟量给定。优先选择数字量给定。因为数字量给定时频率精度较高且数字量给定通常用触点操作，非但不易损坏，且抗干扰能力强。

3）电压信号与电流信号。优先选择电流信号。因为电流信号在传输过程中，不受线路电压降、接触电阻及其压降、杂散的热电效应以及感应噪声等等的影响，抗干扰能力较强。但由于电流信号电路比较复杂，故在距离不远的情况下，仍以选用电压给定方式居多。

3. 运行模式的分类

所谓运行模式是指输入变频器的启动指令及设定频率的场所。选择启动指令和速度指令是运行指令设定的必然条件，两者缺一不可。

1）启动指令的选择。

a）操作面板：通过操作面板的［FWD］/［REV］进行设定。

b）外部指令：通过正转，反转指令（端子 STF 或 STR）进行设定。

2）速度指令的选择。

a）操作面板：通过操作面板的 M 旋钮（FR-DU07）或增、减键（FR-DU04）进行设定。

b）外部模拟指令（端子 2 或 4）：通过端子 2（或端子 4）所输入的模拟信号，发出速度指令。

c）多段速指令：速度指令也可通过外部信号（RH，RM，RL）发出指令。

在进行变频器的操作之前，必须要了解其各种操作模式，方能进行各项操作。根据启动指令和速度指令的选择，变频器的运行模式共有八种。选取常用的六种介绍，见表 6-12。

表 6-12   变频器运行模式选择的设定范围、含义及显示

参数号	名称	初始值	设定范围	内容		LED 显示 ■：灭灯 □：亮灯
79	运行模式选择	0	0	外部/PU 切换模式中（用 PU/EXT 键或增/减键可以切换 PU 与外部运行模式）电源投入时为外部运行模式		外部运行模式 EXT / PU运行模式 PU
			1	PU 运行模式固定		PU
			2	外部运行模式固定 可以切换外部和网络运行模式		外部运行模式 EXT / 网络运行模式 NET
			3	外部/PU 组合运行模式 1		PU EXT
				运行频率	启动信号	
				用 PU（FR-DU07/FR-DU04）设定或外部信号输入［多段速度设定，端子 4-5 间（AU 信号 ON 时有效）］	外部信号输入（端子 STF，STR）	

续表

参数号	名称	初始值	设定范围	内容		LED 显示 ▬：灭灯　▭：亮灯
79	运行模式选择	0	4	**外部/PU 组合运行模式 2**		
				运行频率	启动信号	
				外部信号输入（端子 2，4，1，JOG，多段速选择等）	用 PU（FR-DU07/FRDU04）输入 FWD、REV	PU EXT
			5	程序运行模式 可设定 10 个不同的启动时间，旋转方向和运行频率为三组 运行开始……STF，定时器复位……STR 组数选择……RH、RM、RL		EXT / NET

（1）PU 运行操作方式（Pr.79＝0、1）。

1）PU 点动运行操作步骤。点动是各类机械在调试过程中经常使用的操作方式。因为主要用于调试，故所需频率较低，一般也不需要调节。所以，点动频率是通过功能预置来确定的。有的变频器也可以预置多挡点动频率。

a）按图 6-35 所示接线；

b）设定参数 Pr.15 "点动频率" 和 Pr.16 "点动加减速时间" 的值；

c）选择 PU 点动运行模式（按 PU/EXT 键 2 次，显示 "JOG"）；

d）仅在按下［REV］或［FWD］键的期间内点动运行。

2）PU 连续运行操作步骤。基于三菱 FR-A500 变频器的 PU 运行模式，设置运行频率为 50Hz 的连续运行步骤见表 6-13。

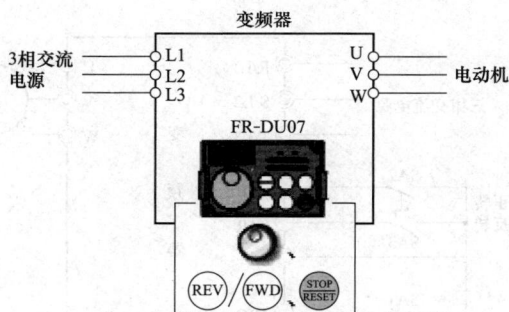

图 6-35　PU 操作模式接线图

表 6-13　　　　　　　　　　　　　　PU 连续运行操作步骤

步骤	说明	图示
1	上电→确认运行状态： 将电源处于 ON，确认操作模式中显示 "PU"。 （没有显示时，用 MODE 键设定到操作模式，用 ▲/▼ 键切换到外部操作）	合闸 0.00

续表

步骤	说明	图示
2	运行频率设定: 设定运行频率为 50Hz。 (首先,按 MODE 键切换到频率设定模式。然后,按 ▲/▼ 键改变设定值,按 SET 键写入频率)	
3	开始: 按 FWD 或 REV 键。 (电动机启动,自动地变为监视模式,显示输出频率)	
4	停止: 按 STOP/RESET 键。 (电动机减速后停止)	

(2) 外部运行模式 (Pr. 79=0 或 2)。

1) 外部点动运行步骤。

a) 按图 6-36 (a) 所示接线。

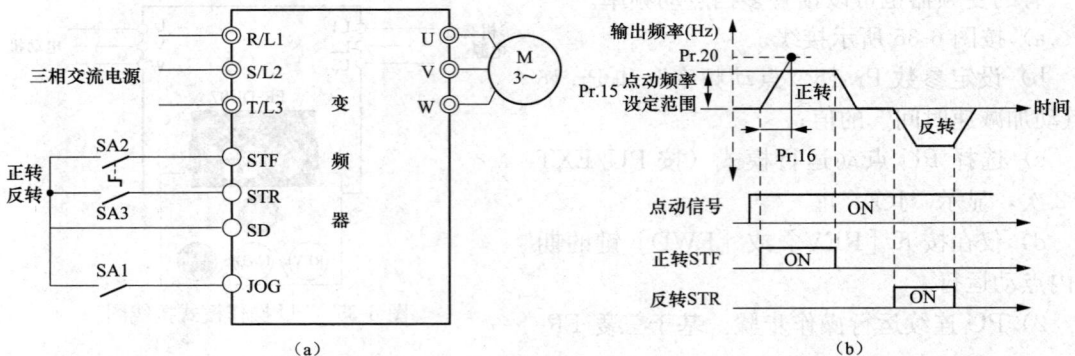

图 6-36 外部点动运行
(a) 接线图;(b) 时序图

b) 参数设定。

i) 设定 "点动频率" Pr. 15 为 5Hz。

ii) 设定 "点动加/减速时间" Pr. 16 为 3s。

c) 运行模式确认。选择运行模式(外部操作模式 Pr. 79=2)或 Pr. 79=0,按 [MODE] 键选择 "运行模式",再按 PU/EXT 键选择 "外部操作模式",确认 EXT 灯亮。

d) 运行 [见图 6-36 (b) 点动运行时序图]。

————— 操作 —————　　　　　　　　　—————— 显示 ——————

1. 供给电源时的画面监视器显示。

2. 按 (PU/EXT) 键切换到 PU 运行模式。

PU 显示亮灯。

3. (旋钮) 旋转旋钮直接设定频率（闪烁5s左右）。

闪烁5s左右。

4. 数值闪烁时按 (SET) 键进行频率设定

> 如果不按 (SET) 键，闪烁5s后回到0.00Hz（显示）。那时请再回到第3步重做。

闪烁…参数设置完毕！！

5. 闪烁3s左右后显示"0.00"（监视器显示）

3s后

根据 (FWD) 或 (REV) 运行。

6. 想变更设定的频率时，回到第3、4步。（从以前设定的频率开始）

7. 按下 (STOP/RESET) 键停止。

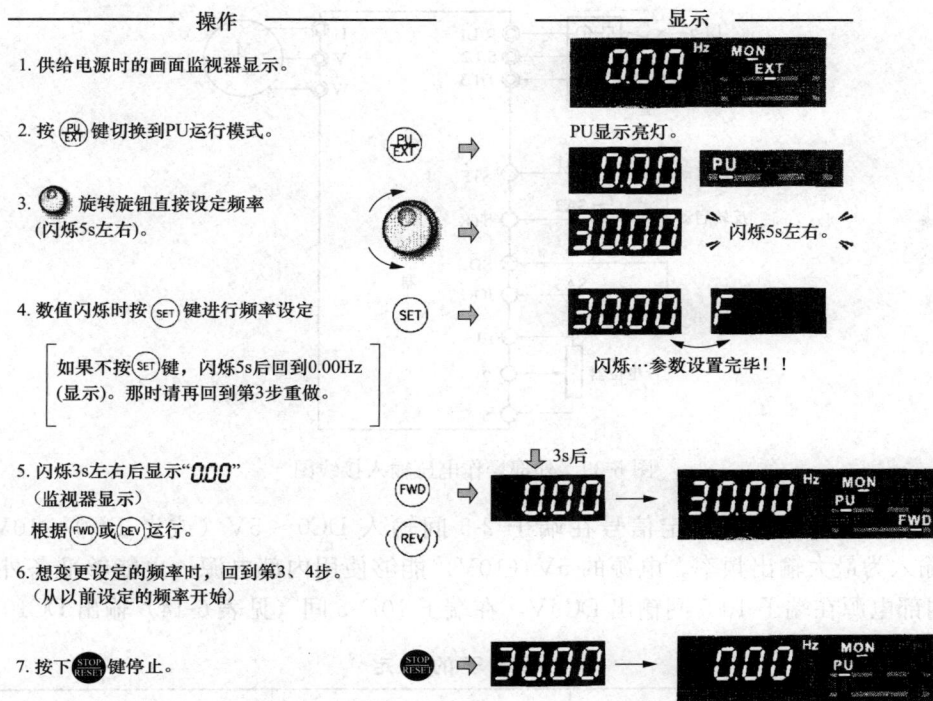

图 6-37　以 30Hz 的 PU（FR-DU07）运行操作步骤

ⅰ）先接通 SA1，再接通 SA2，进行正向点动运行。

ⅱ）先接通 SA1，再接通 SA3，进行反向点动运行。

2）按钮自保持操作运行。图 6-38 中的两种接线方法都能实现按钮自保持运行。

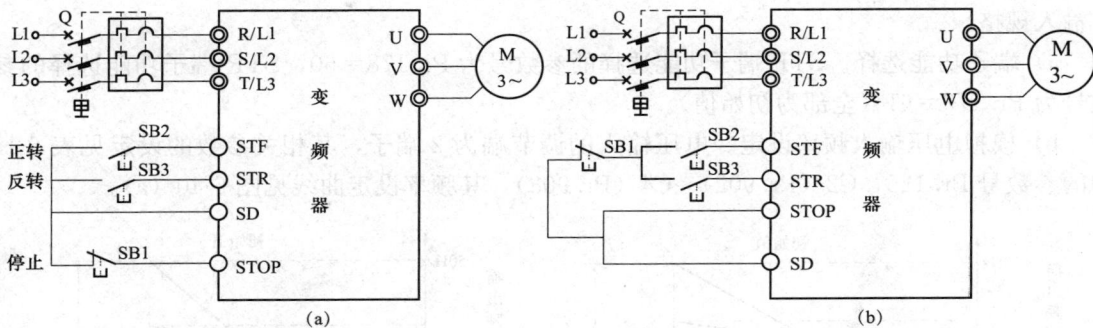

图 6-38　按钮自保持操作运行接线图

当按下 SB2 或 SB3 时，电动机按 Pr.7 时间加速正（反）转到运行频率，同时使 STOP 信号接通（即 SB3 按钮保持接通）；当松开 SB2 时，电动机仍然保持正（反）转。按下 SB1，电动机按 Pr.8 时间减速停止。

3）模拟量给定的正、反转功能。模拟量电压输入进行频率设定的接线图如图 6-39 所示。控制端子 STF、STR 分别开关 SA1、SA2 的一端，开关 SA1、SA2 的另一端（公共端）接到 SD 端，如图 6-39 所示。电位器的调节端接到变频器的 2 端，电位器的其他两个端接到变频器的 10、5 端。

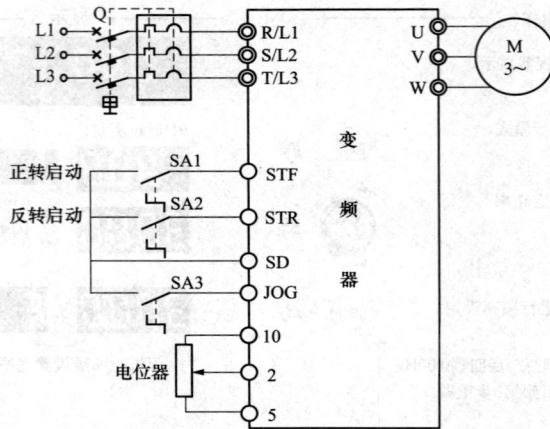

图 6-39　外部操作电压输入接线图

模拟输入电压的频率设定信号在端子 2-5 间输入 DC0～5V（或者 DC0～10V），5V（10V）输入为最大输出频率。电源的 5V（10V）能够使用内部电源，也能够准备外部电源输入。内部电源在端子 10-5 间输出 DC5V，在端子 10E-5 间（见表 6-14）输出 DC10V。

表 6-14		电源端子的设定	
端子	变压器内置电源电压	频率设定范围	Pr.73（端子 2 输入电压）
10	DC 5V	0.024Hz/50Hz	输入电压 DC0～5V
10E	DC 10V	0.012Hz/50Hz	输入电压 DC0～10V

表 6-14 中，端子 2 输入 DC10V 时，Pr.73 请设定"0，2，4，10，12，14"。（初始值为 DC0～5V）Pr.267 设定"1（DC0～5V）"或者"2（DC0～10V）"后，能够将端子 4 作为电压输入规格。

a）端子功能选择。STF 端子功能选择的参数号为 Pr.178＝60，STR 端子功能选择的参数号为 Pr.179＝61（全部为初始值）。

b）模拟电压输入频率设定。电压输入的调节端为 2 端子，其相关参数的设定见表 6-15 中的参数号 Pr.125，C2（Pr.902）～C4（Pr.903），其频率设定曲线见图 6-40（a）。

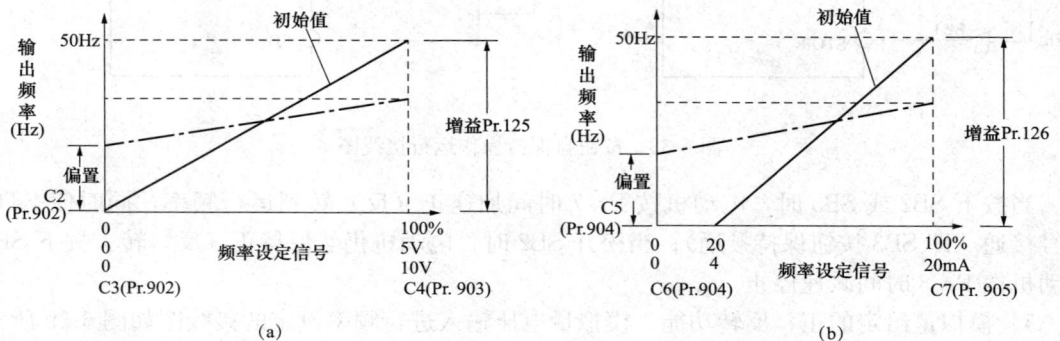

图 6-40　模拟量输入频率设定曲线
（a）模拟电压输入频率设定；（b）模拟电流输入频率设定

表 6-15　　　　　　　　　　模拟量输入频率设定参数表

参数号	名称	初始值	设定范围	内容
125	端子 2 频率设定增益频率	50Hz	0～400Hz	设定端子 2 输入增益（最大）频率
126	端子 4 频率设定增益频率	50Hz	0～400Hz	设定端子 4 输入增益（最大）频率
C2（902）	端子 2 频率设定偏置频率	0Hz	0～400Hz	设定端子 2 输入的偏置频率
C3（902）	端子 2 频率设定偏置	0%	0～300%	设定端子 2 输入的偏置电压（电流）的换算值
C4（903）	端子 2 频率设定增益	100%	0～300%	设定端子 2 输入的增益电压（电流）的换算值
C5（904）	端子 4 频率设定偏置频率	0Hz	0～400Hz	设定端子 4 输入的偏置频率
C6（906）	端子 4 频率设定偏置	20%	0～300%	设定端子 4 输入偏置电流（电压）的换算值
C7（905）	端子 4 频率设定增益	100%	0～300%	设定端子 4 输入增益电流（电压）的换算值
267	端子 4 输入选择	0	0	端子 4 输入 4～20mA
			1	端子 4 输入 0～5V
			2	端子 4 输入 0～10V

c）以 50Hz 模拟量（电压输入）外部运行的操作步骤见图 6-41。

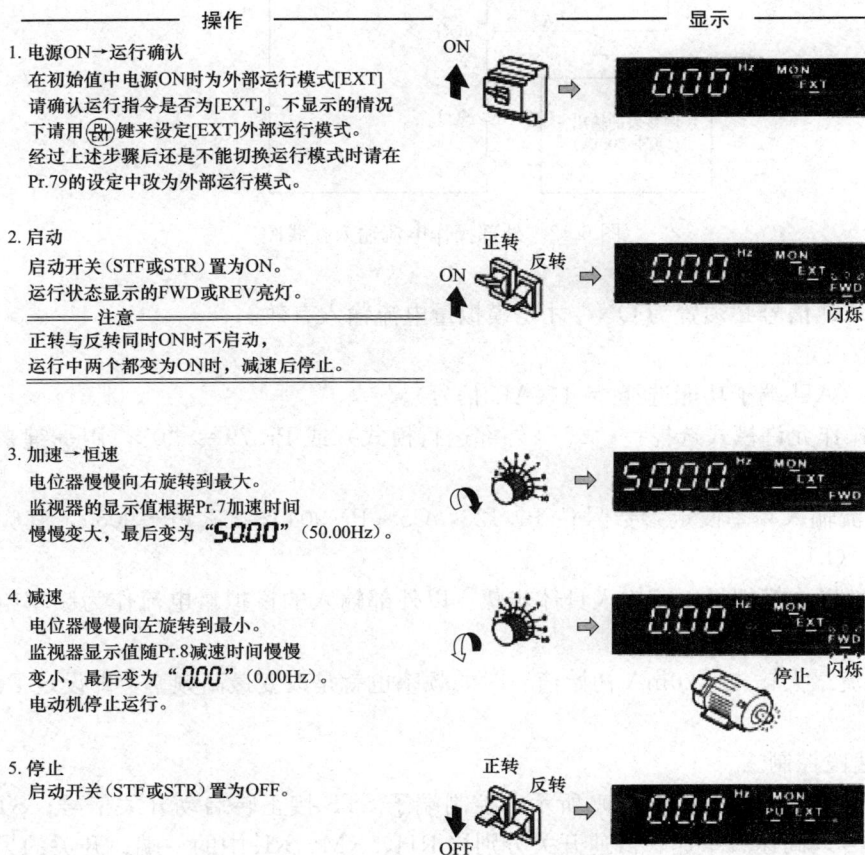

图 6-41　以 50Hz 模拟量（电压输入）外部运行模式操作步骤

如果供电后切换到外部运行模式而不用按 PU/EXT 键设定时，把 Pr.79 运行模式选择设定为 "2"（外部运行模式），这样以后一启动就是外部运行模式。

变更电压最大输入（5V 初始值）时的频率也就是改变最高频率，即设定 Pr.125 的参数值。

以下介绍外部运行之多速段控制。

i) 接线。控制端子 STF 接正转启动开关信号；STR 接反转启动开关信号；开关的另一端（公共端）接到 SD 端 A 端，如图 6-42 所示。

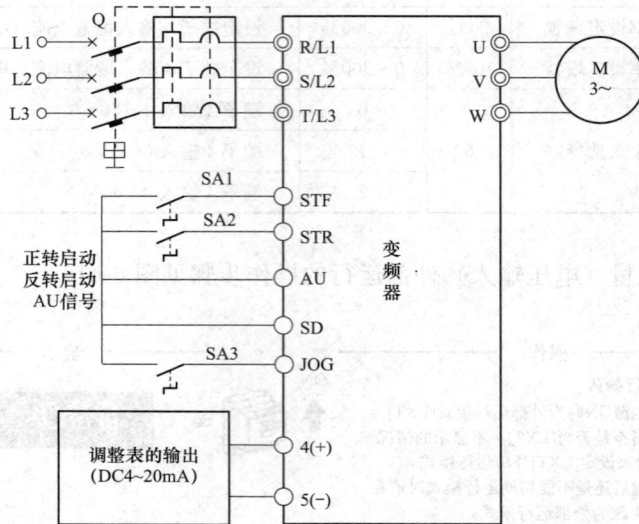

图 6-42 外部操作电流输入接线图

注意：AU 信号必须置为 ON，才是模拟量电流输入有效。

ii) 参数设定。

Pr.184（AU 端子功能选择）＝4（AU 信号）。

Pr.79 操作允许模式选择＝"2"（外部运行模式）或 Pr.79＝"0"，用⊗键来设定外部运行模式。

模拟电流输入频率设定参数号位 Pr.126，C5（Pr.904）～C7（Pr.905），其频率设定曲线见图 6-40（b）。

iii) 外部操作模拟量电流输入具体步骤。以外部输入的模拟量电流作为频率给定信号的运行操作步骤如图 6-43 所示。

变更电流最大输入（20mA 初始值）时的频率也就是改变最高频率，即设定 Pr.126 的参数值。

4) 多速段控制。

a) 接线方法。如图 6-44（a）所示，控制端子 STF 接正转启动开关信号；STR 接反转启动开关信号；高速、中速、低速开关分别接 RH、RM、RL 中的一端；开关的另一端（公共端）接到 SD 端。

操作

1. 电源ON→运行确认
   在初始值中电源ON时为外部运行模式[EXT]
   请确认运行指令是否为[EXT]。不显示的情况
   下请用(PU)键来设定[EXT]外部运行模式。
   经过上述步骤后还是不能切换运行模式时请在
   Pr.79的设定中改为外部运行模式。

2. 启动
   启动开关(STF或STR)置为ON。
   运行状态显示的FWD或REV亮灯。

   注意
   正转与反转同时ON时不启动,
   运行中两个都变为ON时,减速后停止。

3. 加速→恒速
   输入20mA。
   监视器的显示值根据Pr.7加速时间
   慢慢变大,最后变为"50.00"(50.00Hz)

4. 减速
   请进行4mA的输入。
   监视器显示值随Pr.8减速时间慢慢变小,最后
   变为"0.00"0.00Hz。FWD或REV灯闪烁。
   电动机停止运行。

5. 停止
   启动开关(STF或STR)置为OFF。

显示

图 6-43 模拟量电流输入外部运行操作步骤

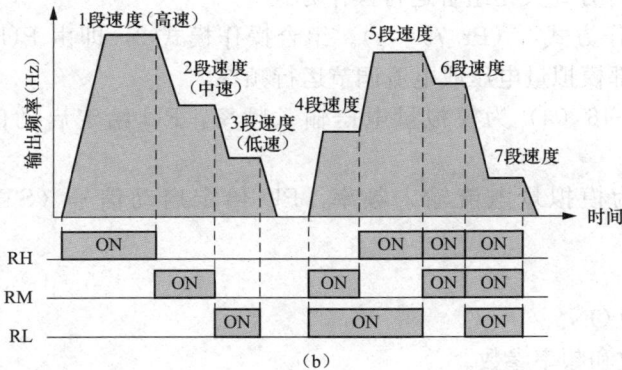

(a)

(b)

图 6-44 外部操作开关启动及频率设定(多速段设定)

(a) 接线图;(b) 多速段逻辑关系图

b）频率参数设定。预先通过参数（Pr. 4～Pr. 6，Pr. 24～Pr. 27）可设定七种运行速度，并通过接点信号来切换速度。

初始设定情况下，同时选择 2 段速度以上时，则按照低速信号侧的设定频率。

例如：RH，RM 信号均为 ON 时，RM 信号（Pr. 5）优先。

c）运行模式确定。Pr. 79 操作允许模式选择＝"2"（固定外部运行模式），确定"EXT"灯亮；或 Pr. 79 操作允许模式选择＝"3"（组合运行模式 1），确定"EXT"和"PU"同时亮。

d）应用举例。设定 Pr. 4＝40Hz，合上端子 RH，STF（STR)-SD 进行试运转。

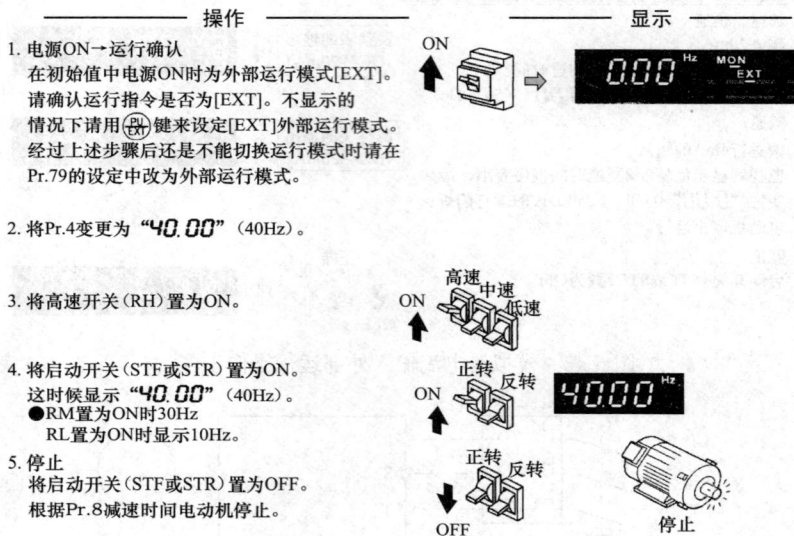

图 6-45　开关发出启动指令后频率（多段速）的操作步骤

（3）组合运行操作方式 1（Pr. 79＝3）。组合操作模式 1 是指外部输入启动信号（开关，继电器等），用 PU 设定运行频率（Pr79＝3）。不接受外部的频率设定信号和 PU 的正转、逆转、停止键操作。监视模式中"EXT"和"PU"同时亮。见表 6-11，多速段频率设定的操作，既是外部操作运行方式又是组合运行操作方式 1。

（4）组合运行操作方式 2（Pr. 79＝4）。组合操作模式 2，即由 PU 面板给定启动信号（STF、STR），由外部模拟量电压或电流调节运行频率。

1）接线。如图 6-46（a）为模拟量电压输入频率，PU 给定启动信号（STF 为正转，STR 为反转）；

如图 6-46（b）为模拟量电流输入频率，PU 给定启动信号（STF 为正转，STR 为反转）。

2）操作步骤。

a）上电：电源为 ON。

b）设定相关参数和频率参数。

c）操作模式选择：将 Pr. 79 设定为"4"。确认操作模式为"组合模式 2"，在监视模式下，"EXT"和"PU"同时亮。

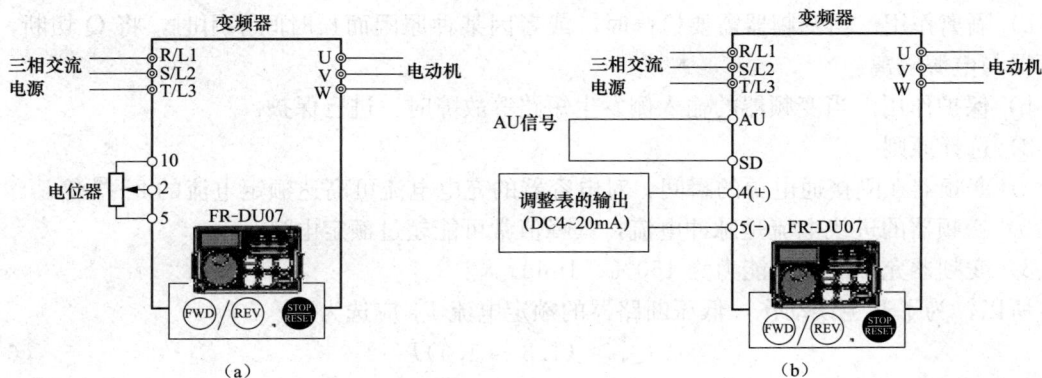

图 6-46　PU 启动，外部设定频率的组合模式 2
(a) 模拟量电压输入频率，PU 设定启动；(b) 模拟量电压输入频率，PU 设定启动

d) 开始启动：按操作面板上的 STF 或 STR 给定正反转信号。

e) 运行频率调节：用外部调节电压或电流由小到大，调节运行频率至 50Hz。运行状态显示 "REV" 或 "FWD"。

f) 停止：按面板上的 [STOP] 键，电动机即停止运行。

6.3.3　变频调速的实用电路基础

1. 变频调速的主电路

变频器在实际应用中，还需要和许多外接的配件一起使用。图 6-47 所示是一个比较完整的主电路。简要说明如下：

(1) 低压断路器 Q 和接触器 KM 用于接通变频器的电源；

(2) 交流电抗器 LAC 和直流电抗器 LDC 用于改善功率因数；

(3) 输入滤波器 Z1、输出滤波器 Z2 用于抗干扰；

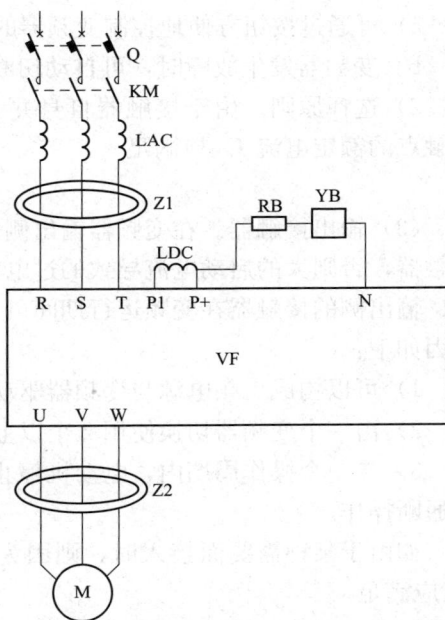

图 6-47　变频调速主电路

(4) 制动电阻 RB 和制动单元 YB 用于能耗制动。

由于变频器有比较完善的过电流和过载保护功能，且低压断路器也具有过电流保护功能，故进线侧可不必接熔断器。

又因为变频器内部具有电子热保护功能，故在只接一台电动机的情况下，可不必接热继电器。

2. 主要电器的功用和选择

不正确的系统配置和连接会导致变频器不能正常运行，显著地降低变频器的寿命，甚至会损坏变频器。所以必须正确选择主要电器。

(1) 低压断路器 Q。

1) 主要作用。

　　a）隔离作用。当变频器需要检修时，或者因某种原因而长时间不用时，将 Q 切断，使变频器与电源隔离。

　　b）保护作用。当变频器的输入侧发生短路等故障时，进行保护。

　　2）选择原则。

　　a）变频器在刚接通电源的瞬间，对电容器的充电电流可高达额定电流的 2～3 倍。

　　b）变频器的进线电流是脉冲电流，其峰值常可能超过额定电流。

　　3）变频器允许的过载能力为 150％、1min。

　　所以，为了避免误动作，低压断路器的额定电流 I_{QN} 应选为

$$I_{QN} \geqslant (1.3 \sim 1.4)I_N \tag{6-5}$$

式中：I_N 为变频器的额定电流。

　　（2）接触器 KM。

　　1）主要作用。

　　a）可通过按钮方便地控制变频器的通电与断电。

　　b）变频器发生故障时，可自动切断电源。

　　2）选择原则。由于接触器自身并无保护功能，不存在误动作的问题，故选择原则是，主触点的额定电流 I_{KN} 应满足

$$I_{KN} \geqslant I_N \tag{6-6}$$

　　（3）输出接触器。在变频器输出侧安装接触器，原则是不要在变频器运行期间接通输出接触器，否则大的启动电流导致的过电流会使变频器停止工作。

　　输出侧的接触器在变频运行期间可以断开，这时电动机滑动到停止。输出侧使用接触器原因如下：

　　1）可以构成工频电源与变频器驱动电源进行切换的电路。

　　2）由一个变频器切换使用 2 个以上电动机（要在变频器停止时，进行切换）。

　　3）在一个操作周期内，电动机停止期间，分隔电动机和其电源有关变频器输出侧接触器通断操作。

　　如由于某种需要而接入时，则因为电流中含有较强的谐波成分，故主触点的额定电流 I_{KN} 应满足

$$I_{KN} \geqslant (1.3 \sim 1.4)I_{MN} \tag{6-7}$$

式中：I_{MN} 为电动机的额定电流。

　　（4）制动电阻和制动单元。其用于吸收电动机再生制动的再生电能，可以缩短大惯量负载的自由停车时间，还可以在位能负载下放时，实现再生运行。

　　制动电阻阻值的选择及功率计算比较复杂，一般用户可以参照表 6-16 的最小制动电阻，根据经验选取，也可以由试验来确定。

　　1）制动电阻值的确定。当放电电流等于电动机额定电流的一半时，就可以得到与电动机的额定转矩相等的制动转矩了。因此，制动电阻的粗略算法是

$$R_B = \frac{U_D}{2I_{MN}} \sim \frac{U_D}{I_{MN}} \tag{6-8}$$

式中：U_D 为直流回路电压，V。

　　在我国，直流回路的电压计算式为

$$U_D = 380 \times \sqrt{2} \times 1.1V = 591V \approx 600V$$

2）制动电阻容量的确定。当制动电阻 RB 在直流电压为 U_D 的电路中工作时，制动电阻的耗用功率 P_{B0} 为

$$P_{B0} = \frac{U_D^2}{R_B} \tag{6-9}$$

制动电阻容量的根本原则是，在电阻的温升不超过其允许值（即额定温升）的前提下，应尽量减小容量。

制动电阻容量计算式为

$$P_B = \frac{P_{B0}}{\gamma_B} = \frac{U_D^2}{\gamma_B R_B} \tag{6-10}$$

式中：γ_B 为制动电阻容量的修正系数。

3）修正系数的决定。

a）不反复制动的场合。如每次制动时间小于 10s，可取 $\gamma_B = 7$；如每次制动时间超过 100s，则 $\gamma_B = 1$。

b）反复制动的场合。许多机械是需要反复制动的，如起重机械、龙门刨床等。对于这类负载，修正系数的大小取决于每次制动时间 t_B 与每两次制动之间的时间间隔 t_C 之比（t_B/t_C），称为制动占空比。由于在实际工作中，制动占空比常常不是恒定的，所以只能取一个平均数。决定 γ_B 的大致方法如下：① $t_B/t_C \leq 0.01$，取 $\gamma_B = 5$；② $t_B/t_C \geq 0.15$，取 $\gamma_B = 1$；③ $0.01 < t_B/t_C < 0.15$，则 γ_B 大体上可按比例算出。

4）常用制动电阻的阻值与容量见表 6-16。

表 6-16　　　　　　　　常用制动电阻的阻值与容量（电压：380V）

电动机容量（kW）	电阻值（Ω）	电阻容量（kW）	电动机容量（kW）	电阻值（Ω）	电阻容量（kW）
0.4	1000	0.14	37	20.0	8
0.75	750	0.18	45	16.0	12
1.50	350	0.40	55	13.6	12
2.20	250	0.55	75	10.0	20
3.70	150	0.90	90	10.0	20
5.50	110	1.30	110	7.0	27
7.50	75	1.80	132	7.0	27
11.0	60	2.50	160	5.0	33
15.0	50	4.00	200	4.0	40
18.5	40	4.00	220	3.5	45
22.0	30	5.00	280	2.7	64
30.0	24	8.00	315	2.7	64

注　表中的电阻容量是按短租工作计算的结果，对于频繁制动或长时间在再生制动状态下运行的机械，需注意加大容量。

第 7 章　PLC 与变频器的综合应用实践

在 PLC、变频器学习的基础上，本章主要介绍基于 PLC 与变频器的电气控制综合应用设计与实践。

7.1　PLC 与变频器基础应用

7.1.1　电动机单向运行电路

1. 功能与接线

如图 7-1 所示，在输入侧，旋钮开关 SA1 用于使 PLC 开始运行，按钮开关 SB1 用于使接触器 KM 动作，SB2 用于使 KM 释放，旋钮开关 SA2 用于使变频器开始工作。

变频器跳闸后的保护触点"A-C"接至 PLC 的 X003 和 COM 之间，一旦变频器发生故障，PLC 将立即做出反应，使系统停止工作，按钮开关 SB3 用于在处理完故障后使系统复位。

在输出侧，Y0 与接触器 KM 的线圈相接，用于控制变频器的通电或断电，Y1、Y2、Y3 与指示灯 HL1、HL2、HL3 相接，分别显示变频器通电、变频器运行及故障报警。

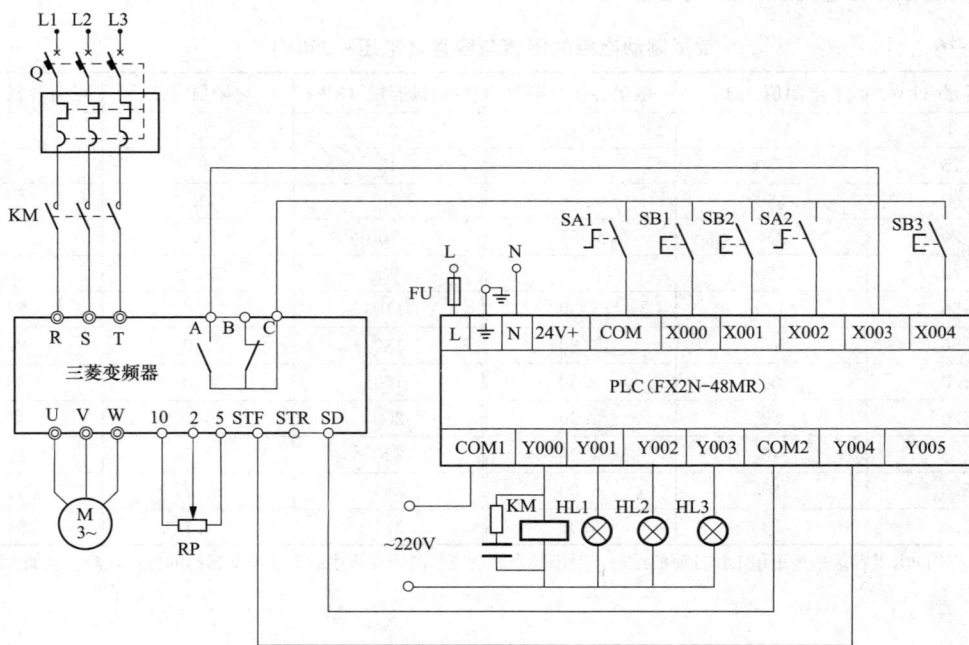

图 7-1　PLC 与变频器控制电动机单向运行电路图

2. 参数设置

Pr. 1(上限频率)＝50Hz；Pr. 2(下限频率)＝0Hz；Pr. 3(基底频率)＝50Hz；Pr. 20(加

减速基准频率）＝50Hz；Pr.7（上升加速时间）＝4s；Pr.8（下降减速时间）＝3s；Pr.79（运行模式）＝2；Pr.78（逆转防止选择）＝1。

　　参数说明：Pr.78（逆转防止选择），可以防止由于启动信号的误动作产生的逆转事故，用于仅允许在一个方向的机械，如风机、泵。其设定说明见表 7-1。

表 7-1　　　　　　　　　　　变频器参数 Pr.78 设定说明

Pr.78 设定值	0	1	2
功能	正转和逆转均可	不可逆转	不可正转

　　3. 梯形图及其工作过程

　　正转控制的梯形图如图 7-2 所示。

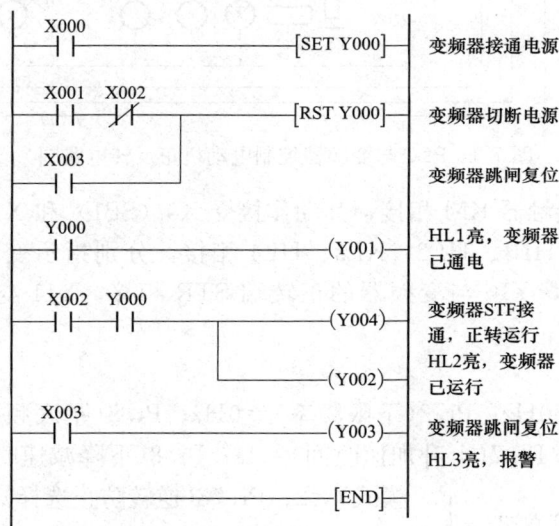

图 7-2　PLC 与变频器控制电动机正转梯形图

　　在分析梯形图的工作过程时：

　　（1）按下启动按钮 SB1，X0＝ON，Y0 动作并自锁，KM 动作，变频器接通电源。

　　（2）Y0 动合触点闭合，Y1 动作，HL1 亮，变频器已通电指示。

　　（3）Y0 动合触点闭合，SA2 旋至接通位，Y4＝ON，变频器的 STF＝ON，变频器正转运行，同时 Y2＝ON，HL2 亮，变频器已运行指示。

　　（4）按下停止按钮 SB2，如果 SA2 接通，说明变频器已运行，则不能断电，而 SA2 断开，变频器停止，按下 SB2，KM 失电，电源断开。

　　（5）变频器故障跳闸，KM 失电，迅速断电。

　　7.1.2　电动机正反转控制电路

　　1. 功能与接线

　　如图 7-3 所示，按钮 SB1 和 SB2 用于控制变频器接通与切断电源，三位旋钮开关 SA2 用于决定电动机的正、反转运行或停止，X4 接收变频器的跳闸信号。

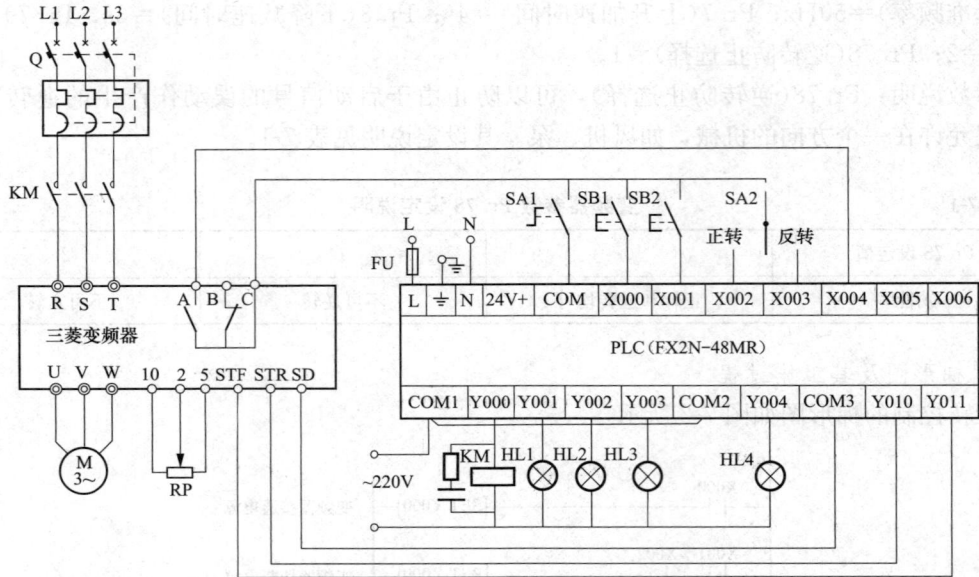

图 7-3 PLC 与变频器控制电动机正反转电路图

在输出侧，Y0 与接触器 KM 相接，其动作接受 X0（SB1）和 X1（SB2）的控制，Y1、Y2、Y3、Y4 与指示灯 HL1、HL2、KL3、HL4 相接，分别指示变频器通电、正转运行、反转运行及变频器故障，Y10 与变频器的正转端 STR 相接，Y11 与变频器的反转端 STF 相接。

2. 参数设置

Pr.1（上限频率）＝50Hz；Pr.2（下限频率）＝0Hz；Pr.3（基底频率）＝50Hz；Pr.20（加减速基准频率）＝50Hz；Pr.7（上升加速时间）＝4s；Pr.8（下降减速时间）＝3s；Pr.79（运行模式）＝2；Pr.78（逆转防止选择）＝0。

3. 梯形图

输入信号与输出信号之间的逻辑关系如梯形图 7-4 所示。其工作过程如下：

按下 SB1，输入继电器 X0 得到信号并动作，输出继电器 Y0 动作并保持，接触器 KM 动作，变频器接通电源。Y0 动作后，Y1 动作，指示灯 HL1 亮。

将 SA2 旋至"正转"位，X2 得到信号并动作，输出继电器 Y10 动作，变频器的 STR 接通，电动机正转启动并运行。同时，Y2 也动作，正转指示灯 HL2 亮。

如 SA2 旋至"反转"位，X3 得到信号并动作，输出继电器 Y11 动作，变频器的 REV 接通，电动机反转启动并运行。同时，Y3 也动作，反转指示灯 HL3 亮。

当电动机正转或反转时，X2 或 X3 的动断触点断开，使 SB2（从而 X1）不起作用，于是防止了变频器在电动机运行的情况下切断电源。

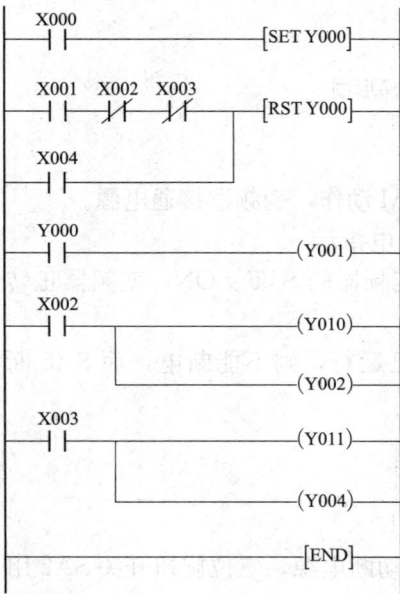

图 7-4 PLC 与变频器控制正反转梯形图

将 SA2 旋至中间位，则电动机停机，X2、X3 的动断触点均闭合。如再按 SB2，则 X1 得到信号，使 Y0 复位，KM 断电并复位，变频器脱离电源。

电动机在运行时，如变频器因发生故障而跳闸，则 X4 得到信号，一方面使 Y0 复位，变频器切断电源，同时 Y4 动作，指示灯 HL4 亮。

7.2　综　合　应　用

7.2.1　自动机械滑台控制的工进与纵退控制

1. 控制要求

控制对象为机械滑台系统，工作台可进行工进与纵退，工进与纵退由异步电动机正转与反转实现，异步电动机由变频器驱动，刀的横向进给与横向退刀由步进电动机的正转与反转实现，主动力头电动机由接触器接通与断开，PLC 为控制器，具体要求如下：

（1）本控制系统采用 PLC 作为主控制器。

（2）机械滑台工进/纵退电动机由变频器驱动。

（3）变频器的加速时间为 2s，减速时间为 1s。

（4）当工作台在 A 点（原始位置）时，按下启动按钮 SB1，工进电动机以 30Hz 正转运行，进行切削加工，同时由接触器 KM1 驱动的动力头电动机 M 起动。2s 后工作台工进到达 B 点时，SQ2 动作，工进结束，工进电动机停止，工作台停留 2s，YV2 得电，工作台作横向退刀，同时主轴电动机 M 停转。1s 后当工作台到达 C 点时，行程开关 SQ3 压合，此时 YV2 失电，横退结束，纵退电动机以 45Hz 反转运行，工作台作纵向退刀。2s 后工作台退到 D 点碰到开关 SQ4，纵向退刀结束，YV1 得电，1s 后工作台横向进给直到原点，压合开关 SQ1 为止，此时 YV1 失电完成一次循环。

（5）机械滑台连续循环，中途按停止按钮 SB2，按加工工艺要求回原点 A，直到压合开关 SQ1 才能停止；当再按启动按钮 SB1，机械滑台重新运行。

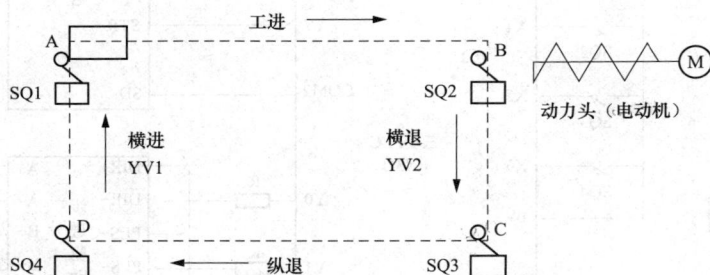

图 7-5　机械滑台工作示意图

2. 确定控制器及外围硬件设备

PLC 采用 FX3U-32MT，变频器 FR-D700，根据控制要求，输入设备需要启动按钮一个，停止按钮一个，A、B、C、D 共 4 个限位开关。输出设备需要控制主电动机的接触器一个，另需输出驱动变频器及步进电动机驱动器。

3. 输入、输出地址分配说明及接线

输入、输出地址分配见表 7-2。

表 7-2　　　　　　　　　**PLC、变频器控制的机械滑台 PLC 地址分配表**

连接设备符号	地址	数据类型	注释
SB1	X1	BOOL	启动按钮
SB2	X2	BOOL	停止按钮
SQ1	X3	BOOL	A 点位置开关
SQ2	X4	BOOL	B 点位置开关
SQ3	X5	BOOL	C 点位置开关
SQ4	X6	BOOL	D 点位置开关
DIR -	Y0	BOOL	步进驱动器方向
PLS -	Y1	BOOL	步进驱动器脉冲
RL	Y4	BOOL	变频器低速
RM	Y5	BOOL	变频器中速
STF	Y6	BOOL	变频器正向
STR	Y7	BOOL	变频器反向
KM	Y10	BOOL	主电动机驱动接触器

系统接线图如图 7-6 所示。

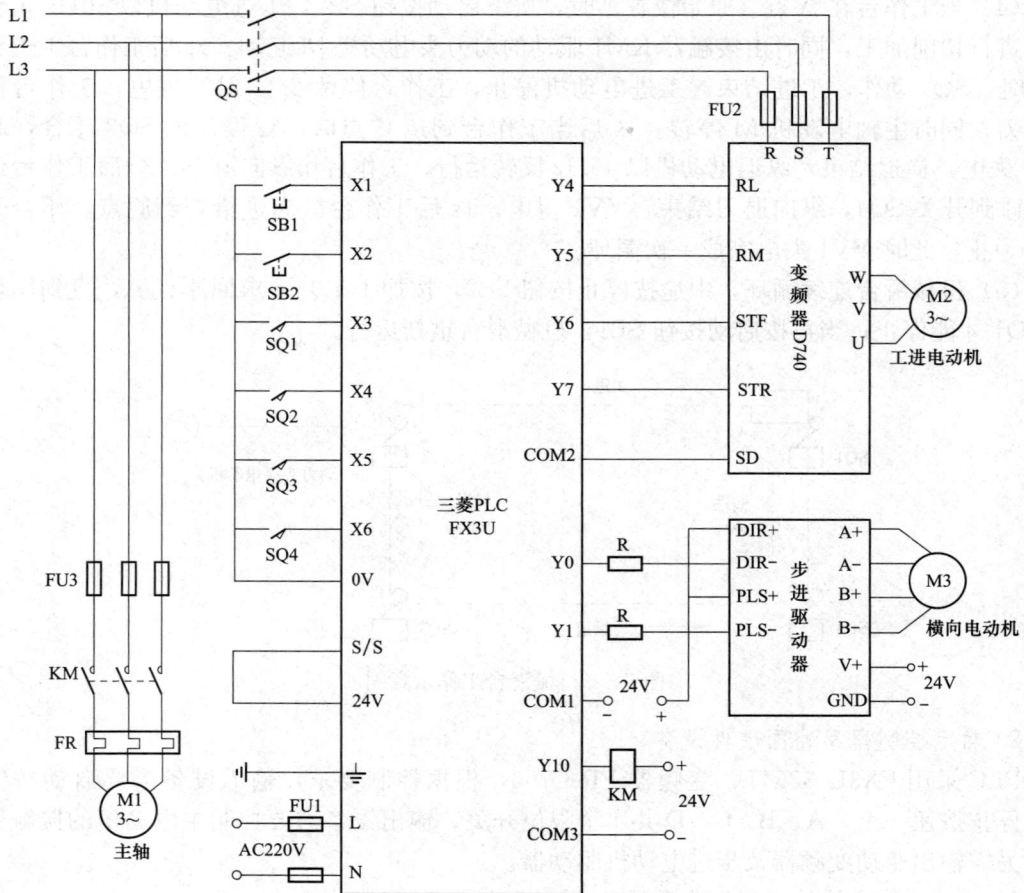

图 7-6　PLC、变频器控制的自动滑台接线图

4. 程序

根据输入、输出地址，使用顺序控制图编程，程序见图 7-7～图 7-12。

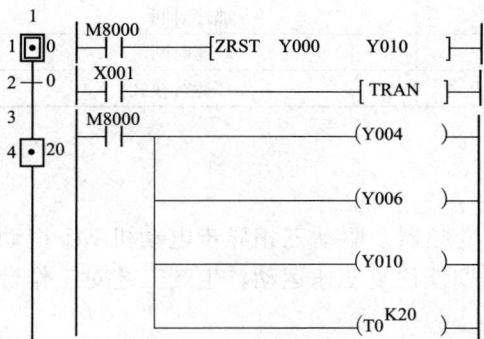

图 7-7　工进电动机 30Hz 正转、动力电动机启动

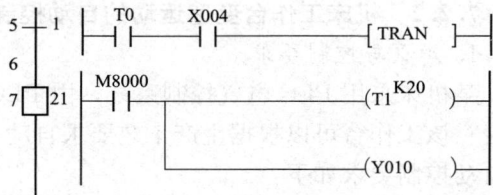

图 7-8　B 点停 2s

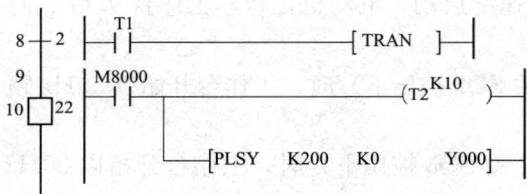

图 7-9　工作台作横向退刀、主轴电动机停转

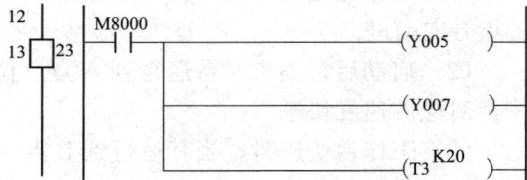

图 7-10　工作台作纵向退刀、纵退电动机以 45Hz 反转运行

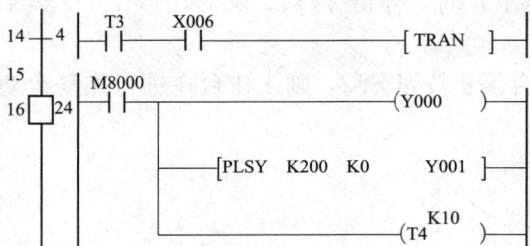

图 7-11　到达 D 点后工作台横向进给

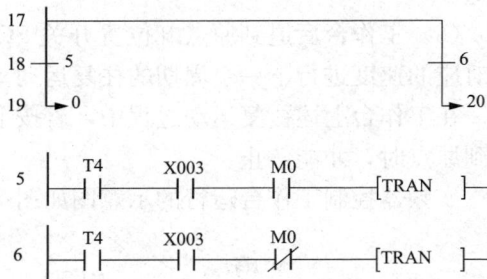

图 7-12　选择分支用于判断是否继续运行

5. 变频器参数设置

系统变频器参数设置见表 7-3。

表 7-3　　　　　　　　　　自动机械滑台变频器参数设置

序号	参数编号	设置值	说明
1	P1	120Hz	上限频率
2	P2	0Hz	下限频率
3	P5	45Hz	反转频率

序号	参数编号	设置值	说明
4	P6	30Hz	正转频率
5	P7	2s	加速时间
6	P8	1s	减速时间
7	P79	0	外部运行模式

7.2.2　机床工作台变速运动的自动控制

1. 对象与控制要求

某机床采用 PLC 电气控制系统，由 PLC 控制变频器，驱动三相异步电动机 M1 拖动工作台。该工作台可以根据生产工艺要求自动进行周期性往复变速运动，生产工艺对工作台运动自动控制要求如下：

在机床启动后，当工作台在机床原点（O 点，位置开关 SQ1 被压下）时，操作工按下工作台启动按钮 SB1，工作台开始进行有规律往复运动。

（1）工作台电动机 M1 以 15Hz 频率所对应的速度启动，电动机正转，工作台从 O 点向 C 点方向前进。

（2）启动后，当工作台运行到 A 点（位置开关 SQ2 被压下）时，工作台开始以 50Hz 频率所对应的速度快进。

（3）工作台快进时，当其运行到 B 点（位置开关 SQ3 被压下）时，工作台开始以 25Hz 频率所对应的速度工进。

（4）工作台工进时，当其运行到 C 点（位置开关 SQ4 被压下）时，工作台停止运动。

（5）工作台停留 5s 后，电动机开始反转，工作台便以 40Hz 频率所对应的速度快速后退。

（6）工作台后退到原点（位置开关 SQ1 被压下）时，停留 3s 后，又开始以 15Hz 频率所对应的速度进行下一个周期的往复运动。

在工作台上述往复运动过程中，若按下工作台停止按钮 SB2，则工作台在进行往复运动回到原点时，才能停止。

变频器控制工作台运行的示意图如图 7-13 所示。

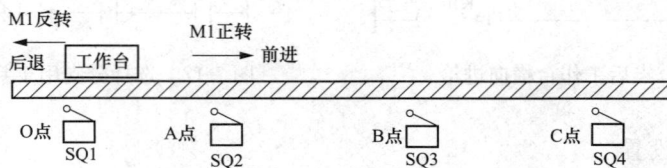

图 7-13　工作台自动控制运行示意图

2. 确定控制器及外围硬件设备

PLC 采用 FX3U-32MT，变频器型号 FR-D740，根据控制要求，输入设备需要启动按钮一个，停止按钮一个，A、B、C、O 共 4 个限位开关。输出设备需输出驱动变频器。

3. 输入、输出地址分配说明及接线

输入、输出地址分配见表 7-4。

表 7-4　　　　　　　　　机床工作台变速运动的自动控制 PLC 地址分配表

连接设备符号	地址	数据类型	注释
SB1	X1	BOOL	启动按钮
SB2	X2	BOOL	停止按钮
SQ1	X3	BOOL	O 点位置开关
SQ2	X4	BOOL	A 点位置开关
SQ3	X5	BOOL	B 点位置开关
SQ4	X6	BOOL	C 点位置开关
STR	Y0	BOOL	变频器正向
STF	Y1	BOOL	变频器反向
RL	Y4	BOOL	变频器低速
RM	Y5	BOOL	变频器中速
RH	Y6	BOOL	变频器高速

系统接线图如图 7-14 所示。

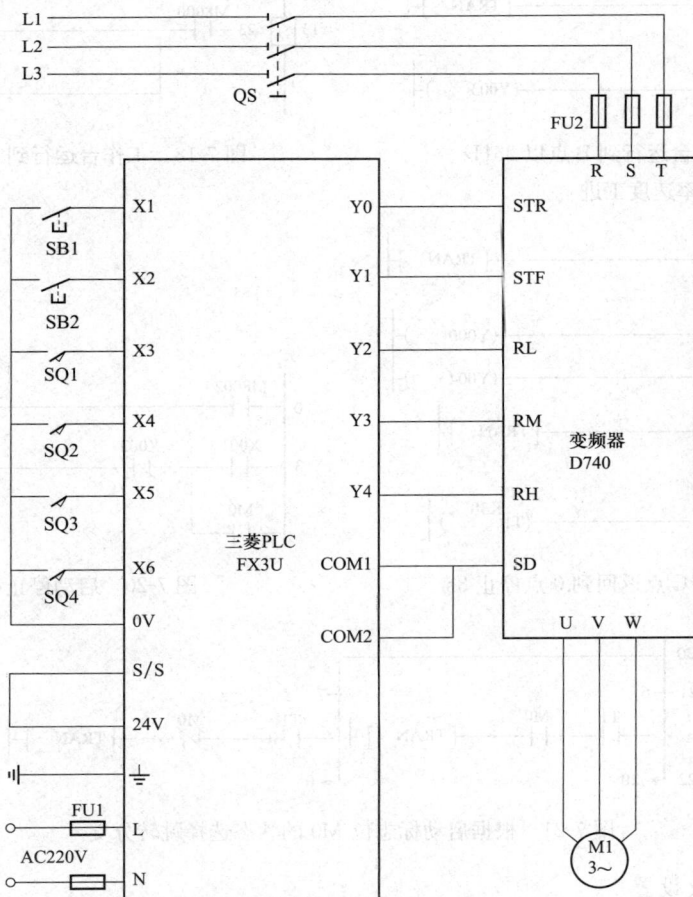

图 7-14　PLC、变频器实现机床工作台变速运动的自动控制系统接线图

4. 程序

系统程序使用顺序控制编程方法，具体程序见图 7-15～图 7-21。

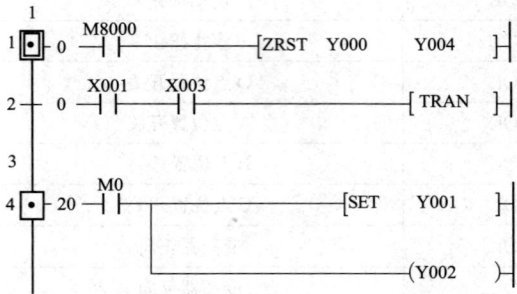

图 7-15　启动工作台电动机速度频率 15Hz

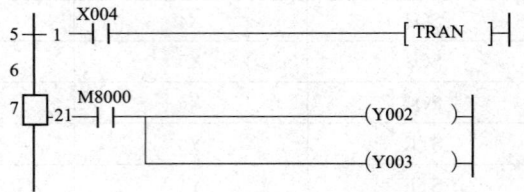

图 7-16　工作台到达 A 点以 50Hz 频率所对应的速度快进

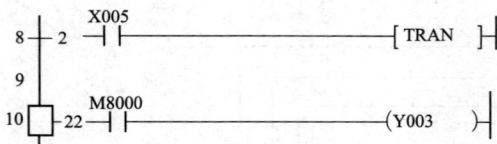

图 7-17　工作台运行到 B 点以 25Hz 频率速度工进

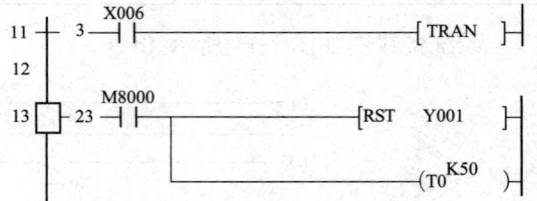

图 7-18　工作台运行到 C 点停止 5s

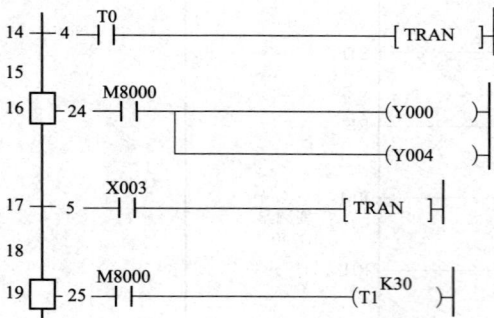

图 7-19　从 C 点返回到 0 点停止 3s

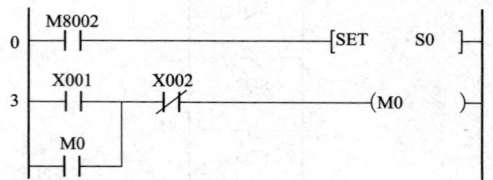

图 7-20　启动停止程序块

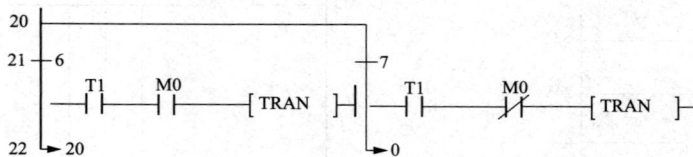

图 7-21　根据启动标志位 M0 的状态选择跳转分支

5. 变频器参数设置

系统变频器参数设置见表 7-5。

表 7-5　　　　　　　　　　　**机床工作台变速运动自动控制系统变频器参数设置**

序号	参数编号	设置值	说明
1	P1	120Hz	上限频率
2	P2	0Hz	下限频率
3	P5	45Hz	反转频率
4	P6	30Hz	正转频率
5	P7	2s	加速时间
6	P8	1s	减速时间
7	P79	0	外部运行模式

7.2.3　刨床工作台的控制

1. 技术要求

（1）刨床工作台采用 PLC 控制；

（2）刨床工作台由变频器驱动三相异步电动机运动；

（3）变频器的频率设定要求见图 7-22，变频器的加速时间为 2s，减速时间为 1s；

（4）用启动按钮启动工作台，工作台以设定频率运行，两个循环后停止；

（5）运行过程中按下停止按钮，工作台立即停止。

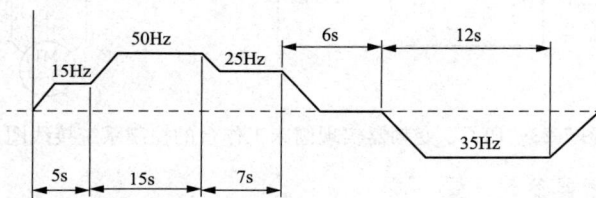

图 7-22　工作台设定频率要求

2. 硬件设计

（1）确定控制器及外围硬件设备。PLC 采用 FX3U-32MT，变频器型号 FR-D740，根据控制要求，输入设备需要启动按钮一个，停止按钮一个。输出设备需输出驱动变频器。

（2）PLC 输入、输出地址分配表。根据控制要求，输入、输出地址分配见表 7-6。

表 7-6　　　　　　　　　　　**刨床工作台 PLC 地址分配**

连接设备符号	地址	数据类型	注释
SB1	X1	BOOL	启动按钮
SB2	X2	BOOL	停止按钮
STR	Y0	BOOL	变频器反向
STF	Y1	BOOL	变频器正向
RL	Y4	BOOL	变频器低速
RM	Y5	BOOL	变频器中速
RH	Y6	BOOL	变频器高速

（3）系统接线图。PLC、变频器实现刨床工作台的控制系统接线如图 7-23 所示。

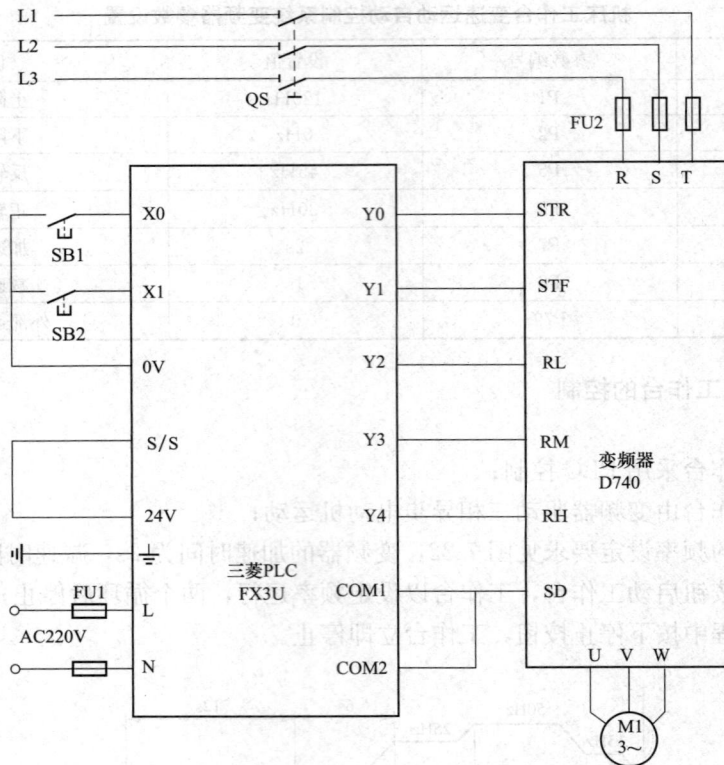

图 7-23　PLC、变频器实现刨床工作台的控制系统接线图

3. 软件程序及变频器参数设置

系统采用顺序控制编程方法，软件程序如图 7-24～图 7-27 所示。

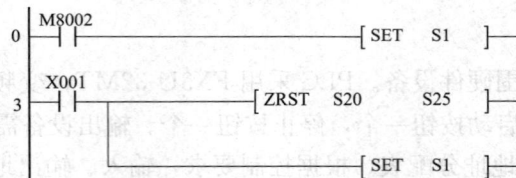

图 7-24　程序初始与停止复位

系统变频器参数设置见表 7-7。

表 7-7　　　　　　　　　　　　刨床工作台变频器参数设置

序号	参数编号	设置值	说明
1	P1	120Hz	上限频率
2	P2	0Hz	下限频率
3	P5	45Hz	反转频率
4	P6	30Hz	正转频率
5	P7	2s	加速时间
6	P8	1s	减速时间
7	P79	0	外部运行模式

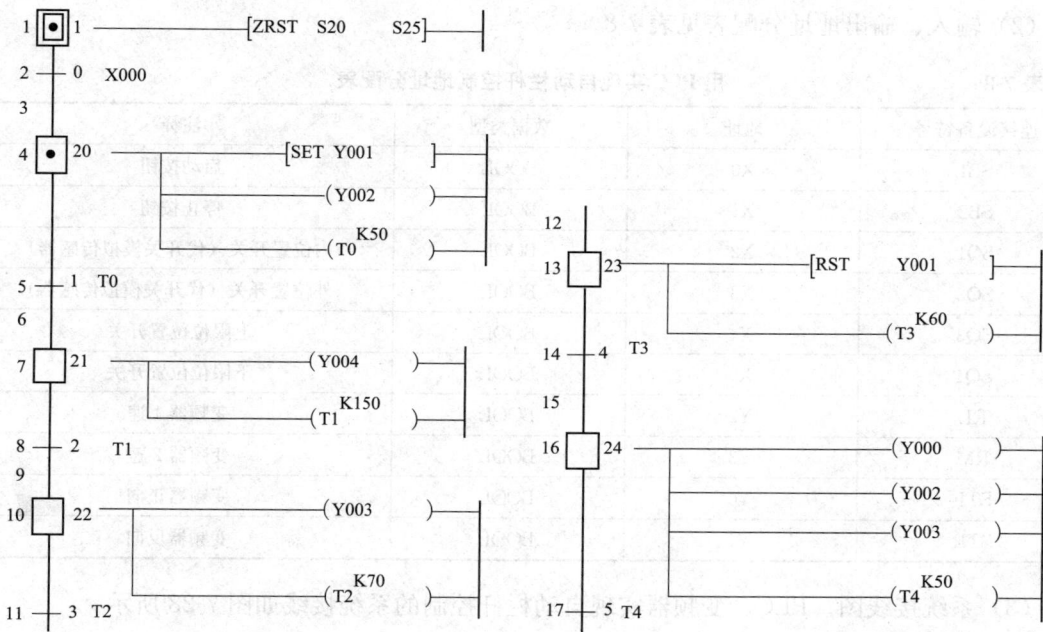

图 7-25 三相异步电动机依次以三个频率正转运行 图 7-26 三相异步电动机依次以两个频率反转运行

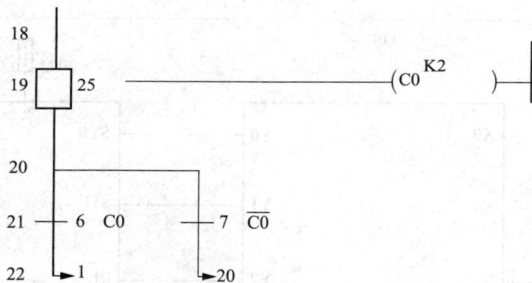

图 7-27 循环两次即停止

7. 2. 4 自动栏杆的控制

1. 技术要求

（1）自动栏杆采用 PLC 控制；

（2）自动栏杆由变频器驱动三相异步电动机运动；

（3）变频器的加速时间为 2s，减速时间为 1s；

（4）当有车辆到来时（用开关模拟传感器），出入口栏杆才可以开启；车辆过去后（用开关模拟传感器）则自动关闭；

（5）栏杆启动和关闭先以 20Hz 速度运行 4s，再以 30Hz 的速度运行到位后（用开关模拟传感器）停止；

（6）触摸屏作为监控和操作界面，设有启动、停止按键，栏杆状态指示灯。

2. 硬件设计

（1）确定控制器及外围硬件设备。PLC 采用 FX3U-32MT，变频器型号 FR-D740，根据控制要求，输入设备需要启动按钮一个，停止按钮一个。输出设备需输出驱动变频器。

（2）输入、输出地址分配表见表 7-8。

表 7-8　　　　　　　　　　**用 PLC 实现自动栏杆控制地址分配表**

连接设备符号	地址	数据类型	注释
SB1	X0	BOOL	启动按钮
SB2	X1	BOOL	停止按钮
SQ1	X2	BOOL	内位置开关（代开关模拟传感器）
SQ2	X3	BOOL	外位置开关（代开关模拟传感器）
SQ3	X4	BOOL	上限位位置开关
SQ4	X5	BOOL	下限位位置开关
RL	Y2	BOOL	变频器 1 速
RM	Y3	BOOL	变频器 2 速
STF	Y0	BOOL	变频器正向
STR	Y1	BOOL	变频器反向

（3）系统接线图。PLC、变频器实现自动栏杆控制的系统接线如图 7-28 所示。

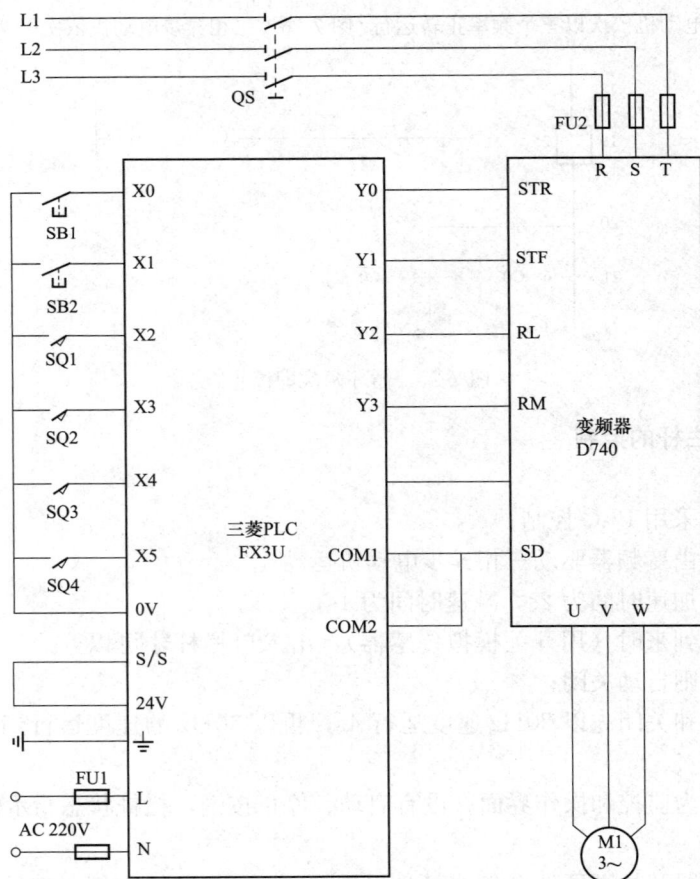

图 7-28　PLC、变频器实现自动栏杆控制系统接线图

3. 软件编程及变频器参数设置

用 PLC、变频器实现自动栏杆控制的程序采用梯形图编程，具体程序如图 7-29～图 7-30 所示。

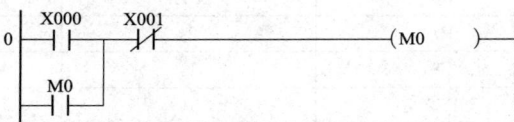

图 7-29　系统启动停止

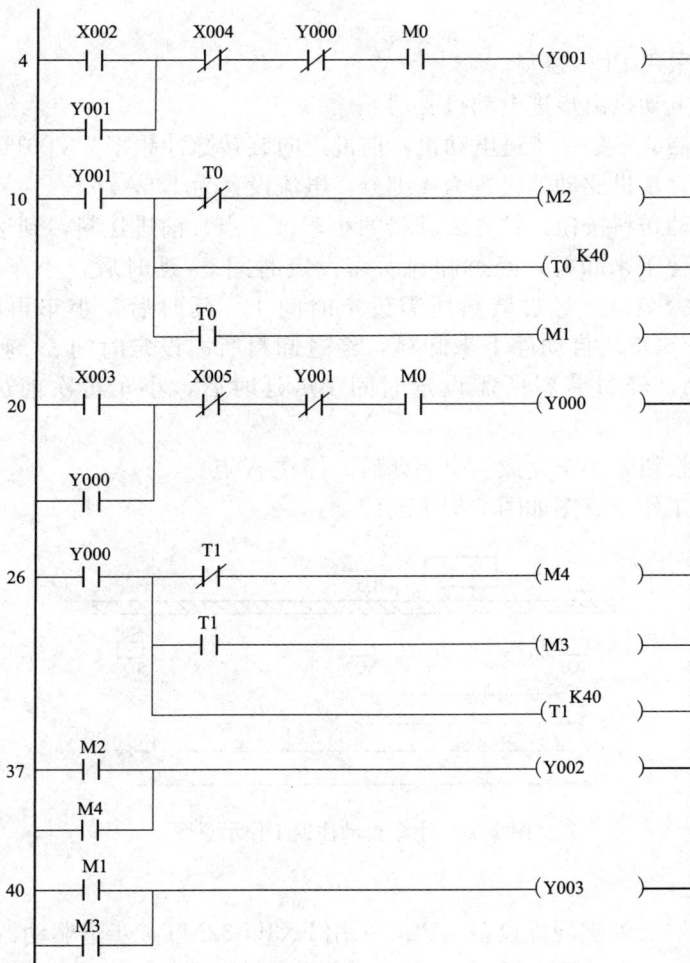

图 7-30　栏杆的上下自动控制

系统变频器参数设置见表 7-9。

表 7-9　　　　　　　　　　　自动栏杆控制变频器参数设置

序号	参数编号	设置值	说明
1	P1	120Hz	上限频率
2	P2	0Hz	下限频率

续表

序号	参数编号	设置值	说明
3	P5	30Hz	反转频率
4	P6	20Hz	正转频率
5	P7	2s	加速时间
6	P8	1s	减速时间
7	P79	0	外部运行模式

7.2.5　送料小车自动往返

1. 技术要求

（1）送料小车采用 PLC 控制。

（2）送料小车电动机由步进电动机驱动。

（3）步进驱动器的参数：步进电动机，前进正向旋转脉冲频率为 200Hz，返回反向旋转脉冲频率为 600Hz，步进驱动器设置为 4 细分，电流设置为 1.5A。

（4）第一次按动送料按钮，预先装满料的小车（A 点）前进送料，到达卸料处 B（前限位开关 SQ2）自动停下来卸料，经过卸料所需设定时间 5s 延时后，小车则自动返回到装料处 A（限位开关 SQ1），经过装料所需设定时间 10s 延时后，小车再次前进到达卸料处 C（后限位开关 SQ3）自动停下来卸料，经过卸料所需设定时间 8s 延时后，小车则自动返回到装料处 A，经过装料所需设定时间 10s 延时后，小车再次前进到达卸料处 B，如此自动循环。

（5）按下停止按钮，小车完成一个周期后，停在 A 点。

小车自动往返工作示意图如图 7-31 所示。

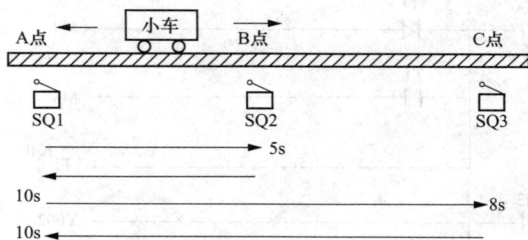

图 7-31　小车自动往返工作示意图

2. 硬件设计

（1）确定控制器及外围硬件设备。PLC 采用 FX3U-32MT，步进驱动器 F223，步进电动机为两相四线步进电动机 YK42HB38-01A，根据控制要求，输入设备需要启动按钮一个，停止按钮一个。输出设备需输出驱动变频器。

（2）地址分配表设计，见表 7-10。

表 7-10　　　　　　　　　　送料小车自动往返控制地址分配表

连接设备符号	地址	数据类型	注释
SB1	X0	BOOL	启动按钮
SB2	X1	BOOL	停止按钮

右上角：续表

连接设备符号	地址	数据类型	注释
SQ1	X2	BOOL	A 点位置开关
SQ2	X3	BOOL	B 点位置开关
SQ3	X4	BOOL	C 点位置开关
CP−	Y0	BOOL	步进驱动器脉冲输入
DIR−	Y2	BOOL	步进驱动器方向控制
KM1	Y4	BOOL	小车前进工作指示
KM2	Y5	BOOL	小车后退工作指示

（3）系统接线图。自动送料小车控制系统接线图如图 7-32 所示。

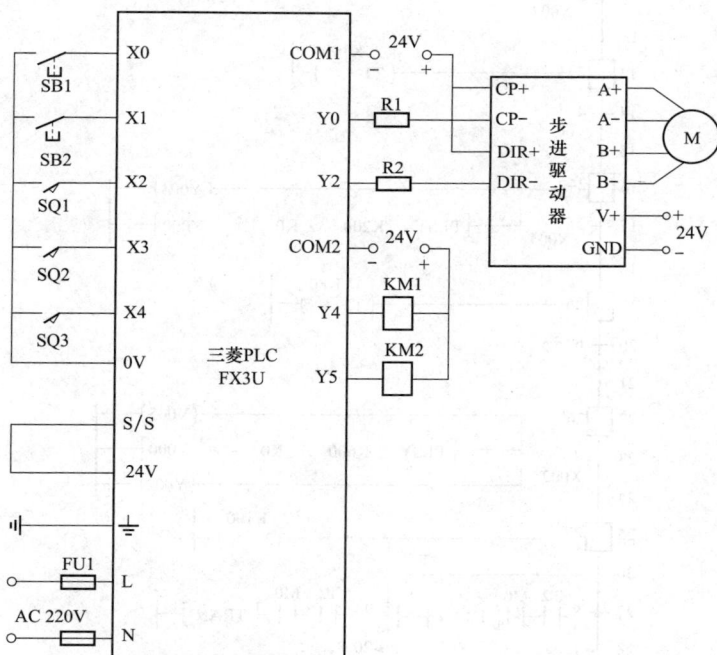

图 7-32　送料小车自动往返控制系统接线图

3. 软件编程及变频器参数设置

系统采用顺序控制编程，软件程序如图 7-33 和图 7-34 所示。

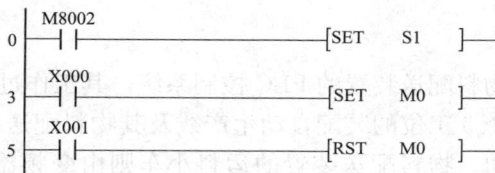

图 7-33　系统启动与停止标志 M0

1　　[ZRST　S20　　S27]

2　0　X000　X002　　[TRAN]

3

4　20　　（Y004）
　　[PLSY　K200　K0　　Y000]

5　1　X003

6

7　21　K50（T0）

8　2　T0

9

10　22　　（Y005）
　　[PLSY　K600　K0　　Y000]
　　（Y002）

11　3　X002

12

13　23　K100（T1）

14　4　T1

15

16　24　　（Y004）
17　5　[PLSY　K200　K0　　Y000]
　　X004

18

19　25　K80（T2）

20　6　T2

21

22　26　　（Y005）
23　7　[PLSY　K600　K0　　Y000]
　　X002　　（Y002）

24

25　27　K100（T2）

26

27　8　T2　M0　[TRAN]　9　T2　M0　[TRAN]

28　1　　　　　　　20

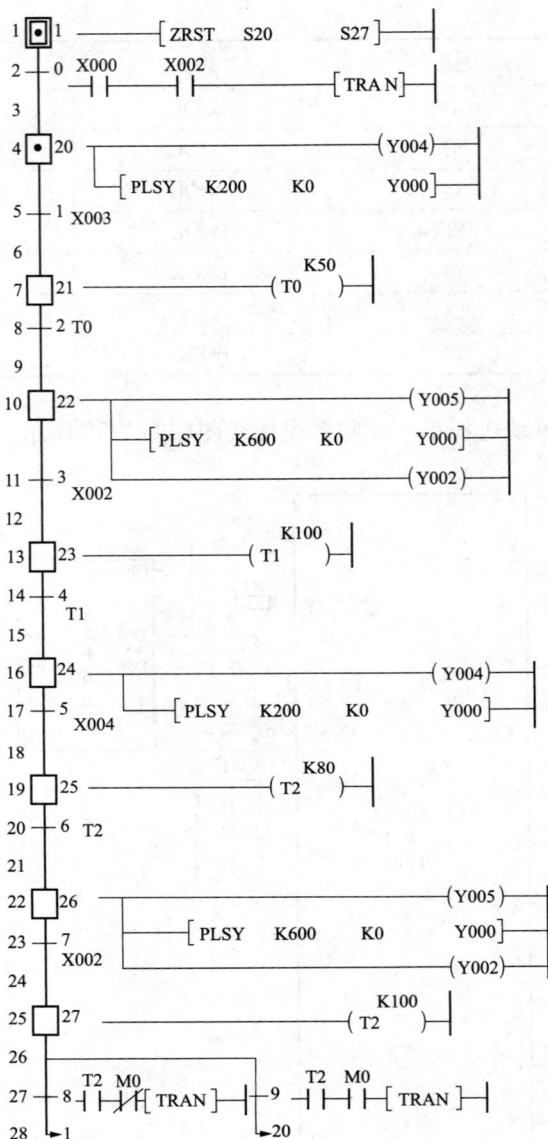

图 7-34　小车自动往返顺序控制程序图

7.3　综合应用设计

7.3.1　设计任务说明

设计某装配生产线及物料配送装置的 PLC 控制系统，其工作过程简介如下：

该产品装配线包括一个 3 工位的装配自动生产线及其物料配送装置，装配自动生产线由三相异步电动机 M1 来拖动，物料配送装置的运料小车则由变频器驱动电动机 M2 来拖动，其基本构成如图 7-35 所示。

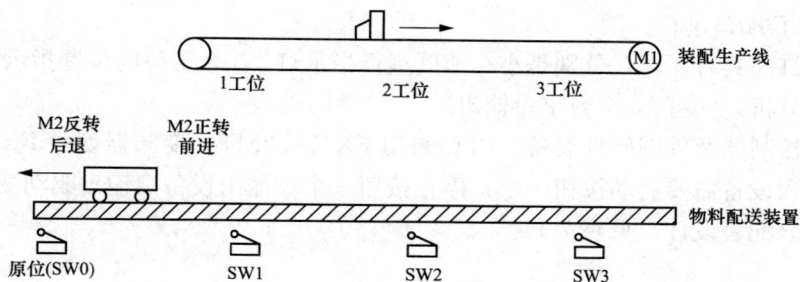

图 7-35　产品装配自动生产示意图

该装配自动生产线主要是按需自动循环，进行一批产品的自动装配工作。

其控制要求如下：

（1）当操作工按下启动按钮 SB1 时，装配自动生产线拖动电动机 M1 直接启动，此后电动机 M1 保持定速运行，直到整个装配工作结束才停车。

（2）若运料小车停留在原位（SW0 接通），则设备开始启动运行，否则不得启动。

（3）按需自动循环要求：

M1 启动后，停留在原位的小车进行装料，4s 后装料结束。小车装料后，可按工位需求，往任意工位送料。若 1 工位料为空，1 工位呼叫，则小车电动机 M2 运行至 1 工位停留卸料，2s 后卸料结束，1 工位呼叫关断。同理，若 2 工位料为空，2 工位呼叫，小车运行至 2 工位停留卸料，2s 后卸料结束，2 工位呼叫关断。如此，根据工位点对小车进行呼叫，若有同时呼叫情况，优先级别为 1、2、3。小车卸料 3 次后自动返回原位装料。

（4）小车电动机运行速度要求：

小车满料运行时电动机频率为 20Hz，卸料一次后为 30Hz，卸料两次后为 40Hz，卸料完毕后频率为 50Hz。

（5）工作指示灯要求：

设小车工作指示灯一盏，当小车以速度为 50Hz 运行时，指示灯长亮；当小车以速度 40Hz 运行时，指示灯以 2Hz 频率闪烁；当小车以速度 30Hz 运行时，指示灯以 1Hz 频率闪烁，当小车以速度 20Hz 运行时，指示灯以 0.5Hz 频率闪烁，小车停时，指示灯不亮；在 1、2、3 工位各设一工作指示灯，小车停在哪个工位，该工位工作指示灯亮。

7.3.2　装配生产线及物料配送装置的 PLC 控制系统

1. 任务分析与硬件设计

本任务设有启动按钮 1 个，对停止没有作特殊要求，所以默认为一个普通停止按钮，按下停止按钮后须等运料小车回到原位后系统停止运行。

由于三个工作台的加料是通过呼叫才进行的，所以需设 3 个工位呼叫按钮。到指定工位后小车停止，在 3 个工位点各设 1 个位置开关，加上原位 1 个位置开关，共 4 个位置开关。这样，共有 9 个数字量输入。

电动机 M1 是直接启动的，因此由一个交流接触器驱动。小车电动机 M2 为多段速控制，由变频器驱动。此处电动机的控制速度有 20、30、40、50Hz 四个速度，PLC 需输出 4 个点分别控制变频器的 RL、RM、RH 三个控制口。小车有前进与后退两个方向，因此需对变频器的 STR、STF 端口进行控制。

工作指示灯一共有 4 盏，分别是小车速度运行指示灯，3 个工位的位置指示灯。

综合以上分析，共有 10 个数字量输出。

(1) 确定控制器及外围硬件设备。PLC 采用 FX3U-32MT，变频器型号 FR-D740，根据控制要求，输入设备需要启动按钮一个，停止按钮一个。输出设备需输出驱动变频器。

(2) 地址分配表设计，见表 7-11。

表 7-11 　　　　　　　装配生产线及物料配送装置 PLC 控制系统地址分配表

连接设备符号	地址	数据类型	注释
SB1	X0	BOOL	启动按钮
SB2	X1	BOOL	停止按钮
SQ0	X2	BOOL	原位限位开关
SB3	X3	BOOL	1 工位呼叫
SB4	X4	BOOL	2 工位呼叫
SB5	X5	BOOL	3 工位呼叫
SQ1	X11	BOOL	1 工位点限位开关
SQ2	X12	BOOL	2 工位点限位开关
SQ3	X13	BOOL	3 工位点限位开关
RL	Y26	BOOL	变频器 1 速
RM	Y25	BOOL	变频器 2 速
RH	Y24	BOOL	变频器 3 速
STF	Y22	BOOL	变频器正向
STR	Y23	BOOL	变频器反向
GL	Y10	BOOL	小车速度运行指示灯
RL	Y11	BOOL	1 工位点位置指示灯
YL	Y12	BOOL	2 工位点位置指示灯
WL	Y13	BOOL	3 工位点位置指示灯
KM1	Y1	BOOL	M1 电动机控制接触器

(3) 系统接线图。装配生产线及物料配送装置系统接线如图 7-36 所示。

2. 软件编程与程序分析

程序采用梯形图编程，具体程序如图 7-37、图 7-38 所示。

图 7-37 所示程序说明：M0 启动标志软元件，X0 启动按钮，X1 停止按钮，M31 停止标志软元件，M30 工作周期结束标志。M31 下降沿表示一个完整工作周期的结束，以步序为 4 起始的程序段的作用为：若在运行过程中按过停止按钮，且已完成一个完整工作周期，以 M0 为起始至 M50 全部复位，即整个工作系统停止。若没有按过停止按钮，M30 的下降沿将重新启动 M0，系统进入下一个循环。

图 7-38 所示程序说明：M0 启动后，电动机 M1 直接启动，此时运料小车若在原位，即 X2 为 ON，会启动装料标志 M1，设置时间为 4s。

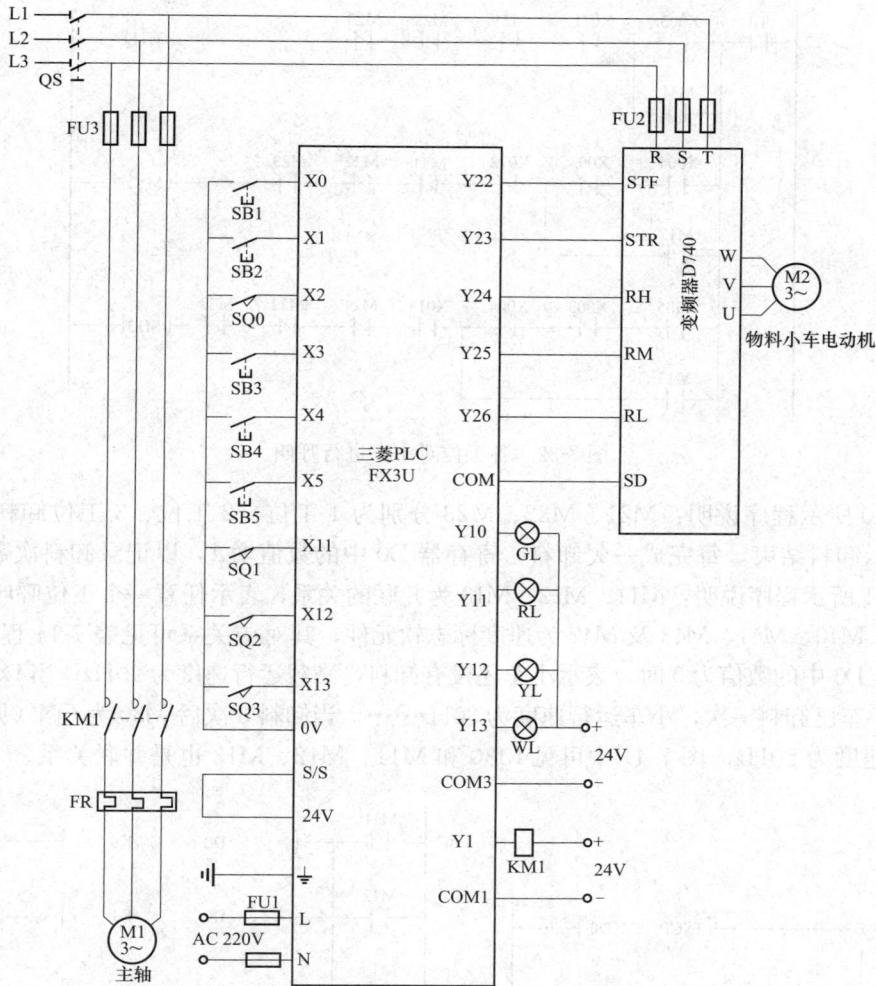

图 7-36　装配生产线及物料配送装置系统接线

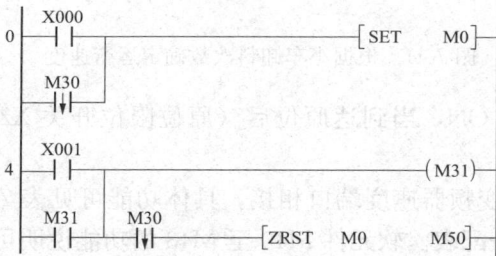

图 7-37　系统启动与停止

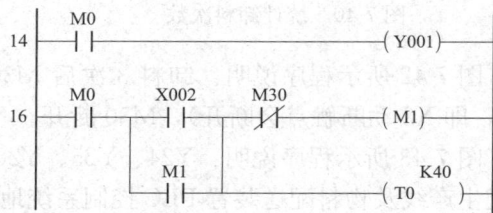

图 7-38　直接启动电动机 1，原位停止 4s 装料

　　图 7-39 所示程序说明：装料 4s 后，各工位可对小车呼叫，1 工位呼叫优先级最高，当 1 工位 X3 呼叫即 X3 为 ON 时，2 工位和 3 工位呼叫 X4 与 X5 都串联了 X3 的动断触点，动断触点断开，直接屏蔽 2 工位和 3 工位呼叫回路。X11、X12、X13 为 1、2、3 工位的限位开关，当小车运行至位置后，断开相应的呼叫回路。

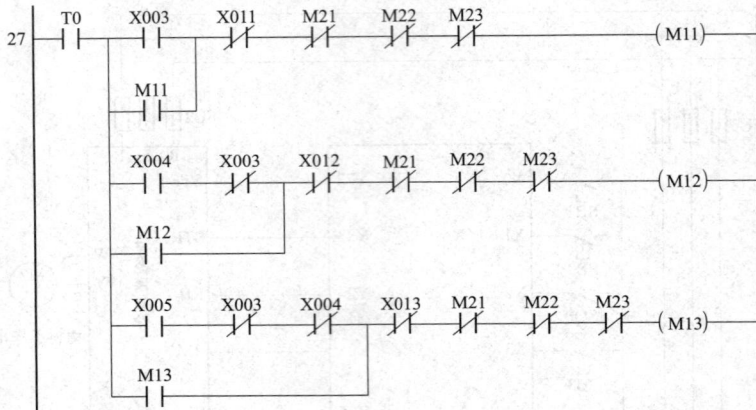

图 7-39　各工位对小车进行呼叫

图 7-40 所示程序说明：M21、M22、M23 分别为 1 工位、2 工位、3 工位卸料标志，用下降沿表示卸料结束，每完成一次卸料，寄存器 D0 中的数值增 1，以记录卸料次数。

图 7-41 所示程序说明：M11、M12、M13 为并联的关系，表示任意一个工位呼叫成功即进入下一步，M40、M41、M43 及 M42 为速度标志软元件，其对应关系可见表 7-14 程序中 M 软元件说明。D0 中的数值为 0 时，表示小车还没有卸料，满载运行速度为 20Hz；当 D0 中的数值为 1 时，小车已卸料一次，小车运行速度为 30Hz……，当卸料 3 次后 M30 为 ON（见图 7-42），小车运行速度为 50Hz。图 7-41 中可见 M30 和 M11、M12、M13 也是并联关系。

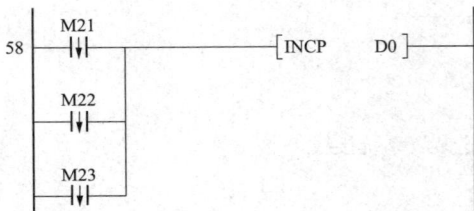

图 7-40　统计卸料次数

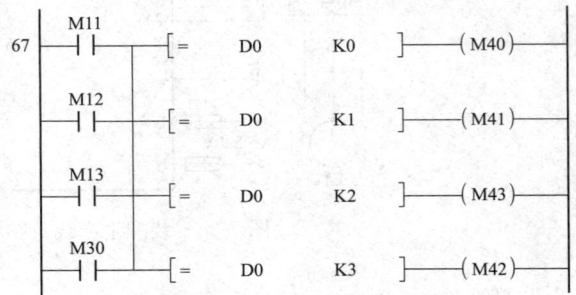

图 7-41　根据小车卸料次数确定运行速度

图 7-42 所示程序说明：卸料 3 次后 M30 为 ON，当到达原位后（原位限位开关 X2 为 ON，即 X2 动断触点会断开），M30 断开。

图 7-43 所示程序说明：Y24、Y25、Y26 与变频器速度端口相接，具体功能可见表 7-11 装配生产线及物料配送装置 PLC 控制系统地址分配表。软元件 M40 至 M43 的功能说明可见表 7-14。

图 7-44 所示程序说明：寄存器 D10 存放小车当前位置工位号，寄存器 D20 存放呼叫位置工位号，当呼叫工位号小车当前位置工位号时，接通 Y22，小车前进，反之，接通 Y23，小车后退。比如小车当前所在 3 工位，X13 为 ON，则执行 [MOV K3 D10]，D10 当前值为 3，1 工位呼叫时，X3 为 ON，执行 [MOV K1 D20]，D20 当前值为 1，[<D20 D10] 为 ON，接通 Y23，小车后行至 1 工位停止。

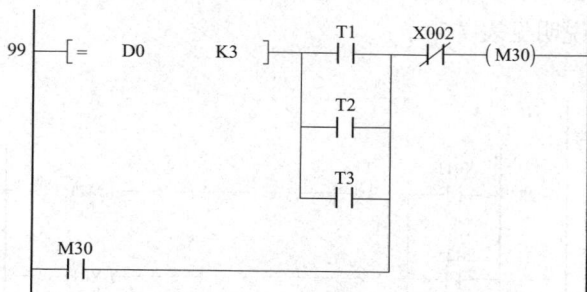

图 7-42　完成 3 次卸料标示

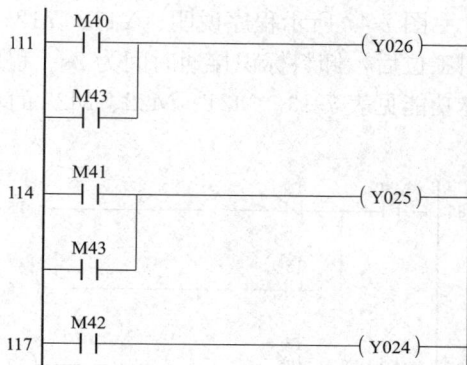

图 7-43　4 段速度输出驱动

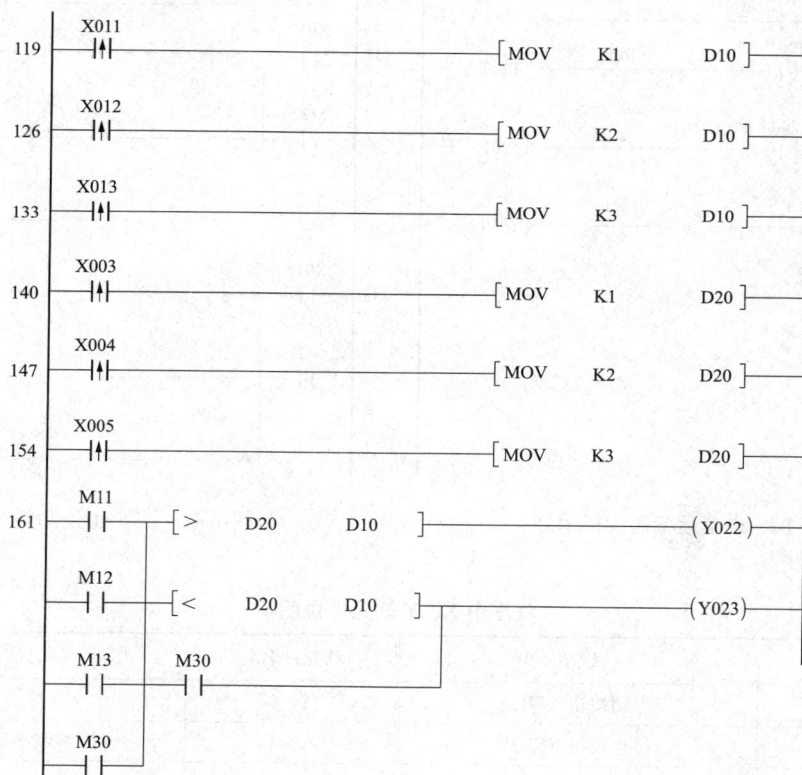

图 7-44　确定小车的运行方向

图 7-45 所示程序说明：小车回原位装料，X2 为 ON，卸料统计寄存器 D0 清零，重新开始一下个周期的卸料计数。

图 7-45　小车返回原点后卸料计数清零

图 7-46 所示程序说明：小车运行速度指示灯由 Y10 驱动，当小车以速度为 50Hz 运行时，指示灯长亮；当小车以速度 40Hz 运行时，指示灯以 2Hz 频率闪烁；当小车以速度 30Hz 运行时，指示灯以 1Hz 频率闪烁，当小车以速度 20Hz 运行时，指示灯以 0.5Hz 频率闪烁。

图 7-47 所示程序说明：Y11、Y12、Y13 分别为 1、2、3 工位工作指示灯。小车到达呼叫工位后，卸料标识接通时间为 2s。程序中的 X、Y 软元件具体说明见表 7-12，T 软元件具体功能见表 7-13。M21、M22、M23 的功能说明见表 7-14。

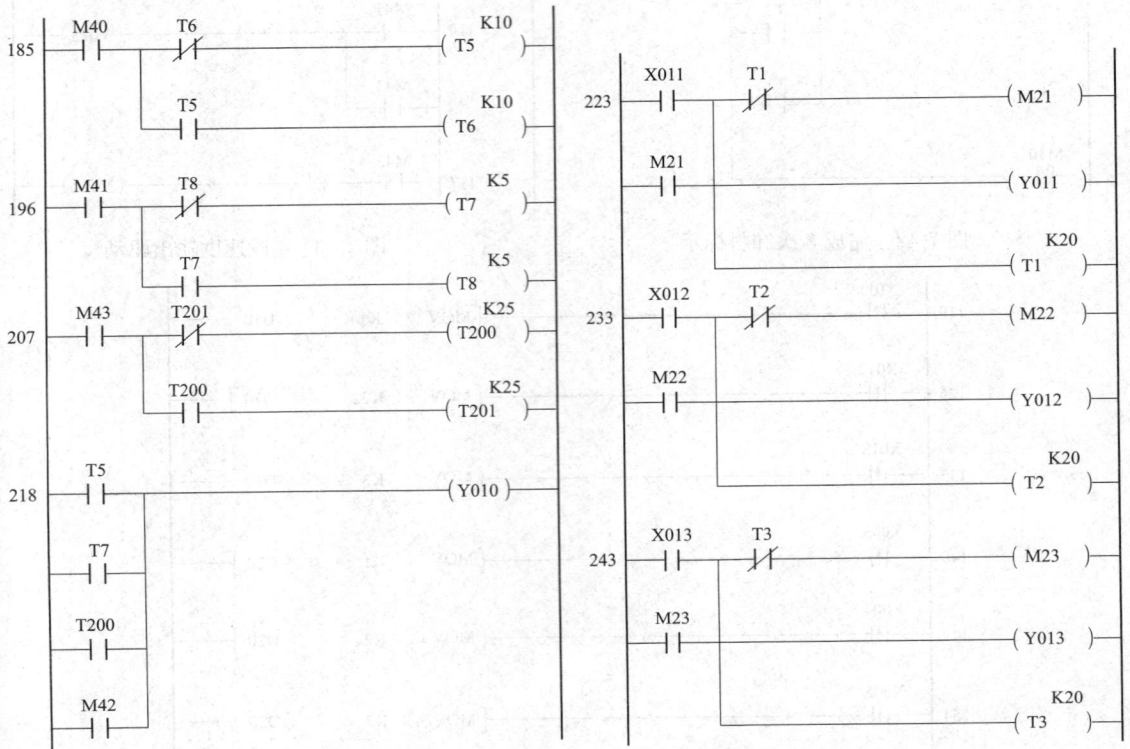

图 7-46　小车运行速度指示灯

图 7-47　三个工位卸料 2s

表 7-12　　　　　　　　　　　　　　程序中 X、Y 软元件说明

软元件名称	说明	软元件名称	说明
X000	启动按钮（SB1）	Y000	
X001	停止按钮（SB2）	Y001	M1 控制接触器 KM1
X002	原位限位开关（SQ0）	Y010	速度运行指示灯 GL
X003	1 工位呼叫（按钮 SB3）	Y011	1 工位点指示灯 RL
X004	2 工位呼叫按钮（SB4）	Y012	2 工位点指示灯 YL
X005	3 工位呼叫按钮（SB5）	Y013	3 工位点指示灯 WL
X011	1 工位点限位开关（SQ1）	Y022	电动机正转接变频器 STF
X012	2 工位点限位开关（SQ2）	Y023	电动机反转接变频器 STR
X013	3 工位点限位开关（SQ3）	Y024	接变频器 RH
		Y025	接变频器 RM
		Y026	接变频器 RL

表 7-13　　　　　　　　　　　　　　　程序中 T 软元件说明

软元件名称	说明	软元件名称	说明
T0	原位装料 4s	T6	与 T5 形成 2s 周期脉冲
T1	1 工位卸料 2s	T7	与 T8 形成 1s 周期脉冲
T2	2 工位卸料 2s	T8	与 T7 形成 1s 周期脉冲
T3	3 工位卸料 2s	T200	与 T201 形成 0.5s 周期脉冲
T4		T201	与 T200 形成 0.5s 周期脉冲
T5	与 T6 形成 2s 周期脉冲		

表 7-14　　　　　　　　　　　　　　　程序中 M 软元件说明

软元件名称	说明	软元件名称	说明
M0	启动标志	M23	3 工位卸料标志
M1	原位装料标志	M30	周期结束标志
M11	1 工位呼叫后往 1 位运行	M31	系统停止标志
M12	2 工位呼叫后往 2 位运行	M40	RL 速度标志接通 20Hz
M13	3 工位呼叫后往 3 位运行	M41	RM 速度标志接通 30Hz
M21	1 工位卸料标志	M42	RH 速度标志接通 50Hz
M22	2 工位卸料标志	M43	RL、RM 速度接通标志 40Hz

3. 变频器参数设置说明

系统变频器参数设置见表 7-15。

表 7-15　　　　　　装配生产线及物料配送装置的 PLC 控制系统变频器参数设置

序号	参数编号	设置值	说明
1	P1	120Hz	上限频率
2	P2	0Hz	下限频率
3	P4	50Hz	RH 设定
4	P5	30Hz	RM 设定
5	P6	20Hz	RL 设定
6	P24	40Hz	RM、RL 设定
7	P7	2s	加速时间
8	P8	1s	减速时间
9	P79	0	外部运行模式

第8章　电梯的电气控制与故障分析

随着城市化进程的加速发展，电梯作为垂直交通工具在地铁、医院、商住楼和高层住宅内中得到广泛的应用。随着生活水平的提高和工作节奏的加快，人们对电梯的要求越来越高，要求电梯具有快速、舒适、安全和可靠的性能。为了满足乘客对乘坐电梯安全性和舒适感的要求，设计了机械和电气安全保护装置，电力拖动系统采用变频变压的调速系统。变频变压调速采用了微机控制技术、脉宽调制技术及矢量变换技术，使转速的控制与直流电动机极为相似，从而使电梯具有体积小、质量轻、节省能源、运行效率高的特性。

8.1　电梯的机械和电气结构

电梯的基本结构由机械系统和电气系统两大部分组成，如图 8-1 所示。但以功能系统来描述，才能反映电梯的特点。

电梯的机械系统由曳引系统、轿厢和对重装置、导向系统、厅轿门和开关门系统以及机械安全保护系统等组成。

电梯的电气系统由控制柜、操作箱、换速和平层控制、开关门控制和电气安全保护控制等部分组成。

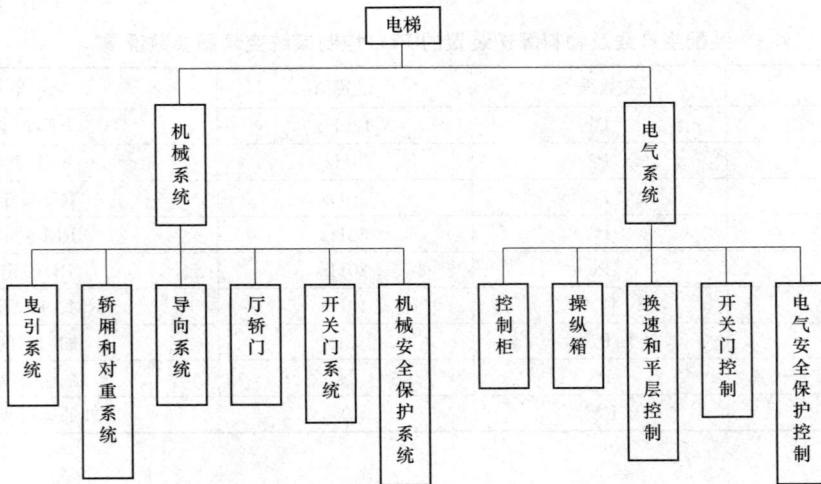

图 8-1　电梯的基本结构框图

8.1.1　电梯的机械结构

图 8-2 为电梯的结构图，通过实地操作电梯和观察电梯的运动过程来了解电梯的结构。

1. 曳引系统

曳引系统位于柜架顶部，安装在两条承重梁上，主要由曳引机、导向轮、曳引钢丝绳、曳引绳锥套等部件构成。

（1）曳引机。曳引机是电梯的动力装置，输出并传递动力，驱动电梯轿厢和对重装置作上下运行。

曳引机由曳引电动机、电磁制动器、减速箱、曳引轮和底座组成，如图 8-3 所示。

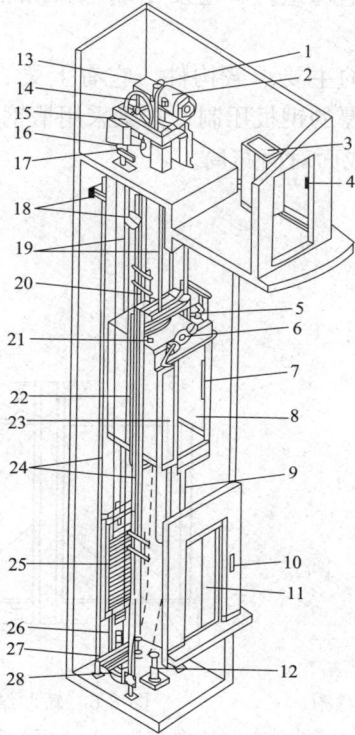

图 8-2　电梯的结构图

1—制动器；2—曳引电动机；3—电气控制柜；4—电源开关；5—位置检测
开关；6—开门机；7—轿内操纵盘；8—轿厢；9—随行电缆；10—呼梯盒；
11—厅门；12—缓冲器；13—减速箱；14—曳引机；15—曳引机底盘；
16—导向轮；17—限速器；18—导轨支架；19—曳引钢丝绳；20—开关碰块；
21—终端紧急开关；22—轿厢框架；23—轿厢门；24—导轨；25—对重；
26—补偿链；27—补偿链导向轮；28—张紧装置

图 8-3　曳引机的结构

1—曳引电动机；2—电磁制动器；
3—减速箱；4—曳引轮；5—底座

a）曳引电动机选用三相笼型感应电动机，采用变频变压（VVVF）驱动方式。

b）电磁制动器采用断电抱闸型的电磁制动器。曳引电动机通电期间抱闸器的闸瓦松闸，轿厢运转；曳引电动机断电瞬间抱闸器抱闸，轿厢制动停止，并保持轿厢位置不变，工作电压 DC110V。

c）减速箱是将曳引电动机轴输出的较高速度降低到曳引轮所需的较低速度，同时提高输出力矩，满足电梯运行要求。减速器通常采用蜗轮蜗杆减速器。

d）底座是支撑和固定安装各个部件。

（2）曳引轮。曳引轮是嵌挂钢丝绳的轮子，钢丝绳两端悬挂着轿厢和对重装置。当曳引轮转动时，通过钢丝绳和曳引轮之间的摩擦力，驱动轿厢和对重装置上下运动。曳引轮一般是半圆形带切口绳槽轮，如图 8-4 所示。

（3）导向轮。导向轮安装在曳引机机架上或承重梁上，使轿厢与对重保持最佳相对位置，如图 8-5 所示。

2．轿厢和对重系统

（1）轿厢。轿厢是用来运送乘客或货物的电梯组件，主要由轿厢架和轿厢体两部分组成，如图 8-6 所示。

轿厢架是固定和悬挂轿厢的框架，是轿厢的主要承载构件。它有上梁、立梁和下梁组成，上梁和下梁采用 16～30 号槽钢或 3～8mm 厚的钢板压制；立梁采用槽钢或角钢，或 3～8mm 厚的钢板压制。上梁和下梁的槽钢背靠背或面对面布局。

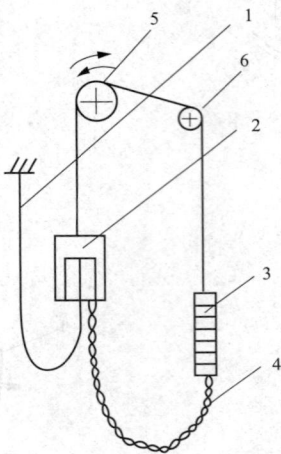

图 8-4　曳引轮	图 8-5　对重系统构成示意图	图 8-6　轿厢结构示意图
	1—电缆；2—轿厢；3—对重；4—补偿电缆；5—曳引轮；6—导向轮	1—轿厢架；2—厢顶；3—厢壁；4—厢底；5—护脚板；6—拉条；7—上梁；8—下梁

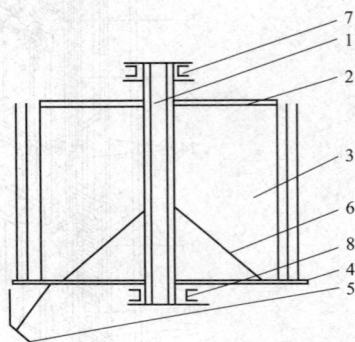

轿厢体是用来装载乘客或货物，由轿底、轿壁、轿顶和轿门等机件构成。轿底采用 6～10 号槽钢和角钢按设计焊接成框架，底部铺设 3～4mm 的钢板或木板；轿壁采用 1.2～1.5mm 厚的薄钢板制成；轿顶采用和轿壁相仿的材料制作，装有照明灯、电风扇、开门机构、门电动机控制箱或安全窗。

（2）对重系统。对重系统包括对重及平衡补偿装置。对重系统也称重量平衡系统。其构成如图 8-5 所示。

对重起到平衡轿厢自重及载重的作用，可大大减轻曳引电动机的负担。而平衡补偿装置则是为电梯在整个运行中平衡变化时设置的补偿装置。对重产生的平衡作用在电梯升降过程中是不断变化的，这主要是由电梯运行过程中曳引钢丝绳在对重侧和在轿厢侧的长度不断变化造成的。为使轿厢侧与对重侧在电梯运行过程中始终都保持相对平衡，就必须在轿厢和对重下面悬挂平衡补偿装置，如图 8-5 所示。

对重由对重架和对重铁块，另外还有导靴、缓冲器碰块、压块等构成，如图 8-7 所示。

对重架用槽钢或用 3～5mm 钢板折压成槽钢后和钢板焊接而成。

对重铁用铸铁制作，主要规格有 50、75、100、125kg 等多种，根据对重框架的情况，选择合适的对重块。

对重铁块放入对重架后，需用压板压紧，防止电梯在运行中发生窜动而产生噪声。

为了使对重装置能对轿厢起到最佳平衡作用，必须正确计算对重装置的总质量。对重装置的总质量与电梯轿厢本身的净重和轿厢的额定载重量有关。它们之间的关系式如下

$$P_D = G + QK_P$$

式中：P_D 为对重装置的总质量，kg；G 为轿厢净重，kg；Q 为电梯额定载重量，kg；K_P 为平衡系数，一般取 $0.45 \sim 0.55$。

平衡系数的取值原则：电梯尽量处于接近最佳工作状态，即对重侧的质量等于轿厢侧的质量，此时电梯只要克服摩擦力便可运行。客梯取 0.5，货梯取 0.5 以上。

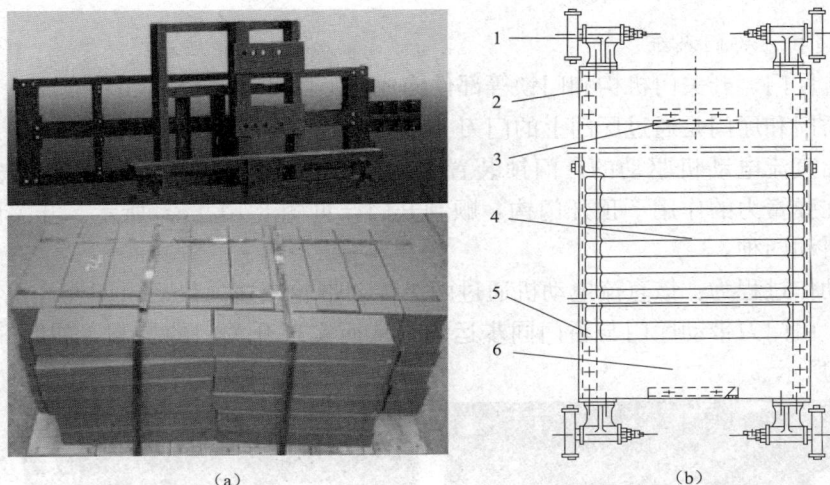

图 8-7　对重外形图和结构示意图

(a) 外形；(b) 结构

1—导靴；2—对重架；3—绳头板；4—对重铁块；5—对重导轨；6—缓冲板

3. 导向系统

导向系统由导轨架、导轨和导靴等部件构成。电梯的导向系统包括轿厢导向系统（见图 8-8）和对重导向系统（见图 8-7）。

（1）导轨对电梯的升降运动起到导向作用，限制轿厢和对重装置在水平方向的移动，保证轿厢与对重在井道中的相对位置，并防止由于轿厢的偏载而产生的倾斜。另外，当安全钳动作时，导轨作为被夹持的支承件，支撑轿厢和对重装置。导轨外形图见图 8-9。

（2）导轨架固定在电梯井道内的墙壁上，是固定导轨的机件。每根导轨上至少应设置两个导轨架，各导轨架之间的间隔应不大于 2.5m。

（3）导靴稳装在轿架和对重上，使轿厢和对重沿着导轨上下运行的装置。轿厢导靴，安装在轿厢上梁和轿厢底部，共有 4 个。对重导靴，安装在对重架的上部和底部，共有 4 个，见图 8-7。

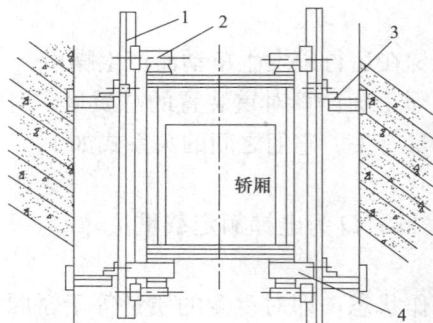

图 8-8　轿厢导向系统结构示意图
1—导轨；2—导靴；3—导轨架

图 8-9　导轨外形图

4. 厅轿门和开关门系统

由轿门、厅门、开关门机构和门锁等部件构成，见图 8-10（a）、（b）。

电梯的轿门和厅门是通过厅门上的门刀［见图 8-10（c）］实现同步运动的。厅门和轿门的开头门是由直流电动机驱动的。门锁装置上的门钩是在门关上时勾上，起到安全保护作用；开门时在弹簧力的作用下顶开门钩，顺利开门，见图 8-10（e）所示。开关门的工作方式有手动和自动两种。

厅门的动作过程为：该直流电动机通过两级传动带轮减速，最后由四连杆机构拖动轿门作往返运动，由门刀带动厅门与轿门同步运动，从而实现开关门的控制，如图 8-10（c）和图 8-10（d）所示。

（a）　　　　　　　　　　　　　　　　（b）

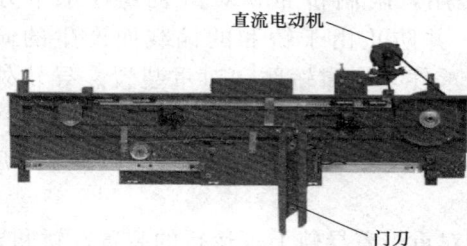
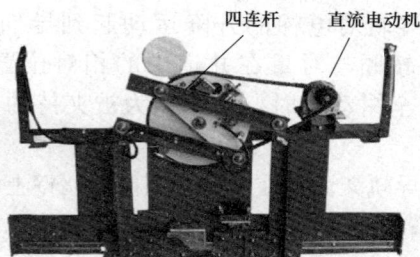

（c）　　　　　　　　　　　　　　　　（d）

图 8-10　厅门及开关门机构（一）
（a）厅门；（b）厅门背面开关门机构和门锁装置；（c）门刀；（d）开关门的四连杆机构

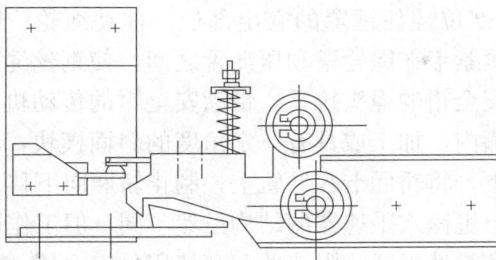

（e）

图 8-10　厅门及开关门机构（二）

（e）门锁装置

门锁装置位于厅门内侧，关门后，门锁紧，同时接通门电联锁电路。门电联锁电路接通后，电梯才能启动运行。门锁装置是电梯的一种安全装置。

5．机械安全保护系统

机械安全保护系统由限速器和安全钳、缓冲器、制动器和门锁等部件构成。

（1）限速器和安全钳。限速器是用来防止电梯超速运行、轿厢意外坠落或冲顶等，由限速器、钢丝绳和涨紧装置三部分组成。

根据电梯安装平面布置图的要求，限速器一般安装在机房内，涨紧装置位于井道底部，用压板固定导轨上。限速器与涨紧装置之间钢丝绳连接起来，钢丝绳两端分别绕过限速器和涨紧装置的绳轮，固定在轿架上梁安全钳的绳头拉手上。

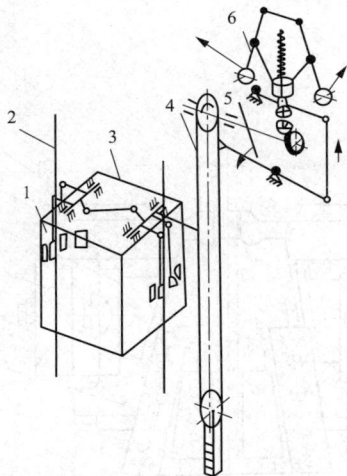

图 8-11　甩球式限速器结构及工作原理示意图

1—安全钳；2—轿厢导轨；3—轿厢；4—钢丝绳；

5—钢丝绳制动机构；6—限速器

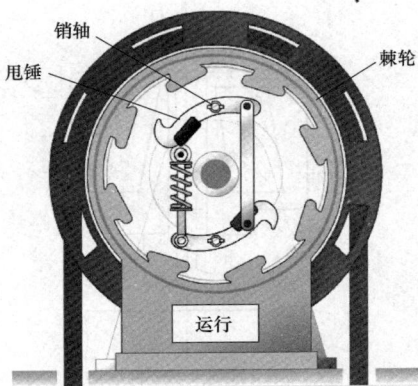

图 8-12　刚性甩锤式限速器结构图

限速器按结构型式分，有刚性、弹性甩锤式限速器及甩球式限速器三种，其中甩球式已于 20 世纪 80 年代中期后不再生产。

刚性甩锤式限速器的甩锤装在限速器绳轮上，当轿厢上下运行时，轿厢通过钢丝绳带动限速器绳轮往复运行。轿厢运行速度升高时，甩锤的离心力增大，运行速度达到额定速度的

115％以上时，甩锤的突出部位挂住锤罩的突出部位，推动绳轮、锤罩、拨叉、压绳舌往前走一个角度后，将钢丝绳紧紧卡在绳轮槽和压绳舌之间，使钢丝绳停止移动。由于轿厢仍向下运行，通过钢丝绳提起安全钳的绳头拉手，带动安全钳的传动机构、拉条把安全钳的楔块提起来。在安全钳的安全嘴内，加工成具有一定角度的斜面楔块，由于受安全嘴和盖板的限制，在安全钳拉杆的牵动下，将轿厢卡在导轨上，制止轿厢向下移动。

甩球式限速器的结构与甩锤式限速器的结构虽然不同，但工作原理则基本相同。

与刚性甩锤式限速器和弹性甩锤式限速器配套使用的安全钳，有瞬时动作安全钳和滑移动作安全钳两种，如图 8-13 和图 8-14 所示。当限速装置采用甩锤式限速器时，与其配套使用的安全钳为瞬时动作安全钳。限速装置采用弹性甩锤式或甩球式限速器时，与其配套使用的安全钳为滑移动作安全钳。

(a)   (b)

图 8-13　安全钳外形图

(a) 渐进式安全钳（滑移动作安全钳）；(b) 双向安全钳（瞬时动作安全钳）

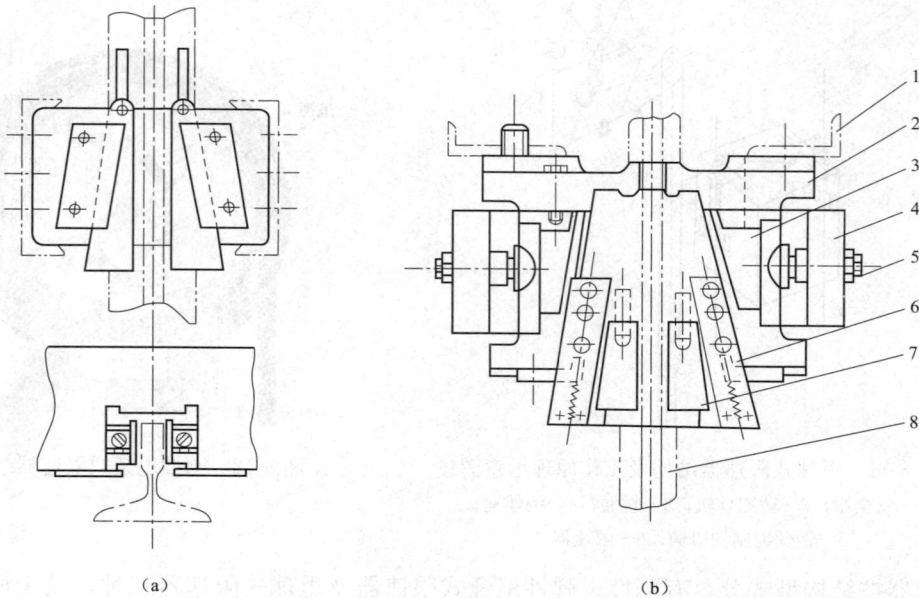

(a)   (b)

图 8-14　安全钳的类型和结构图

(a) 瞬时动作安全钳；(b) 滑移动作安全钳

1—桥架下梁；2—壳体；3—塞铁；4—安全垫头；5—调整箍；6—滚筒器；7—楔块；8—导轨

瞬时动作安全钳从限速器卡住钢丝绳起，到提起安全钳拉杆，使安全钳的楔块把轿厢卡在导轨上为止，轿厢走的距离比较短，一般只有几厘米至十几厘米。而滑移动作安全钳的制停距离则较长。

滑移动作安全钳的结构虽然比瞬时动作安全钳复杂些，但其传动机构和拉杆部分与瞬时动作安全钳相同，两者在安全钳动作时夹导轨的楔块及有关部分则差别较大。滑移动作安全钳的安全嘴部分，主要由安全箍、外壳、塞铁垫头、滚筒器、楔块等构成。滚筒器内设有滚轴，当限速器卡住钢丝绳，停止移动的楔块与继续下落的滚筒器内滚轴之间产生滚动摩擦，由于楔块、滚筒器、塞铁垫头、外壳的形状及装配关系等结构上的原因，轿厢向下滑移一定距离后，塞铁垫头、滚筒器和楔块等从两个方向向导轨靠挤，很快把轿厢卡在导轨上，制止轿厢继续向下滑行。

（2）缓冲器。当轿厢或对重装置超越位置发生墩底时，缓冲器是吸收轿厢或对重装置动能的制动装置。缓冲器安装在井道底坑的地面上，是电梯安全的最后一道安全装置，分为弹簧缓冲器和油压缓冲器两种。

1）弹簧缓冲器受到轿厢或对重装置的冲击时，依靠弹簧的变形来吸收轿厢或对重装置的动能。一般用于 $V \leqslant 1\mathrm{m/s}$ 电梯上，不同载重量和不同运行速度的电梯，其缓冲弹簧规格不同。

2）油压缓冲器受到轿厢或对重装置的冲击时，依靠油作为介质的变形来吸收轿厢或对重装置的动能。其动作过程：当油压缓冲器受到轿厢或对重装置的冲击时，柱塞向下运动并压缩油缸内的油，油通过环形节流孔时，由于流动面积突然减小，使液体内的质点相互撞击、摩擦，将动能化为热量散发掉，从而消耗了电梯的动能和势能，使轿厢或对重装置得以缓慢地停下来。当轿厢或对重装置离开油压缓冲器后，柱塞在复位弹簧的作用下，向上复位，油重新流回油缸。一般用于 $V > 1\mathrm{m/s}$ 电梯上。

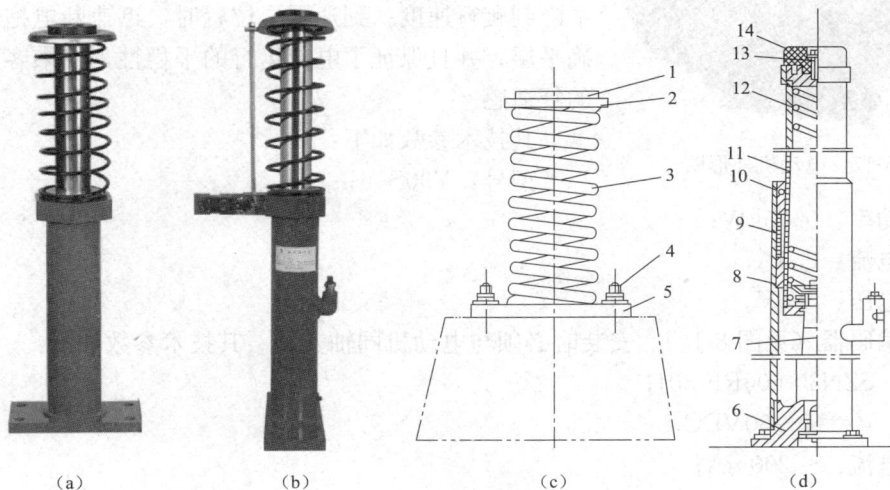

图 8-15　缓冲器

（a）弹簧缓冲器实物；（b）油压缓冲器实物；（c）弹簧缓冲器结构图；（d）油压缓冲器结构图

1—缓冲橡皮；2—缓冲头；3—缓冲弹簧；4—地脚螺栓；5—缓冲弹簧座；6—液压缸座；

7—油孔立柱；8—挡油圈；9—液压缸；10—密封盖；11—柱塞；12—复位弹簧；

13—通气孔螺栓；14—橡皮缓冲垫

8.1.2　电梯的电气结构

1. 电梯电气传动系统

电梯电气传动系统（也称驱动系统或拖动系统）是指驱动曳引电动机旋转的电气系统。

若将曳引电动机看作被控对象，选用变频器调速方式，再配以检测轿厢位置的传感器，就构成了闭环控制系统。电梯闭环系统结构框图如图 8-16 所示。

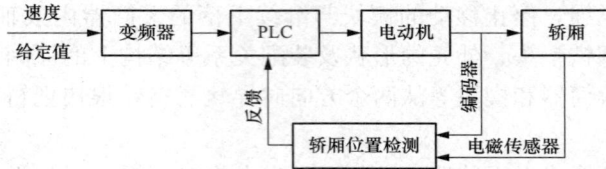

图 8-16　电梯闭环系统结构框图

用于轿厢位置检测的传感器有编码器和电磁传感器。编码器是与高速计数器配合使用，通过将脉冲数换算得出轿厢的位置，是数字量控制方式。电磁传感器是安装在井道中检测轿厢的位置，是属于开关量控制方式。

速度给定值在变频器中由参数设定，控制的核心是可编程控制器。

2. 电气控制系统中的典型电气装置

（1）电动机（见图 8-17）。曳引电动机选用三相笼型感应电动机，采用变频变压（VVVF）驱动方式。电梯在起动时，变频器使定子电流频率从极低频率开始，按控制要求平滑上升到额定频率运行；需平层前先减速，使电动机的转速从额定频率平滑地下降到爬行速度；到达平层位置时，迅速断电抱闸实现准确平层，并且保证了电梯运行的平稳性，使乘客获得良好的舒适感。

其技术参数如下：

型号：Y90S-6；

图 8-17　电动机外形图

额定功率：0.75kW；

额定电流：2.3A；

额定电压：380V。

（2）编码器（见图 8-18）。安装时必须与电动机同轴安装。其技术参数如下：

型号：SZN30-600RF-30J；

电压：$V=10\sim30VDC$；

消耗电流：$\leqslant200mA$；

最大速度：5000r/min。

（3）控制柜（见图 8-20）。

1）变频器（见图 8-19）。根据 PLC 给出的指令，对电动机的电源频率、电压进行调制，使电动机平衡。

图 8-18　编码器外形图　　　　图 8-19　变频器外形图

2）可编程控制器（PLC）：控制电梯的运行状态，根据内选信号，对电梯的位置进行逻辑判断，然后给出运行指令，使电梯实现应答呼梯信号，顺向截停，反向保留信号，自动关门等功能。

3）安全及门锁回路：由继电器回路组成，急停，门锁开关的通断决定安全及门锁回路的正常与否，以使 PLC 断送电梯是否处于安全状态。图 8-21 为安全及门锁回路在电气柜中的布局图。

图 8-20　电气控制柜布局图　　　　图 8-21　安全及门锁回路布局图

（4）操纵箱。操作箱设在柜架正面左侧，模拟乘客在轿厢内选层的信号输入设备，包括：

1）数字显层器：七段数码显示轿厢所在楼层；

2）"1"、"2"、"3"、"4"选层按钮；

3）开关门按钮；

4）方向指示灯：电梯运行方向指示。

（5）召唤盒。召唤盒设在柜架各层厅门的右侧，模拟乘客在厅门的外呼信号输入设备，包括：

1）上呼按钮；

2）下呼按钮；

3）电源锁：开关电梯电源，即首层外呼盒。

（6）电梯的电气安全保护装置。电梯的电气安全保护装置中有机电合一的设备，主要有安全窗及开关、安全钳及开关，底坑断绳开关等，一旦它们其中之一动作，电梯立即停止运行，而且内外呼信号不登记；门锁开关也是机电合一的设备，它一旦动作，电梯不能上下运行，但内外呼信号能登记。

1）SJN 安全窗开关。安全窗位于轿厢的顶部。当电梯发生故障造成轿厢停在两层之间时，可通过打开安全窗解救乘客。一旦安全窗打开，压合限位开关 SJN，切断电梯控制电源回路，保证人员安全。

2）SAC 安全钳动作保护。安全钳是为了防止电梯曳引钢绳断裂及超速运行的机械装置，用以在上述情况下将轿厢夹持在轨道上。限速器是检测电梯运行速度的装置，当电梯超速运行时，限速器动作，带动安全钳开关 SAC 断开使电梯停止运行。

3）SDS 底坑断绳开关。当电梯张紧装置中的钢丝绳断裂时，张紧轮下落，碰触底坑断绳开关 SDS，使电梯停止运行。

4）电梯的电气安全保护装置中还有电气保护措施，如轿厢电动机的热保护 KH、轿厢上下行的相序保护 KDX 和急停保护 SJU。一旦它们其中之一动作，电梯立即停止运行，而且内外呼信号不登记。

5）门联锁回路。

ST1：一层厅门电联锁微动开关；

ST2：二层厅门电联锁微动开关；

ST3：三层厅门电联锁微动开关；

ST4：四层厅门电联锁微动开关；

SQF：轿门电联锁微动开关。

上面任何一个开关动作，门联锁回路不得电，使得电梯不能运行。

（6）电梯位置安全装置有强迫换速开关、限位开关、极限限位开关。它们均采用永磁感应器，如图 8-22 所示。

GU：上强迫减速感应器；

GD：下强迫减速感应器；

SW：上限位感应器；

XW：下限位感应器；

SJK：上极限限位感应器；

XJK：下极限限位感应器。

（7）换速和平层系统（见图 8-23）。减速感应器也由永磁感应器构成，提供轿厢停层位置。平层感应器选用双稳态开关。

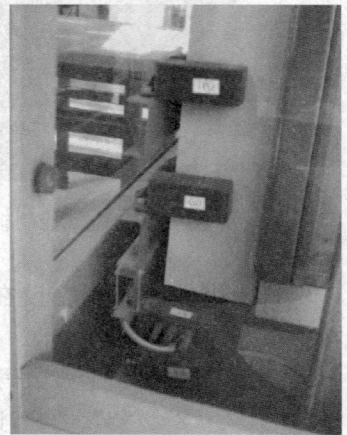

图 8-22　电梯位置安全装置

1PG～4PG 为 1～4 层减速感应器，当轿厢后面镶的平板插入减速感应器时，发出信号，一是为提供楼层改变的显示信号，二是为需要平层的楼层提供减速信号。

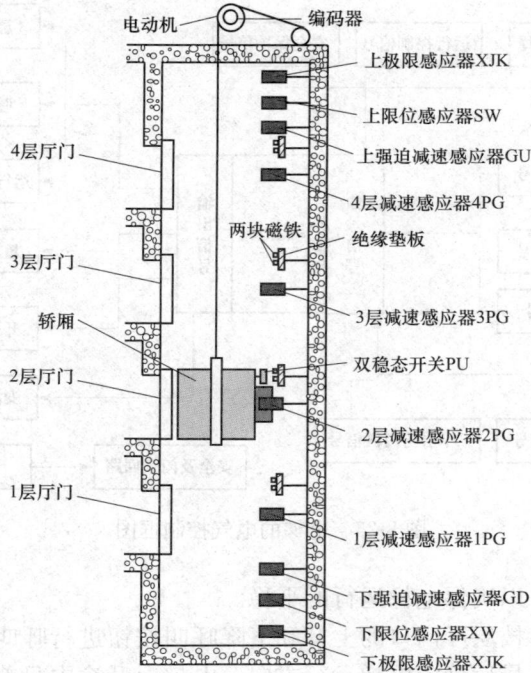

图 8-23　电梯减速、平层、轿厢位置保护装置分布图

8.2　电梯的电气控制电路

SX-702 型 VVVF 教学透明四层电梯是广东三向教学仪器制造公司生产的教学设备，实物如图 8-24 所示。SX-702 模型电梯可作自动化专业的电梯程序教学与故障排除实习之用。其控制元件全电脑化，可编程，电动机驱动采用进口变频调速器，功能与真实的变频调速电梯相同，具有全集选功能，能平层，自动关门，响应轿内外呼梯信号。该模型电梯外罩采用透明有机玻璃制造，内部一目了然，内部构件全部采用镀锌处理，耐腐蚀性能好，维修保养简单。它选用的可编程控制器是日本三菱系列的 FXON-60MR 机型，变频器选用三菱 FR-A540 型或 FR-E700 型。

图 8-24　VVVF 教学透明四层电梯实物图

8.2.1　电梯的电气控制结构

电梯的电气控制一般由主电路、安全及门锁回路、电源、PLC 的信号输入与控制输出构成。电梯的电气控制框图如图 8-25 所示。

8.2.2　电梯控制要求

（1）三相笼型异步电动机由变频器控制其正反转、启动加速过程、减速过程、平层或断

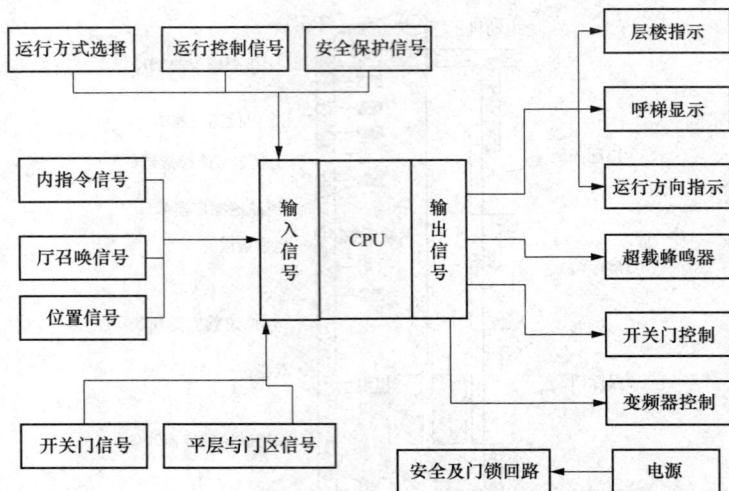

图 8-25　电梯的电气控制框图

电时使电磁抱闸器制动，以确保电梯运行的平稳。

（2）电梯由安装在各楼层厅门口的上升和下降呼叫按钮进行呼叫操纵，根据呼叫内容和轿厢位置进行逻辑判断，最后确定电梯运行方向。电梯上升途中只响应上升呼叫，下降途中只响应下降呼叫，任何反方向的呼叫均无效。

（3）电梯停靠在某一层时，轿厢和各层门厅的显示器显示该楼层的楼层数。电梯在上升运行时，显示上升指示和要到达的楼层数；电梯在下降运行时，显示下降指示和要到达的楼层数。

（4）各层厅门有上、下呼叫按钮各一个，按下按钮，按钮内的指示灯亮。当上升到达该层时，对应的向上指示灯灭；当下降到达该层时，对应的向下指示灯灭。

（5）轿厢内有1、2、3、4选层按钮，按下时，对应的按钮内的指示灯亮，当电梯到达某一层时，对应该层的选层按钮指示灯灭。另外，轿厢内有开（关）门按钮，按下开（关）门按钮，电动机正（反）转，当开（关）门到位时，电动机停转。

（6）电梯在正常运行时，有开关量和数字量两种控制方式。在开关量控制时，电梯的减速信号由电磁感应器获取，平层信号由双稳态开关获取；而在数字量控制时，电梯到达某层，由数字编码器输入给 PLC 内计数器，进行数字判断来实现停靠。

（7）电梯在检修状态下，有慢上、慢下进行点动控制。

（8）电梯的开关门必须有门联锁和轿厢门联锁保护；门打开，照明灯亮，风扇启动；门闭合，灯灭，风扇停转。超载门自动打开。

（9）为安全起见，当安全钳动作、底坑绳断、缺相、热继电器动作、急停开关按下、停层叫停开关动作、上限位开关动作、下限位开关动作、基站锁关闭，都必须立即切断电源。

8.2.3　电梯电气控制电路分析

1. 轿厢曳引机的控制电路分析

（1）电源继电器 GH 的控制。当三相电源自动空气开关 Q1 合上，基站锁开关 1YK 打开，上限位 SJK 和下限位 XJK 没有动作的情况下，电源接触器 GH 得电，GH 的主触头闭合，变频器得电，KDX 得电，见图 8-26。变压器 TC 得电，见图 8-28。

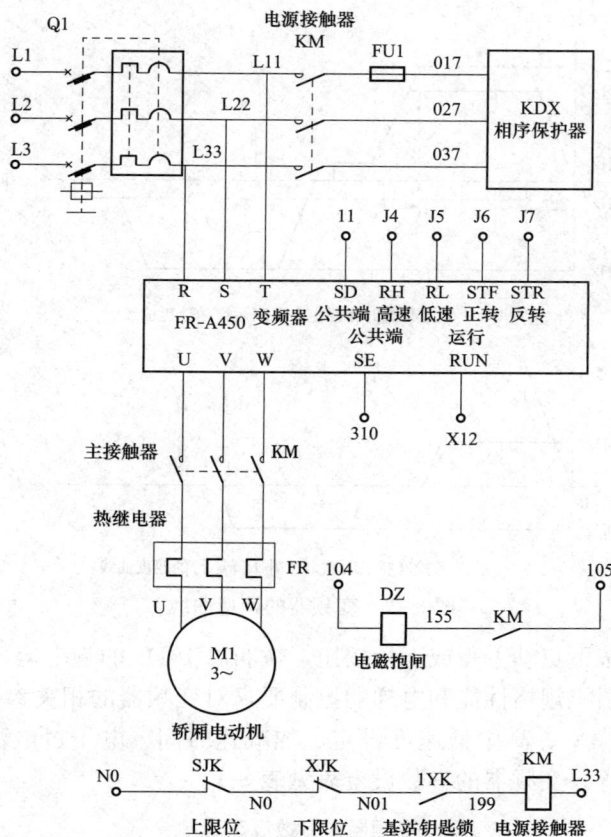

图 8-26　轿厢电动机控制电路图

（2）相序保护器 KDX 的功能分析。当相序保护器 KDX 得电时，如果电源相序正确，则 KDX 的动合触头闭合，电压继电器 DYJ 才能得电（见图 8-29），电梯才能够运行。这样在调试安装电梯时，根据电源的相序来调整轿厢电动机的正反转方向，确保轿厢的运行方向和电气控制要求一致。

（3）轿厢电动机的正反转和速度控制。轿厢电动机的正反转和运行速度是由变频器来实现的。只有当变频器的启动信号和速度信号同时有效时，电动机才能运转。STF 为正转启动信号；STR 为反转启动信号。RH 为高速端，RL 为低速端。RH 端和 RL 端可以任意组合成三种速度。比如 RH＝ON 时，变频器的参数 P4＝30Hz，30Hz 为轿厢的正常运行速度；RL＝ON 时，参数 P6＝5Hz，5Hz 为轿厢的爬行速度，是为了寻找平层位置用的；当 RH＝ON 和 RL＝ON 时，变频器的参数 P25＝24Hz，24Hz 为轿厢的检修速度。

（4）变频器的调速曲线及参数选择。电梯曳引机是由变频器控制其速度的，电梯运行中变频器的工作曲线有正常状态和检修状态的点动控制两种。其调速曲线如图 8-27 所示。

在正常状态下，轿厢启动时，经过 1.7s 的匀加速时间以 30Hz 的额定速度匀速运行，需要平层时，在距离平层±50cm 的位置在轿厢后的插板插入减速感应器，减速至爬行速度 3Hz 运行，到达平层位置时双稳态开关动作，电磁抱闸器断电迅速抱闸轿厢立即停止运行。为保证电梯的运行平稳，在电梯启动时的加速时间和平层时的减速时间是由变频器的参数来设定的。

正常状态时轿厢上升下降运行的速度曲线

检修状态时轿厢上升下降运行的速度曲线

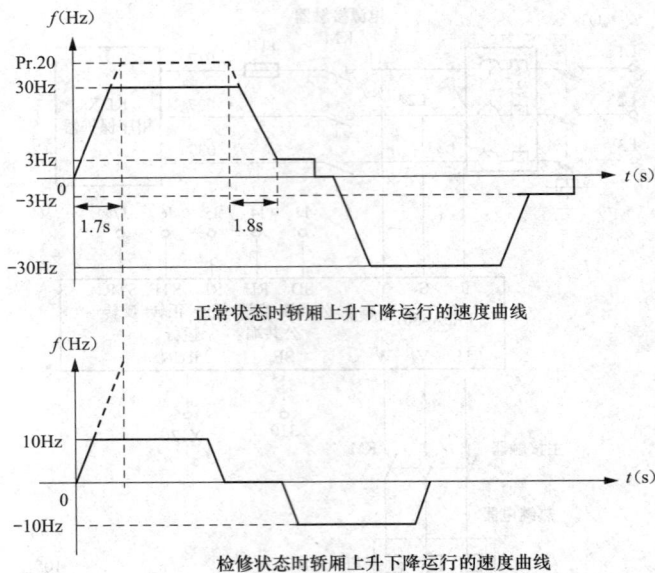

图 8-27　变频器的调速曲线

　　在检修状态下，按下点动上行或下行按钮，轿厢以 10Hz 的频率运行。

　　可以根据电梯曳引机规格性能和电梯的控制要求对变频器的相关参数进行设置，主要包括上下限频率、基波频率、高中低速度设定、加减速时间、电子过电流保护、基波频率电压、电动机容量设定等。变频器的参数设定表见表 8-1。

表 8-1　　　　　　　　　　　　　　变频器的参数设定表

参数号	参数名称	设定范围	最小设定单位	本设计设定值
P1	上限频率（Hz）	0～120	0.01	50
P2	下限频率（Hz）	0～120	0.01	0
P3	基准频率（Hz）	0～400	0.01	50
P4	多段速（高速）设定（Hz）	0～400	0.01	20
P6	多段速（低速）设定（Hz）	0～400	0.01	3
P7	加速时间（s）	0～3600/360	0.01	1.7
P8	减速时间（s）	0～3600/360	0.01	1.8
P25	多段速设定（Hz）	0～400、9999	0.01	30
P79	运行模式选择	0～7	1	2、3
P80	电动机容量（kW）	0.4～55	0.01/0.1	电动机容量
P81	电动机极数	2、4、6、8、10、112	1	4
P82	电动机额定电流（A）	0～500	0.01/0.1	电动机额定电流
P83	电动机额定电压（V）	0～1000	0.1	380
P84	电动机额定频率（Hz）	10～120	0.01	50

　　（5）轿厢的制动控制。电磁制动器采用断电抱闸型的电磁抱闸器 DZ。主接触器 KM 得电，曳引电动机通电，抱闸器 DZ 的线圈得电，闸瓦松闸，轿厢上下运行；主接触器 KM 失电，曳引电动机断电瞬间，抱闸器 DZ 的线圈失电，抱闸器抱闸，轿厢制动迅速停止，并保持轿厢位置不变，抱闸器 DZ 的工作电压为 DC110V。

　　（6）热保护 FR。轿厢电动机的过载保护采用的是由热继电器 FR 实现的硬件保护。当曳引机发生过载时，热继电器的热元件推动导杆使得热继电器 FR 的动断触点动作。FR 的动断触头串在电压继电器 DYJ 的线圈回路中，使得 DYJ 断电，起到电气安全保护作用。

💡 **想一想**

（1）这里采用电磁抱闸器是属于通电抱闸型还是断电抱闸型的？工作过程怎样？

（2）能不能使用变频器本身自带的电子过热保护参数设置来进行过载保护？

2. 电源电路分析（见图 8-28）

三相电源自动空气开关合上，变压器 TC 的一次侧为 380V 的电压，二次侧有三组电压。第一组为 AC220V（L，N）；第二组为 AC110V，经过桥式整流变换为 DC110V 供给电磁抱闸器工作（105，104），二次侧 AC110V 以 FU3 作为短路保护，直流部分 DC 110V 已由 RD2 作为短路保护；第三组为 AC24V，经过桥式整流变换为 DC24V 供电304（＋）、301（－），由单相自动空气开关控制。

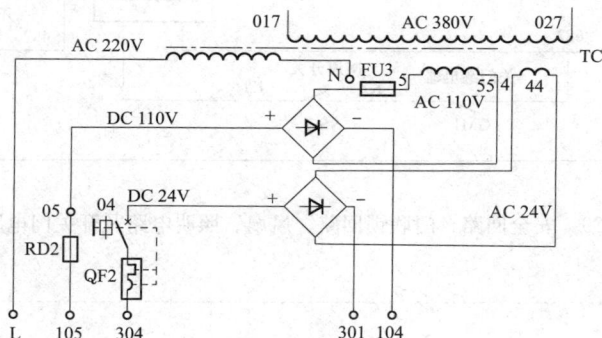

图 8-28　电源电路图

💡 **想一想**

电磁抱闸器使用的电压类型和等级是什么？

3. 安全回路和门联锁回路以及照明、风扇电路分析（见图 8-29）

安全回路是由急停按钮 SIU、相序保护器 KDX 的动合触点、热继电器 KH 的动断触点、底坑断绳开关 SDS 动断触点、安全钳开关 SAC 的动断触点、安全窗开关 SJN 的动断触点这六个触点串联来控制电压继电器 DYJ 的线圈。电梯要运行，首先必须 DYJ 得电，DYJ 的动合触点接到 PLC 的 X005，起到电气安全保护的作用。

门联锁回路由一层厅门电联锁微动开关 ST1、二层厅门电联锁微动开关 ST2、三层厅门电联锁微动开关 ST3、四层厅门电联锁微动开关 ST4、轿门电联锁微动开关 SQF 这五个动合触点串联去控制门联锁继电器 MSJ 的线圈。电梯要运行，首先必须 MSJ 得电，MSJ 的动合触点接到 PLC 的 X006，起到电气安全保护的作用。上面任何一个开关，当门关好时，对应楼层的门联锁开关应该闭合动作同时轿厢门联锁开关 SQF 动作，门联锁回路 MSJ 得电，为电梯运行提供条件。

当任何一个门打开时，MSJ 线圈失电，MSJ 动断触点闭合，照明灯亮，风扇旋转（这是模拟电梯为了省电而设计的，与实际电梯的控制要求不符）。

注：模拟电梯设备生产厂家在器件上标注的文字符号不符合国标要求，但为了便于排除故障，本部分内容采用了与设备上一致的工程符号。

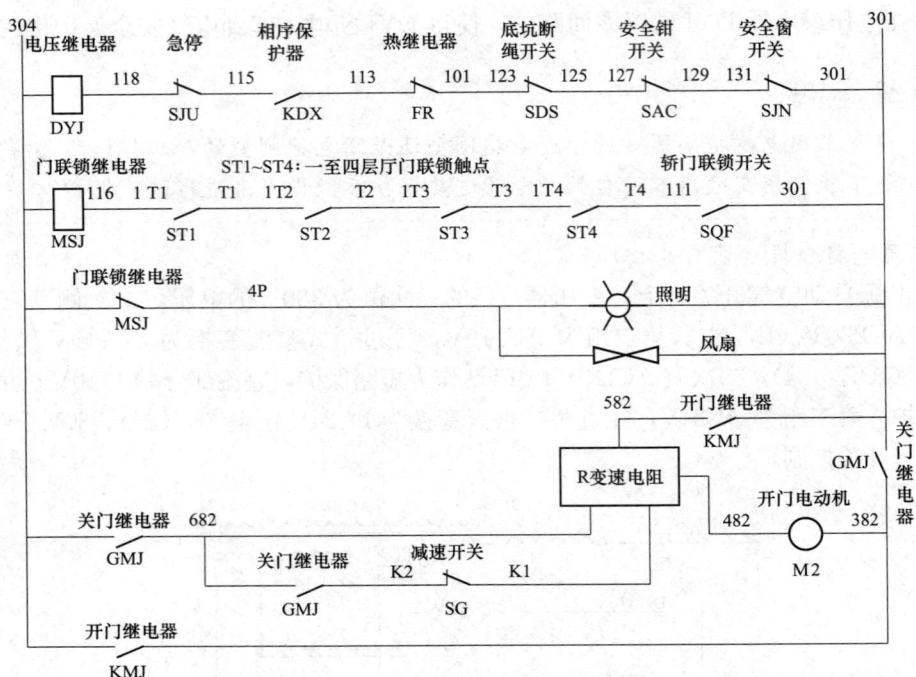

图 8-29 安全回路、门联锁回路、风扇、照明电路及开关门电路图

想一想

(1) 电压继电器回路中有哪些安全保护装置?

(2) 相序保护器为什么使用动合触点? 可不可以使用动断触点?

4. 开关门电路分析（见图 8-29 和图 8-30）

(1) 开门过程。在停层状态中，按下手动开门 AK 或安全触板 KAB 动作或超载 CH（见图 8-30 中的 PLC 的输入端）或者在电梯运行到达平层时，PLC 的 Y26＝ON 时，KMJ 线圈得电（见图 8-30 中 PLC 的输出端），图 8-29 中的 KMJ 的动合触点闭合，电流流经 304（24V＋）→KMJ 动合触点→382→开门电动机 M2 的电枢绕组→482→变速电阻 R→582→KMJ 的动合触点→301（24V－）。开门时直流电动机 M2 的电流方向由右到左。电动机正转，驱动四连杆机构动作实现开门。当开门到位限位开关 PKM 动作，PKM 的动断触点断开，KMJ 的线圈失电，开门电动机停转，开门到位。同时 KMJ 的动合触点接到 PLC 的 X13，控制程序，使得 Y26＝OFF。

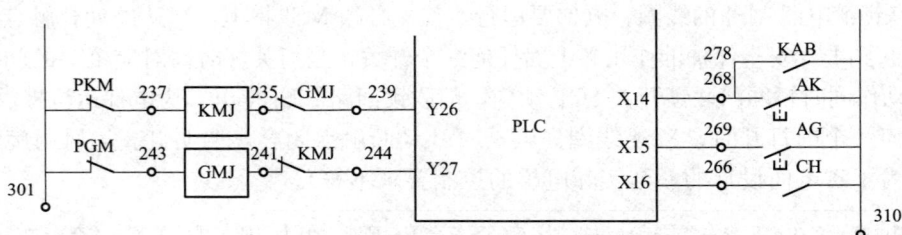

图 8-30 电梯开关门的 PLC 输入、输出电路图

(2) 关门过程。在停层开门状态下，按下手动关门 AG，见图 8-30 中的 PLC 输入端或开门一段时间会自动关门，则 PLC 的 Y27＝ON 时，GMJ 线圈得电（见图 8-30 中 PLC 的输出端），图 8-29 中的 GMJ 的动合触点闭合，电流流经 304（24V₊）→GMJ 动合触点闭合→682，一路到达变速电阻 R 的左抽头，一路到达 GMJ 的动合触点→K2→减速开关 SG 动断→K1→变速电阻 R 的右抽头，最终汇合到 482→开门电动机 M1 的电枢绕组→382→GMJ 的动合触点→301（24V₋）。关门时直流电动机 M2 的电流方向由左到右，电动机正转，驱动四连杆机构动作实现关门。这时电阻值较小，关门速度高些，当碰到减速开关 SG，这时变速电阻变大，关门速度变慢一些。当关门到位限位开关 PGM 动作，PGM 的动断触点断开，GMJ 的线圈失电（见图 8-30 中 PLC 的输出端），开关门电动机停转，关门到位（厅门和轿门全部关闭）。同时 MSJ 的线圈得电，MSJ 动合触点接到 PLC 的 X006（见图 8-31PLC 的输入端），控制程序，使得 Y27＝OFF。

> 🧠 **想一想**
>
> 开关门的电动机是什么电动机？它如何实现正反转的？说明主电路中正反转时电流流过的路径。

(3) 输入、输出地址分配表。输入、输出地址分配表见表 8-2。

表 8-2　　　　　　　　　　　　　　　　输入、输出地址分配表

序号	名称	输入点	序号	名称	输出点
1	编码器	X0	1	电源接触器 QC	Y0
2	门驱双稳态开关 PU	X1	2	四层选层指示灯（4R-304）	Y1
3	减速感应器 1PG	X2	3	三层上召记忆灯（3G-304）	Y2
4	上强迫减速感应器 GU	X3	4	四层上召记忆灯（4G-304）	Y3
5	下强迫减速感应器 GD	X4	5	J4 至变频器 RH 端	Y4
6	电压继电器 DYJ	X5	6	J5 至变频器 RL 端	Y5
7	门联锁继电器 MSJ	X6	7	J6 至变频器 STF 正转启动端	Y6
8	检修开关 MK	X7	8	J7 至变频器 STR 反转启动端	Y7
9	上限位感应器 SW	X10	9	一层选层指示灯（1R-304）	Y10
10	下限位感应器 XW	X11	10	二层选层指示灯（2R-304）	Y11
11	变频器 RUN	X12	11	三层选层指示灯（3R-304）	Y12
12	KMJ 动合触点	X13	12	一层上召记忆灯（1G-304）	Y13
13	触板开关/开门按钮 KAB/AK	X14	13	二层上召记忆灯（2G-304）	Y14
14	关门按钮 AG	X15	14	二层下召记忆灯（2C-304）	Y15
15	超载开关 CH	X16	15	三层下召记忆灯（3C-304）	Y16
16	向下按钮/内选一层按钮 TD/1AS	X20	16	A 一楼楼层显示继电器	Y17
17	内选二层按钮 2AS	X21	17	B 二楼楼层显示继电器	Y20
18	内选三层按钮 3AS	X22	18	C 三楼楼层显示继电器	Y21
19	向上按钮/内选四层按钮 TU/4AS	X23	19	D 四楼楼层显示继电器	Y22
20	一层上召按钮 1SA	X24	20	上行指示灯	Y23
21	二层上召按钮 2SA	X25	21	下行指示灯	Y24
22	三层上召按钮 3SA	X26	22	超载蜂鸣器	Y25
23	二层下召按钮 2XA	X27	23	开门接触器 KMJ	Y26
24	三层下召按钮 3XA	X30	24	关门接触器 GMJ	Y27
25	四层下召按钮 4XA	X31			
26	数字量/开关量转换开关 HK	X37			

（4）输入、输出接线图分析。结合图 8-31 分析输入、输出。

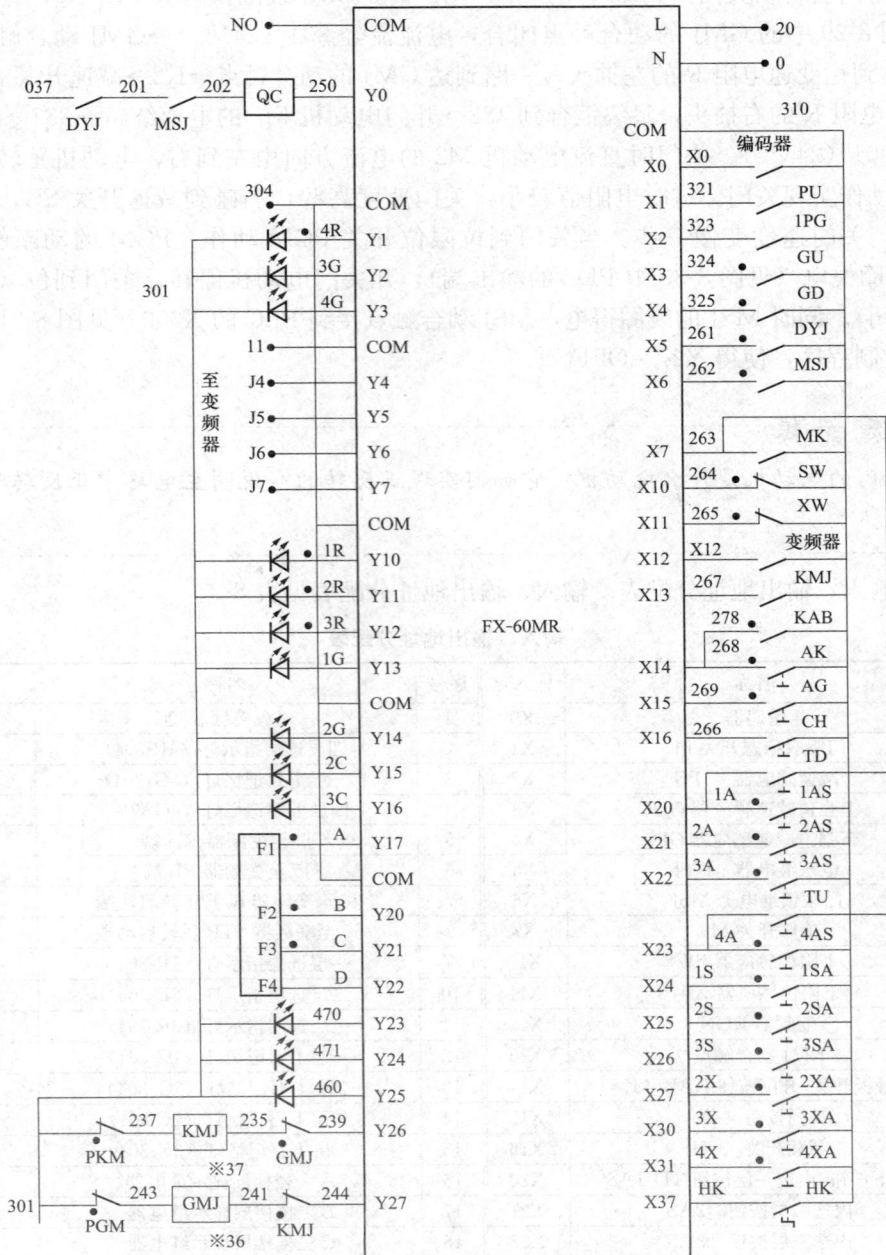

图 8-31　PLC 的输入、输出接线图

💭 **想 一 想**

这里强迫减速感应器和上下限位感应器采用什么类型的触头？为什么采用这种类型的触头？

8.3　电梯故障分析与排除

电梯有开关量和数字量两种控制方式，电梯的运行状态有正常和检修两种状态。在开关量控制方式时，电梯的减速信号是取自于电磁传感器，而在数字量控制方式时，电梯的减速信号是取自于旋转编码器的脉冲信号的高数计数数据。电梯在检修状态时，只能进行点动上行和点动下行。

电梯在正常运行的情况下，一定要注意观察电梯的运行状态，并做好记录。一旦发生电梯故障时，首先要进行运行观察。电梯在开关量/数字量控制时，先放在正常状态下，要思路清晰地操作每一步电梯，不能遗漏一步，以免因为漏操作而造成故障判断不正确。

8.3.1　模拟操作客梯

首先，进行内选登记，这时要特别注意，按下按钮的指示灯应亮，电梯所在的那一层暂时不选，等电梯离开那层后再选那一层。电梯响应内选信号完后，再进行厅门外呼登记，按下按钮的指示灯应亮。同样应注意电梯停在的那一层暂时不选，等电梯离开那一层后在按那一层的外呼按钮。电梯响应外呼信号完后，进行开门和关门的手动操作，并进行安全触板和超载的操作。这时要注意观察，开门和关门的操纵时间间隔不能太长，因为电梯开门后经过一段时间的延时会自动关门。

最后将正常/检修开关放在检修状态，进行慢上、慢下的操作。

而电梯在数字量控制时，方法同上。只是磁感应器不起作用。

8.3.2　电梯故障分析

电梯运行完毕，必须根据现象判断出故障范围。电梯的电气故障中 48 个故障点归纳为以下七类故障：

（1）电梯不能运行（故障号 20～31）；

（2）电梯只能单方向运行（故障号 1～4）；

（3）开关门故障（故障号 5～7、18、19、32～34、35～37）；

（4）内选按钮灯不亮，但按钮信号响应（故障号 38～41）；

（5）所按的按钮灯不亮，且按钮信号不响应（故障号 8～17）；

（6）楼层显示错误（故障号 42～44）；

（7）变频器故障（故障号 45～48）。

在分析故障的现象时，必须找出各个故障现象的细微差别，才能准确地分析故障范围，查找故障。以下来具体地分析各个故障的现象特征。

1. 电梯不能运行（故障号 20～31，共 12 个）

电梯需正常运行必须具有两个条件：DYJ 和 MSJ 的线圈必须得电（见图 8-29），继电器上的发光二极管灯亮。这时，DYJ 和 MSJ 的动合触点闭合，信号分别输入到图 8-31 中 PLC 的 X005 和 X006 输入端，由程序控制电梯时才能运行。具体故障分析见表 8-3。

电梯不能上下运行的排故思路如图 8-32 所示。

表 8-3　　　　　　　　　　　　　　　**电梯不能运行故障分析表**

1. 限位开关等故障

故障号	端子号	故障现象	故障原因举例
故障 20	1TS（1T1-T1）	电梯处于平层位置时，电梯不能上下运行，而且频繁地开关门 非平层位置时，电梯不能上下运行 厅轿门联锁继电器 MSJ 失电，二极管不亮	一层厅门微动开关故障
故障 21	2TS（1T2-T2）		二层厅门微动开关故障
故障 22	3TS（1T3-T3）		三层厅门微动开关故障
故障 23	4TS（1T4-T4）		四层厅门微动开关故障
故障 24	SQF（111-301）		轿门微动开关故障
故障 25	SJN（301-131）	电梯不能进行操作，所有按钮不起作用，只有楼层显示 电压继电器 DYJ 失电，二极管不亮 安全控制回路有故障	安全窗限位开关故障
故障 26	SAQ（129-127）		安全钳限位开关故障
故障 27	SDS（125-123）		限速器断绳限位开关故障
故障 28	KDX（115-113）		相序继电器故障
故障 29	JR（113-101）		热继电器故障

2. 继电器触点故障

故障号	端子号	故障现象	故障原因举例
故障 30	DYJ（261-301）	电梯不能进行操作，所有按钮不起作用，只有楼层显示 电压继电器 DYJ 有电，二极管亮	DYJ 电压继电器触点接触不良
故障 31	MSJ（262-301）	电梯处于平层位置时，电梯不能上下运行，而且频繁地开关门 厅轿门联锁继电器 MSJ 有电，二极管亮	门联锁继电器 MSJ 触点接触不良

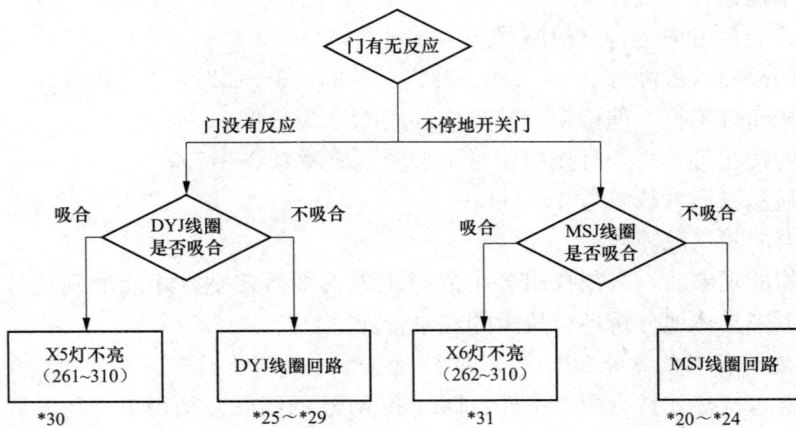

图 8-32　电梯不能上下运行的排故思路

2. 电梯只能单方向运行（故障号 1～4）

电梯只能单向运行的排故思路如图 8-33 和图 8-34 所示。具体故障分析见表 8-4。

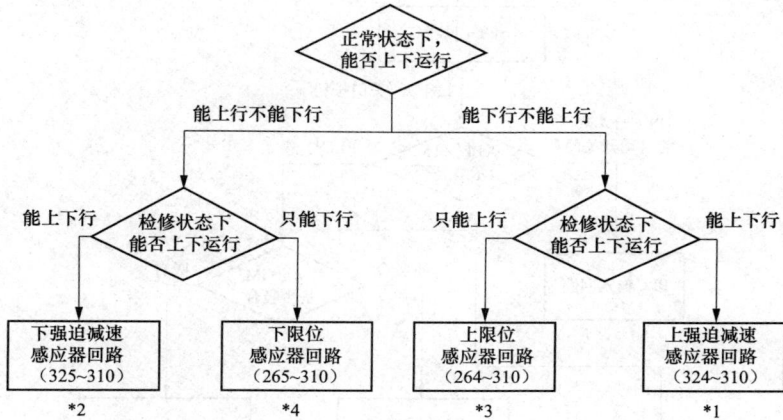

图 8-33 电梯只能单向运行（方法一）的排故思路

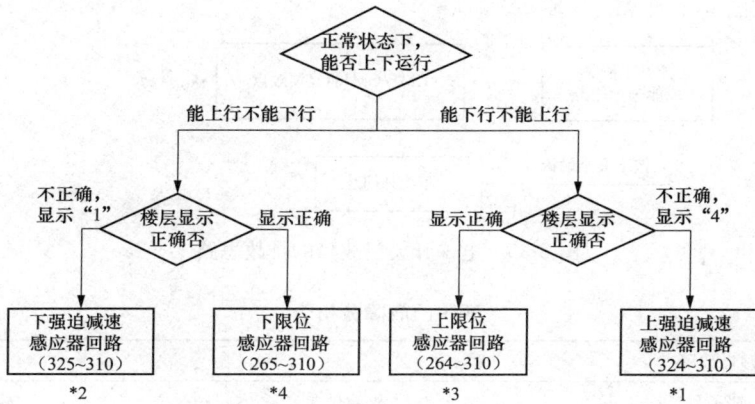

图 8-34 电梯只能单向运行（方法二）的排故思路

表 8-4 电梯只能单方向运行故障分析表

感应器故障

故障号	端子号	故障现象	故障原因举例
故障 1	GU（324~310）	电梯能下行不能上行，楼层显示不正确，显示"1"；在检修状态，能上下行	上强迫减速感应器 GU 损坏
故障 2	GD（325~310）	电梯能上行不能下行，楼层显示不正确，显示"4"；在检修状态，能上下行	下强迫减速感应器 GD 损坏
故障 3	SW（264~310）	电梯不能上行而能下行，楼层显示正确；在检修状态，只能下行	上限位感应器 SW 损坏
故障 4	XW（265~310）	电梯不能下行而能上行，楼层显示正确；在检修状态，只能上行	下限位感应器 XW 损坏

3. 开关门故障（故障号 5~7、18、19、32~37）

电梯开关门分为手动开关门和自动开关门以及故障开门（安全触板动作开门和超载开门）。
注意，电梯正常运行时，开关门是由 PLC 程序设定延时自动完成的。
电梯开关门故障的排故思路如图 8-35 所示。具体故障分析见表 8-5。

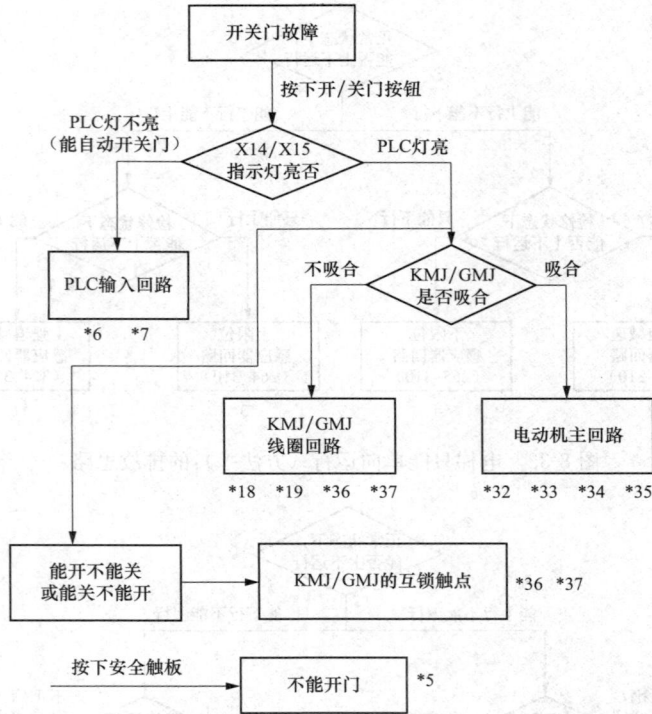

图 8-35　电梯开关门故障的排故思路

表 8-5　　　　　　　　　　　　　**开关门故障分析表**

1. 按钮或安全触板故障

故障号	端子号	故障现象	故障原因举例
故障 5	KAB（278～310）	电梯可以上下运行和自动、手动开关门动作，但安全触板不起作用	安全触板微动开关 KAB 失灵
故障 6	AK（268～310）	电梯可以上下运行和自动开关门动作 当电梯停在某层时按开门按钮不起作用	开门按钮 AK 失灵
故障 7	AG（269～310）	电梯可以上下运行和自动开关门动作 当电梯停在某层时自动开门后按关门按钮不起作用	关门按钮 AG 失灵

2. 限位开关等故障

故障号	端子号	故障现象	故障原因举例
故障 18	PKM（237～301）	电梯可以上下运行，但平层后不能开门，开门继电器 KMJ 不能吸合，二极管不亮	开门到位限位开关损坏
故障 19	PGM（243～301）	电梯可以上下运行，但平层自动开门后不能关门，关门继电器 GMJ 不能吸合，二极管不亮	关门到位限位开关损坏

3. 继电器触点故障

故障号	端子号	故障现象	故障原因举例
故障 32	KMJ（582～301）	电梯可以上下运行，但平层后不能开门，开门继电器 KMJ 有电，二极管亮。门电动机没电	开门继电器 KMJ 触点接触不良
故障 33	KMJ（304～482）	电梯可以上下运行，但平层后不能开门，开门继电器 KMJ 有电，二极管亮。门电动机没电	开门继电器 KMJ 触点接触不良

续表

故障号	端子号	故障现象	故障原因举例
故障 34	GMJ（482～301）	电梯可以上下运行，但平层自动开门后不能关门，关门继电器 GMJ 有电，二极管亮	关门继电器 GMJ 触点接触不良
故障 35	GMJ（304～682）	电梯可以上下运行，但平层自动开门后不能关门，关门继电器 GMJ 有电，二极管亮	关门继电器 GMJ 触点接触不良
故障 36	KMJ（241～244）	电梯可以上下运行，但平层自动开门后不能关门，关门继电器 GMJ 不能吸合，二极管不亮	开门继电器 KMJ 动断触点接触不良
故障 37	GMJ（235～239）	电梯可以上下运行，但平层后不能开门，开门继电器 KMJ 不能吸合，二极管不亮	关门继电器 GMJ 动断触点接触不良

4. 所按的按钮灯不亮且按钮信号不响应（故障号 8～17）

这里所指的按钮包括内选信号按钮，外呼信号按钮。共十个按钮。

故障在图 8-31 输入、输出接线图中相应按钮的输入回路中。对于相应的按钮记忆不清楚的，可参照输入、输出分配表找到相应的按钮在 PLC 的输入回路中的相应位置，查找出故障点。具体故障分析见表 8-6。

表 8-6　　　　　　　所按的按钮灯不亮且按钮信号不响应故障分析表

按钮故障

故障号	端子号	故障现象	故障原因举例
故障 8	1AS（1A-310）	电梯可以上下运行和自动开关门动作 按一层内选按钮信号不能登记	一层内选按钮 SA1 失灵
故障 9	2AS（2A-310）	电梯可以上下运行和自动开关门动作；按二层内选按钮信号不能登记	二层内选按钮 SA2 失灵
故障 10	3AS（3A-310）	电梯可以上下运行和自动开关门动作；按三层内选按钮信号不能登记	三层内选按钮 SA3 失灵
故障 11	4AS（4A-310）	电梯可以上下运行和自动开关门动作；按四层内选按钮信号不能登记	四层内选按钮 SA4 失灵
故障 12	1SA（1S-310）	电梯可以上下运行和自动开关门动作；电梯在非一层时，按一层上召按钮信号不能登记	一层上召按钮失灵
故障 13	2SA（2S-310）	电梯可以上下运行和自动开关门动作；电梯在非二层时，按二层上召按钮信号不能登记	二层上召按钮失灵
故障 14	3SA（3S-310）	电梯可以上下运行和自动开关门动作；电梯在非三层时，按三层上召按钮信号不能登记	三层上召按钮失灵
故障 15	2XA（2X-310）	电梯可以上下运行和自动开关门动作；电梯在非二层时，按二层下召按钮信号不能登记	二层下召按钮失灵
故障 16	3XA（3X-310）	电梯可以上下运行和自动开关门动作；电梯在非三层时，按三层下召按钮信号不能登记	三层下召按钮失灵
故障 17	4XA（4X-310）	电梯可以上下运行和自动开关门动作；电梯在非四层时，按四层下召按钮信号不能登记	四层下召按钮失灵

5. 内选按钮灯不亮但按钮信号响应（故障号 38～41）

这类故障在操作时必须仔细观察才能发现故障现象。

故障在图 8-31 输入、输出接线图中相应层楼输出回路中。一、二、三、四层内选按钮灯不亮，分别在 Y10—1R—发光二极管—301，Y11—2R—发光二极管—301，Y12—3R—发光二极管—301，Y1—4R—发光二极管—301 中。故障号分别为 38、39、40、41。具体故障分析见表 8-7。

表 8-7　　　　　　　　　内选按钮灯不亮但按钮信号响应故障分析表

PLC 输出回路故障			
故障号	端子号	故障现象	故障原因举例
故障 38	Y10（1R-301）	一层内选按钮灯不亮，但电梯能正常上下运行和开关门动作	一层内选按钮灯损坏
故障 39	Y11（2R-301）	二层内选按钮灯不亮，但电梯能正常上下运行和开关门动作	二层内选按钮灯损坏
故障 40	Y12（3R-301）	三层内选按钮灯不亮，但电梯能正常上下运行和开关门动作	三层内选按钮灯损坏
故障 41	Y1（4R-301）	四层内选按钮灯不亮，但电梯能正常上下运行和开关门动作	四层内选按钮灯损坏

6. 楼层显示错误（故障号 42～44）

一、二、三层楼的楼层显示错误，故障分别在图 8-31 输入、输出接线图中的 Y17—A—发光二极管—301，Y20—B—发光二极管—301，Y21—C—发光二极管—301 中。故障号分别是 42、43、44。具体故障分析见表 8-8。

表 8-8　　　　　　　　　楼层显示错误故障分析表

PLC 输出回路故障			
故障号	端子号	故障现象	故障原因举例
故障 42	Y17（A-301）	电梯能正常上下运行和开关门动作不能显示一层楼层"1"	一层楼层显示 PLC 输出回路损坏
故障 43	Y20（B-301）	电梯能正常上下运行和开关门动作不能显示二层楼层"2"	二层楼层显示 PLC 输出回路损坏
故障 44	Y21（C-301）	电梯能正常上下运行和开关门动作不能显示三层楼层"3"	三层楼层显示 PLC 输出回路损坏

7. 变频器故障（故障号 45～48）

变频器故障分析见表 8-9。

表 8-9　　　　　　　　　变 频 器 故 障 分 析 表

变频器故障			
故障号	端子号	故障现象	故障原因举例
故障 45	Y04（11-J4）	电梯可以上下快速运行，没有慢速，不能平层，不能开门	PLC 输出至变频器 RH 回路故障
故障 46	Y05（11-J5）	电梯可以上下慢速运行，没有快速，可以平层开关门	PLC 输出至变频器 RL 回路故障
故障 47	Y06（11-J6）	故障前登记的按钮信号可以运行故障后按钮信号可以登记，但电梯不能上下运行	PLC 输出至变频器 STF 回路故障
故障 48	Y07（11-J7）	电梯不能运行，但 DYJ 和 MSJ 得电，其二极管灯亮	PLC 输出至变频器 STR 回路故障

附录A　四层电梯PLC控制原理及接线

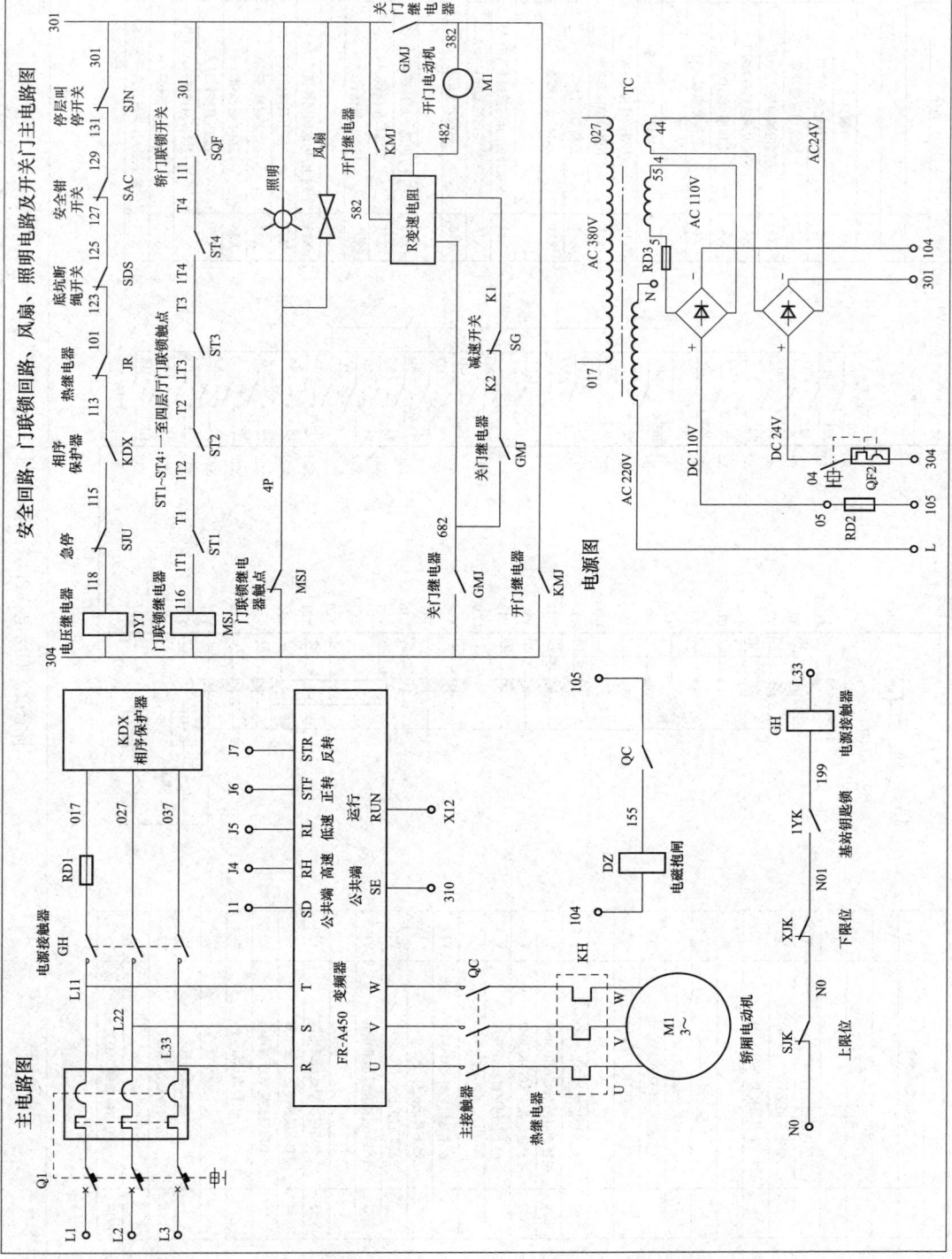

附图1　四层电梯电气原理图

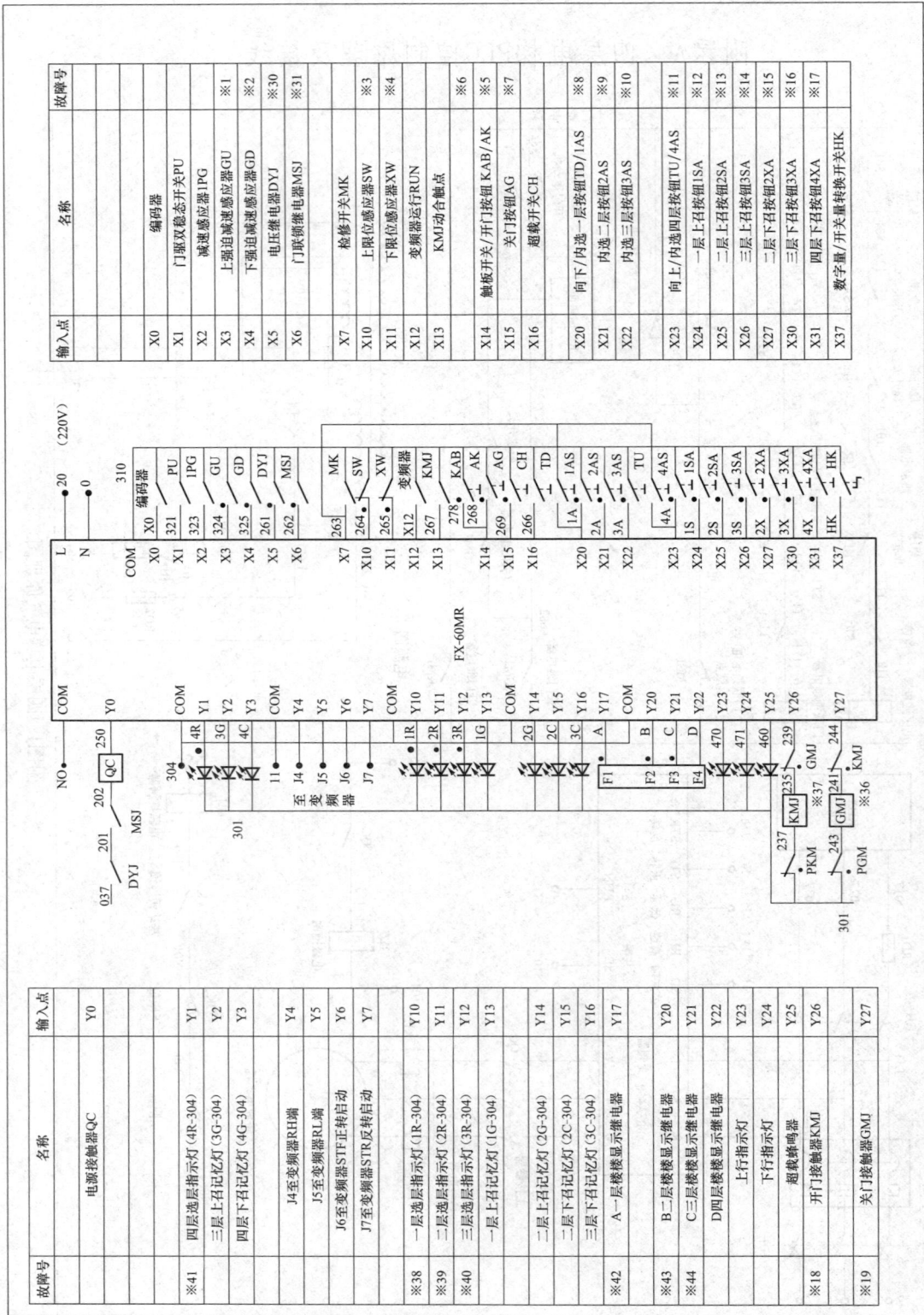

附图2　四层电梯PLC控制接线图

输入点表（FX-60MR）

输入点	名称	故障号
X0	编码器	
X0	门驱双稳态开关PU	
X1	减速感应器1PG	
X2	上强迫减速感应器GU	※1
X3	下强迫减速感应器GD	※2
X4	电压钢继电器DYJ	※30
X5	门联锁继电器MSJ	※31
X6		
X7	检修开关MK	
X10	上限位感应器SW	※3
X11	下限位感应器XW	※4
X12	变频器运行RUN	
X13	KMJ动合触点	
X14	触板开关/开门按钮KAB/AK	※6
X15	关门按钮AG	※5
X16	超载开关CH	※7
X20	向下/内选一层按钮TD/1AS	※8
X21	内选二层按钮2AS	※9
X22	内选三层按钮3AS	※10
X23	向上/内选四层按钮TU/4AS	※11
X24	一层上召按钮1SA	※12
X25	二层上召按钮2SA	※13
X26	三层上召按钮3SA	※14
X27	二层下召按钮2XA	※15
X30	三层下召按钮3XA	※16
X31	四层下召按钮4XA	※17
X37	数字量/开关量转换开关HK	

输出点表

故障号	名称	输入点
	电源接触器QC	Y0
※41	四层选层指示灯(4R-304)	Y1
	三层上召记忆灯(3G-304)	Y2
	四层下召记忆灯(4G-304)	Y3
	J4至变频器RH端	Y4
	J5至变频器RL端	Y5
	J6至变频器STF正转启动	Y6
	J7至变频器STR反转启动	Y7
※38	一层选层指示灯(1R-304)	Y10
※39	二层选层指示灯(2R-304)	Y11
※40	三层选层指示灯(3R-304)	Y12
	一层上召记忆灯(1G-304)	Y13
	二层上召记忆灯(2G-304)	Y14
	二层下召记忆灯(2C-304)	Y15
	三层下召记忆灯(3C-304)	Y16
※42	A一层楼显示继电器	Y17
※43	B二层楼显示继电器	Y20
※44	C三层楼显示继电器	Y21
	D四层楼显示继电器	Y22
	上行指示灯	Y23
	下行指示灯	Y24
	超载蜂鸣器	Y25
※18	开门接触器KMJ	Y26
※19	关门接触器GMJ	Y27

附录 B　编程软件（GX Works2）

GX Works2 是三菱 PLC 系列不可缺少的编辑工具，是集编辑、通信、调试，诊断为一体的软件，是三菱 PLC 系列软件中主动脉。

1. 建立新工程

单击在菜单栏上工程—创建新工程，或者单击工具栏上的□图标，或者快捷键 CTRL＋N，会出现新建工程提示画面，如附图 3 所示。

对上面各个选项介绍如下：

（1）PLC 系列：可于 QCPU（Q 模式）QnA 系列，QCPU（A）模式，A 系列运动控制 CPU（SCPU）和 FX 系列中选择适当的 PLC 系列。

（2）PLC 类型：根据 PLC 系列下，选择适当的 PLC 类型。

（3）程序类型：可选梯形图程序或者 SFC 程序，当在 QCPU Q 模式中选择 SFC 时 MELSAP-L 亦可选择。当制作 A 系列的 SFC 程序时请进行以下设定：

1）在进行 PLC 参数的内存容量设定时设定微机的值。

2）在［工程］—［编辑数据］—［新建］画面中的工程类型中选择 SFC。

（4）标签设定：当无需制作标号程序时选择不使用标签；当需制作标号程序时选择使用标签。

（5）生成和程序同名的软元件内存数据：新建工程时生成与程序同名的软元件内存数据。

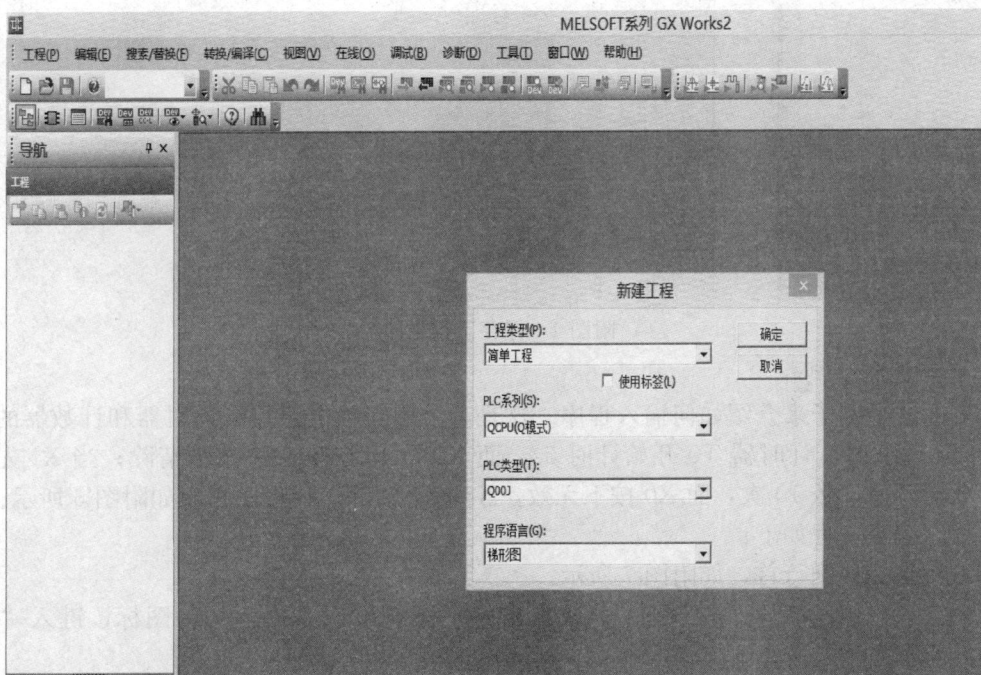

附图 3　创建新工程画面

（6）工程名设定：工程名用作保存新建的数据在生成工程前设定工程名时，请在单击复选框选中。另外，工程名可于生成工程前或生成后设定，但是生成工程后设定工程名时，要另存工程。

（7）驱动器/路径：工程存放路径。

（8）工程名：工程名称。

把上面每个参数都设置后，就可以创建一个新工程。

2. 保存工程

在程序编辑过程中或编辑结束，要将工程保存起来，点击菜单栏上工程——保存工程（S），或单击标准工具栏上 ![icon] 图标，或快捷键 CTRL ＋N 均可以完成保存工程。点击"另存工程为..."可以将当前工程保存，在当前编辑基础之上，以另一工程来编辑。另存的工程路径画面如附图 4、附图 5 所示。

附图 4　保存工程画面

3. 梯形图程序制作

以下面这个例子来介绍如何输入程序。这是一个用互锁电路控制计时器和计数器的梯形图。当 X0 按下时，计时器 T0 开始计时 5s，而 X1 按下无效，X2 按下清除；当 X1 先按下时，计数器开始计数 10 次，而 X0 按下无效，X3 按下清除。梯形图程序如附图 6 所示。

此程序编辑过程如下：

（1）将光标移到行首，如附图 7 所示。

（2）键入"LD X0"，再"回车"；或点击梯形图符号工具栏上的 ![icon] 图标，键入"X0"，如附图 8 所示。

（3）键入"LDI Y1"，再"回车"；或点击梯形图符号工具栏上的 ![icon] 图标，键入"Y1"，如附图 9 所示。

附图 5　另存工程提示画面

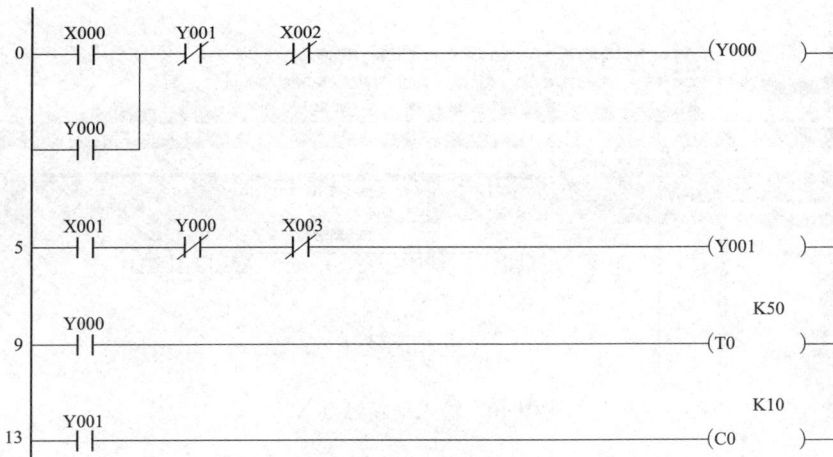

附图 6　程序示例

附图 7　编辑准备画面

（4）键入"LDI X2"，再"回车"；或点击梯形图符号工具栏上的 图标，键入"X2"，如附图 10 所示。

（5）键入"OUT Y0"，再"回车"；或点击梯形图符号工具栏上的 图标，键入"Y0"。如附图 11 所示。

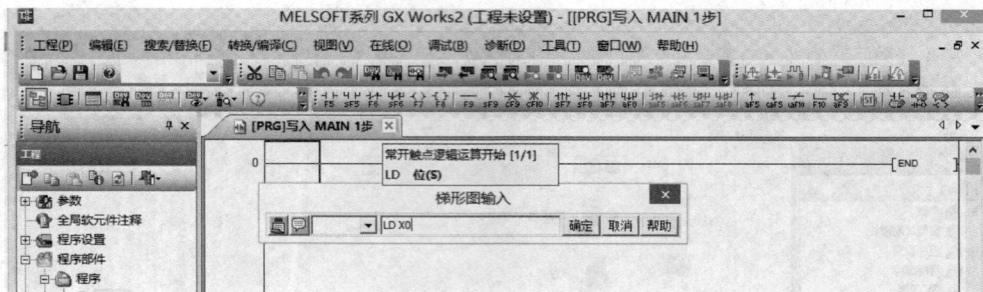

附图 8　输入动合触点 X0 软元件

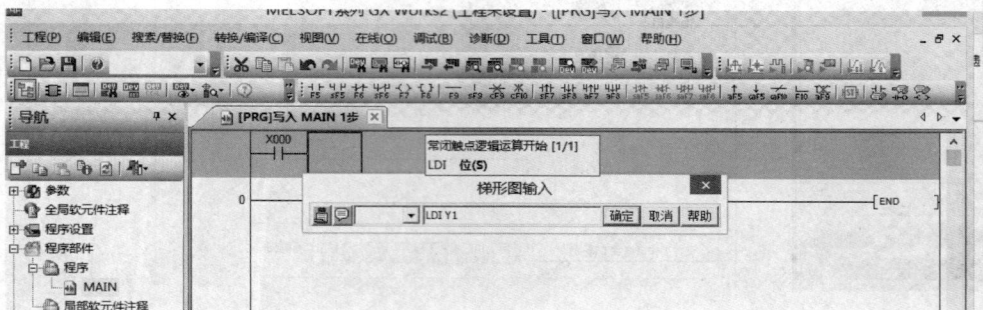

附图 9　输入动断触点 Y1

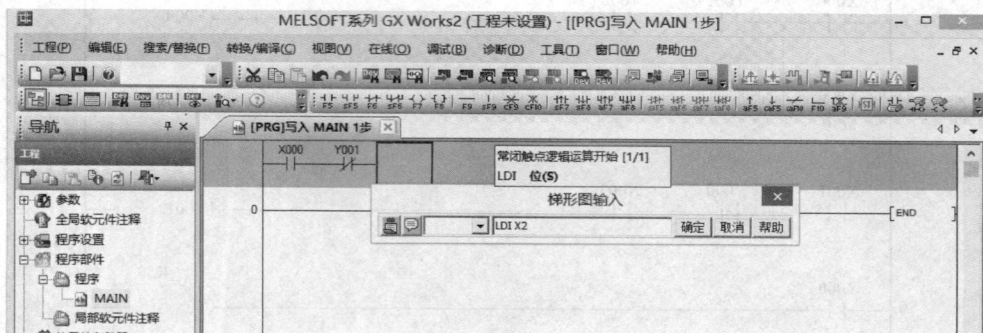

附图 10　输入动断触点 X2

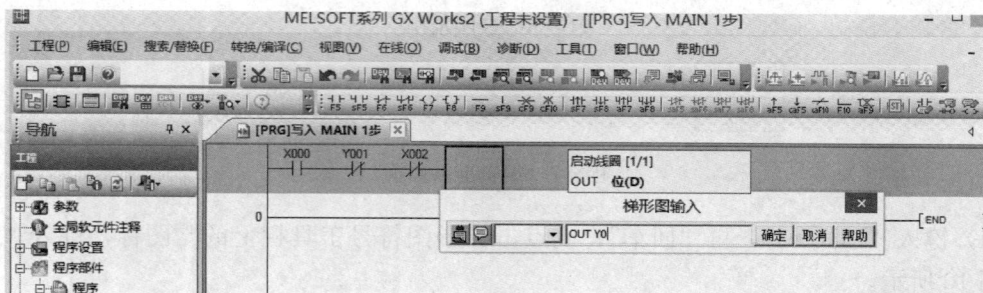

附图 11　输入线圈 Y0

（6）键入"LD Y0"，再"回车"；或点击梯形图符号工具栏上的 图标，键入"Y0"，如附图 12 所示。

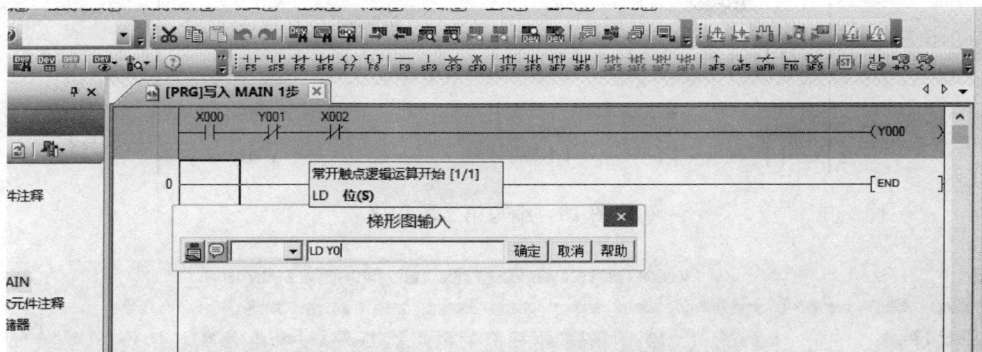

附图 12　输入动合触点 Y0

（7）单击梯形图符号工具栏上的，再选中按住鼠标，向上拖动来画垂直连接线；或点击梯形图符号工具栏上的 图标，键入"Y0"，如附图 13 所示。

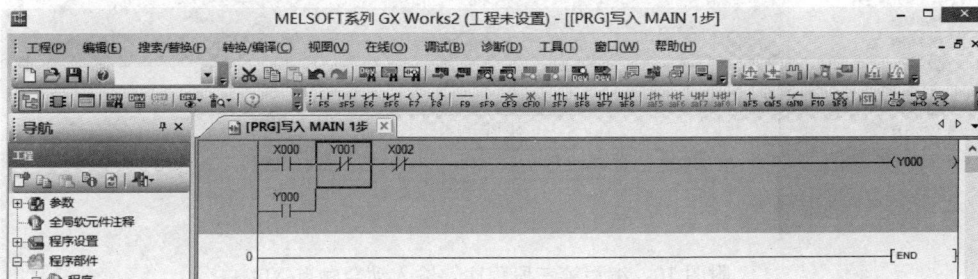

附图 13　画垂直连接线

（8）键入"LD Y0"，再"回车"；或点击梯形图符号工具栏上的 图标，键入"Y0"，如附图 14 所示。

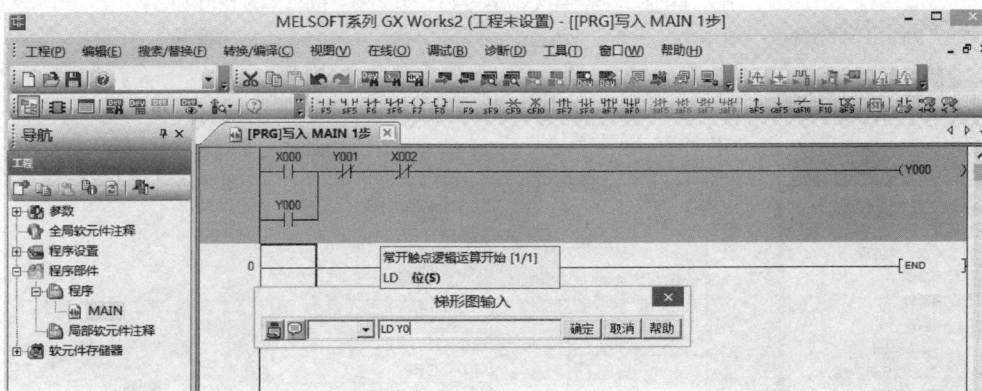

附图 14　输入动合触点 Y0

（9）用同样的方法编写第二段程序，如附图 15 所示。

（10）第三段程序编写，键入"LD Y0"，再"回车"；或点击梯形图符号工具栏上的 图标，键入"Y0"，如附图 16 所示。

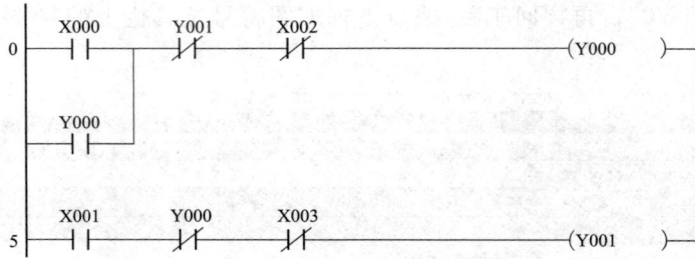

附图 15　编写第二段程序

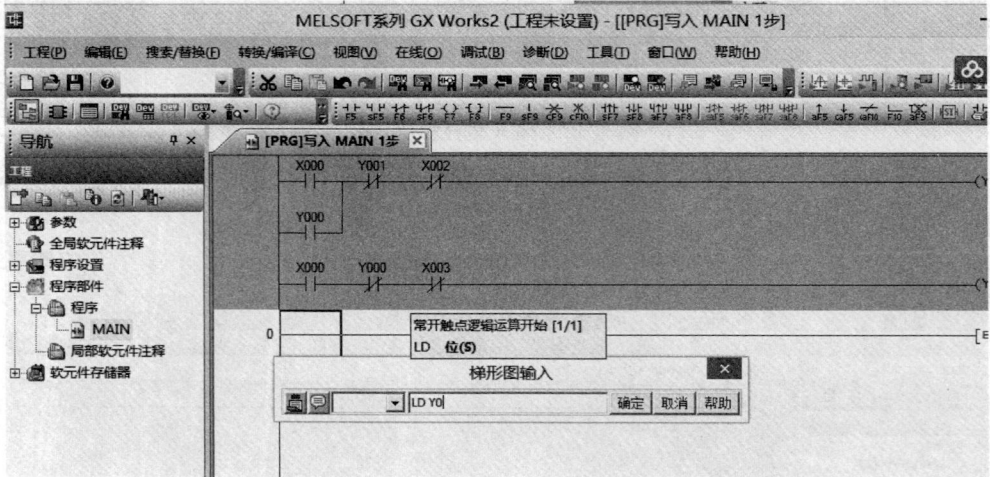

附图 16　编写第三段程序，输入动合触点 Y0

（11）键入"OUT T0 K50"，再"回车"；或点击梯形图符号工具栏上的 图标，键入"T0 K50"，如附图 17 所示。

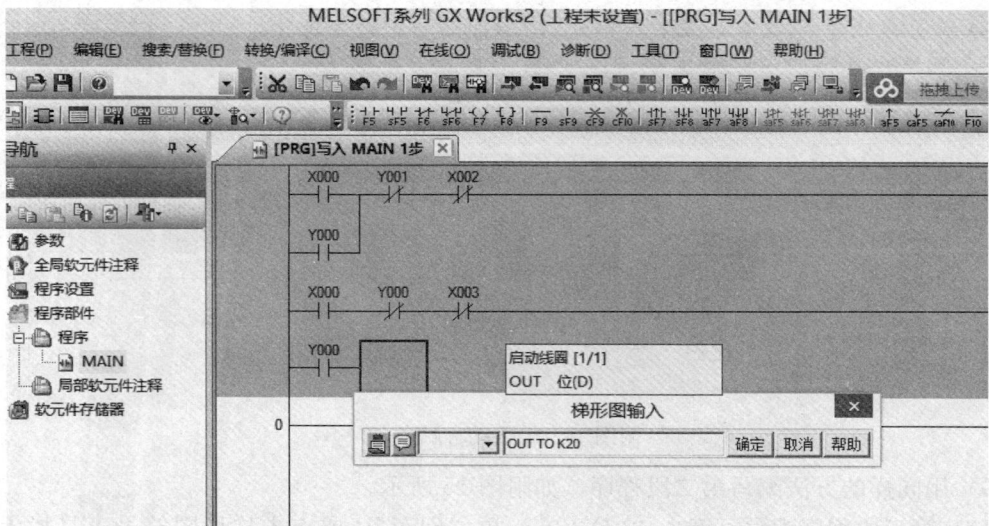

附图 17　输入定时器 T0 线圈

（12）第四段程序编写，键入"LD Y1"，再"回车"；或点击梯形图符号工具栏上的 ⌐⌐ 图标，键入"Y1"，如附图 18 所示。

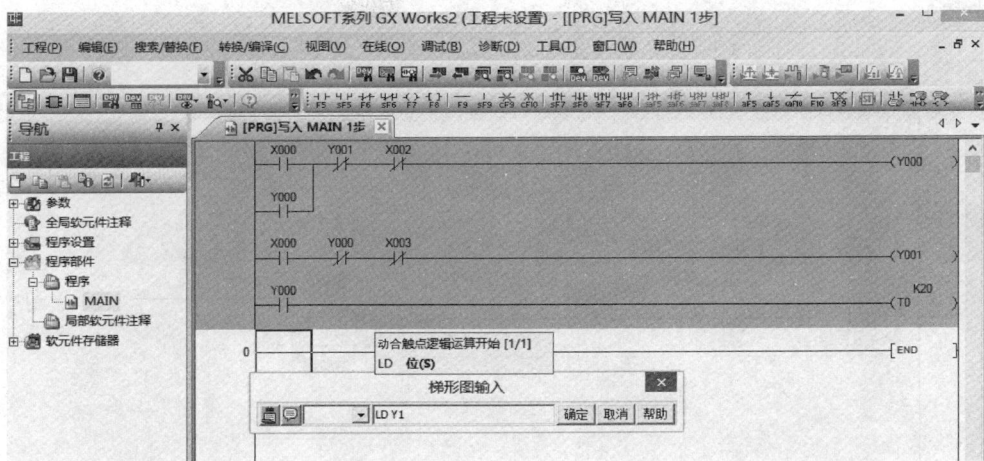

附图 18　第四段程序，输入动合触点 Y1

（13）键入"OUT C0 K10"，再"回车"；或点击梯形图符号工具栏上的 图标，键入"C0 K10"，如附图 19 所示。

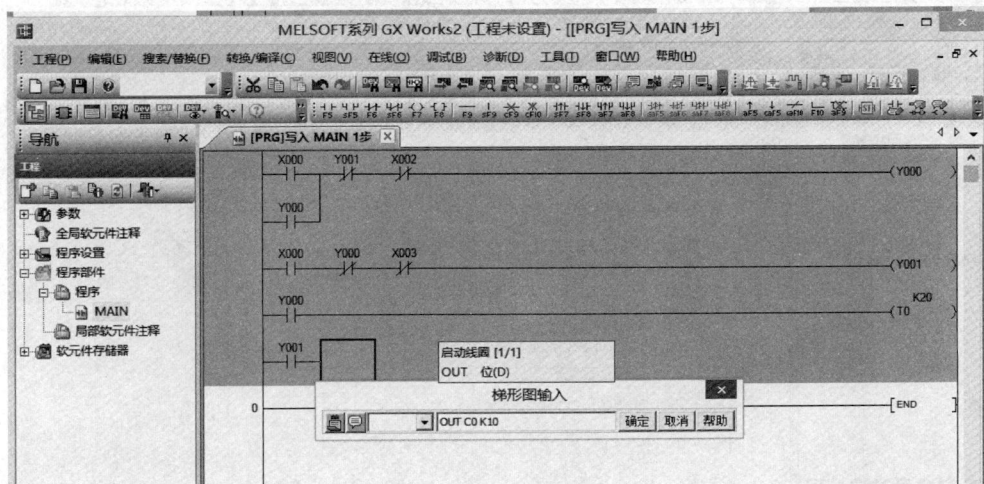

附图 19　输入计数器 C0

（14）点击梯形图符号工具栏上的 图标进行编译，程序编写完成。

综上所述，在梯形图中输入指令，首先要将光标移动到需要输入指令的位置，键入指令的输入命令，如动合触点的输入指令为 LD，动断触点的输入指令为 LDI。在指令后面空一格，输入相关的触点符号，如 X0、Y1 等。触点的相对应指令符号也可以通过软件的梯形图输入框中的帮助查阅，如附图 20、附图 21 所示。

画线：首先将光标移到需要的位置，点击梯形图符号工具栏上面的 图标，或按 F10，按鼠标左键上下拖动，画垂直线，若左右拖动，画水平线。

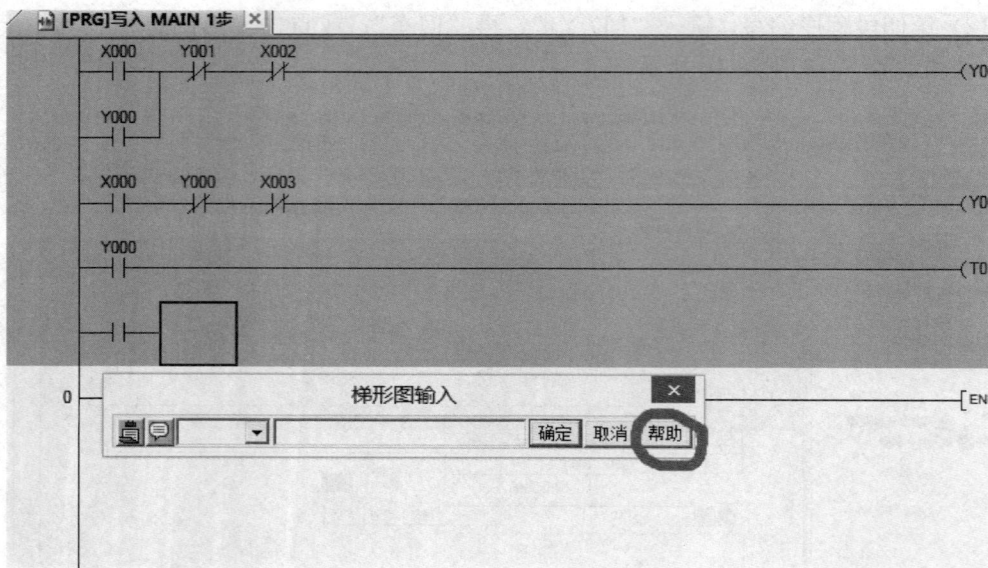

附图 20 指令输入帮助

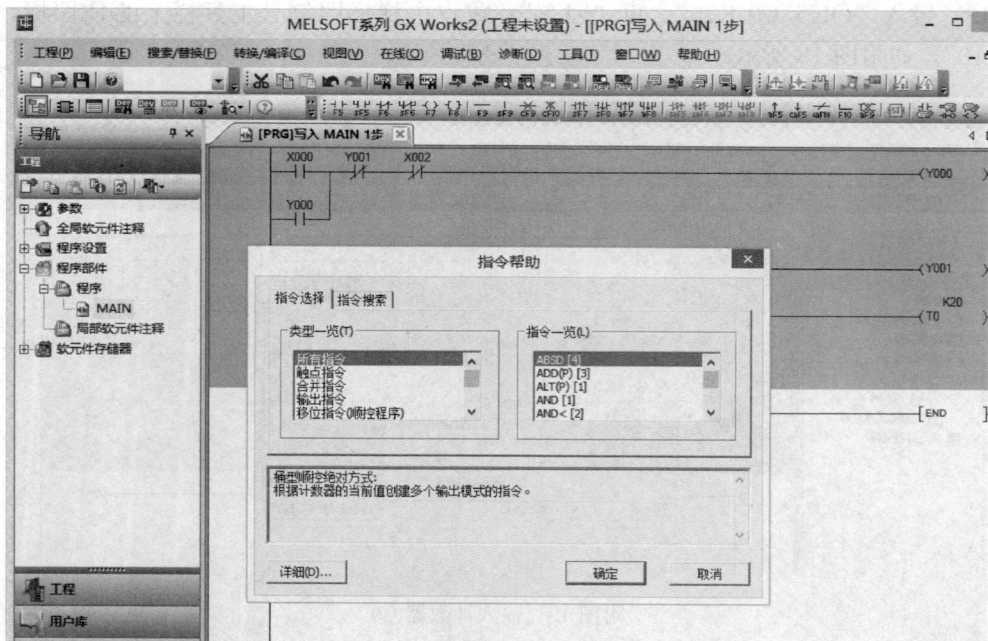

附图 21 指令帮助提示画面

删除线：首先将光标移到需要的位置，点击梯形图符号工具栏上的 [图标，或按 $\boxed{\text{ALT}}$ +
$\boxed{\text{F9}}$，按住鼠标左键拖动，删除垂直线，若左右拖动，删除水平线。

4. 顺序功能图绘制

打开编程软件 GX Works2 创建一个新文件，如附图 22 所示。PLC 选择 fx2n（PLC 类
型根据硬件型号选择），程序语言选择 SFC，最后点击确定。

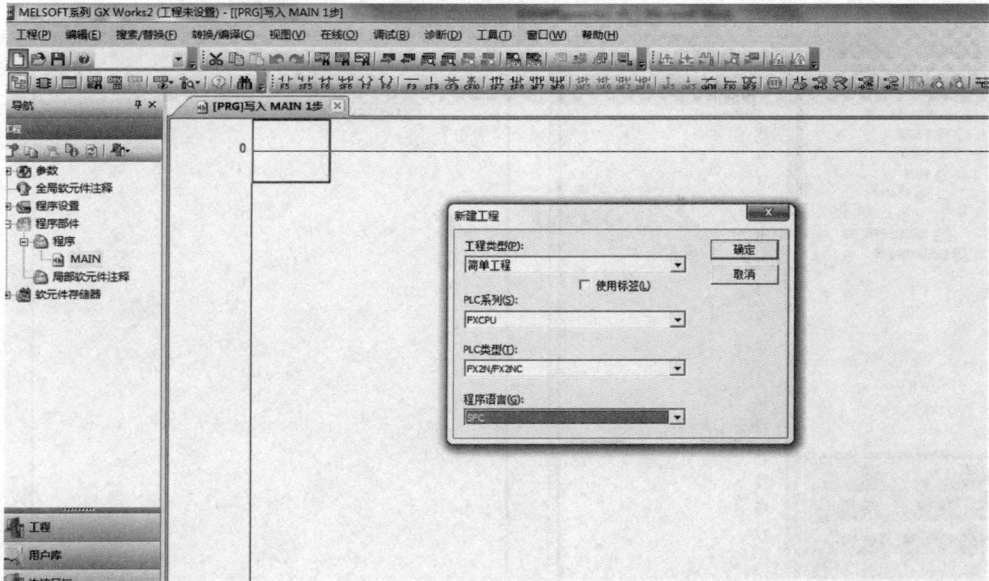

附图 22　新建 SFC 工程

确定后会出现附图 23，其中块类型选择梯形图块，然后点击执行。

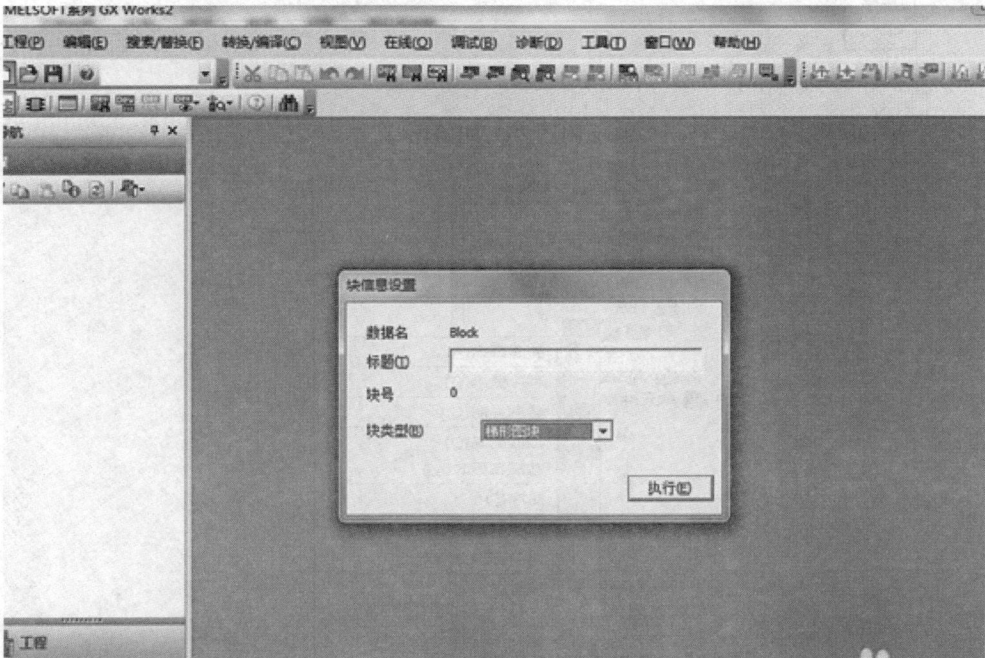

附图 23　块信息设置

出来 SFC 编辑画面，如附图 24 所示。

编写初始化指令。在软件右侧输入程序，如附图 25 所示。最后转换/编译。

M8002 为 PLC 运行初始化，S0～S9 为初始化专用的状态继电器（详情参照用户手册）。

新建数据右击图中位置，并选择新建数据，如附图 26 所示。

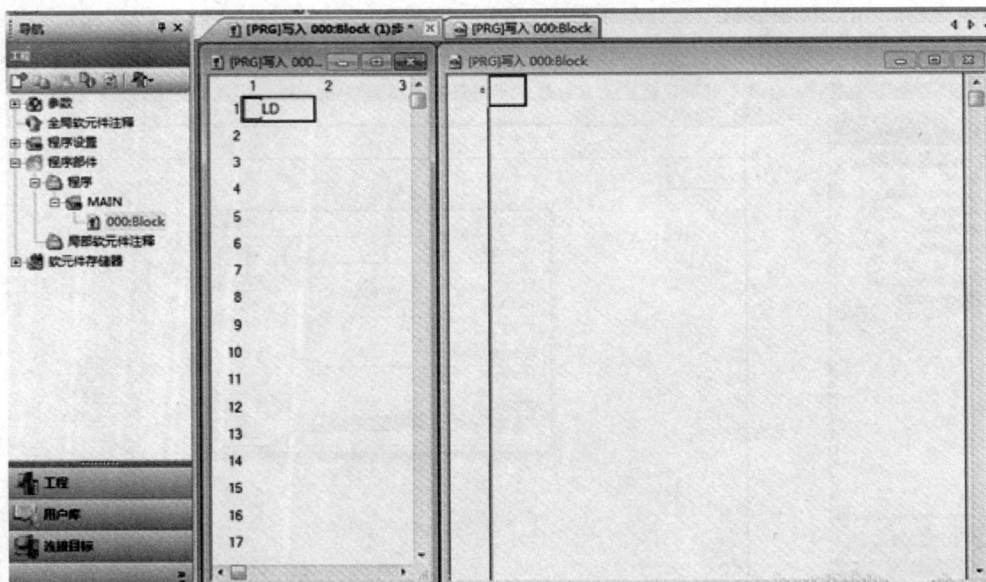

附图 24　SFC 程序编写

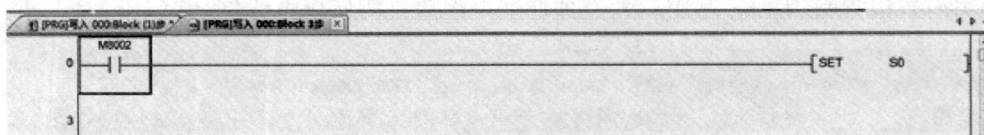

附图 25　初始化

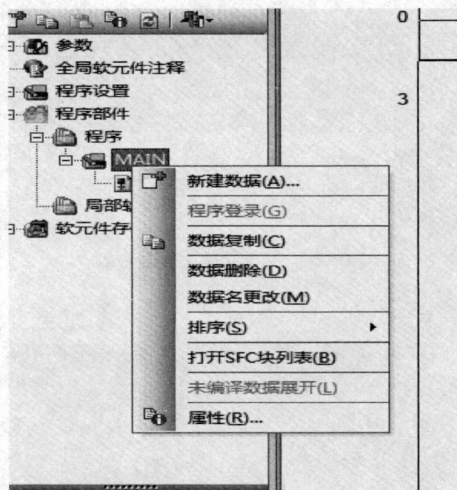

附图 26　新建块

新建数据出现附图 27 所示界面，直接确定就可以。之后出现选择项，块类型选择 SFC，点击执行。

编写程序框架。执行后出现附图 28 所示界面，然后编写程序。

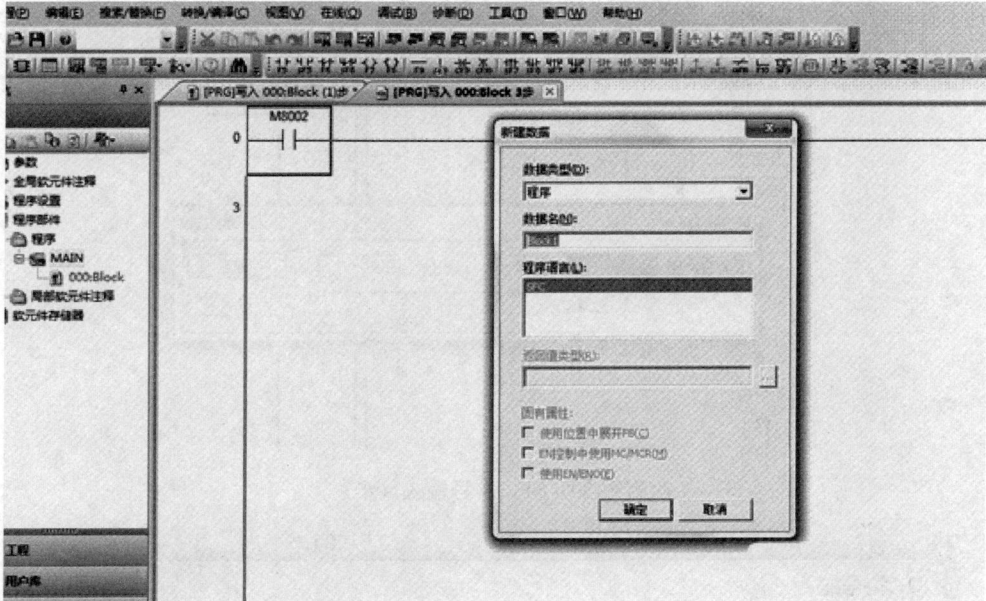

附图 27　新建 SFC 编辑画面

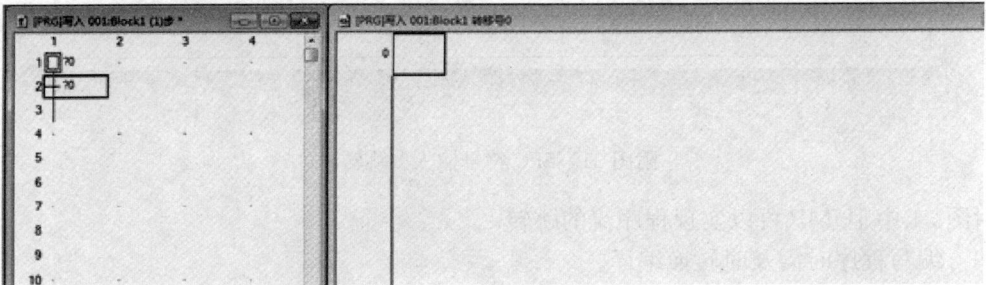

附图 28　SFC 程序的编写

附图 29　SFC 符号输入（条件转移）

附图 29 代表转换条件，即当条件满足时执行下一条指令。

在附图 30 所示界面确认步号。

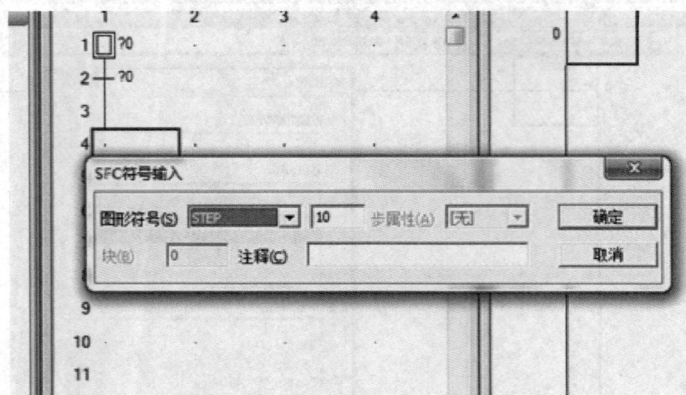

附图 30　SFC 符号输入（步）

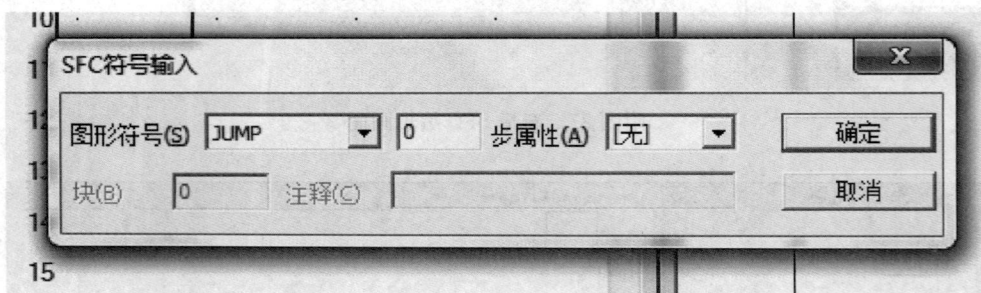

附图 31　SFC 符号输入（跳转）

附图 31 中 JUMP 可以实现程序流的跳转。

注：编写程序时需及时转换编译。

附图 32 为条件转移的编写，在右侧梯形图框中对应左侧 0 号转移条件。

附图 33 为具体步输出程序编写，右侧梯形图框中输出对应左侧带框步。

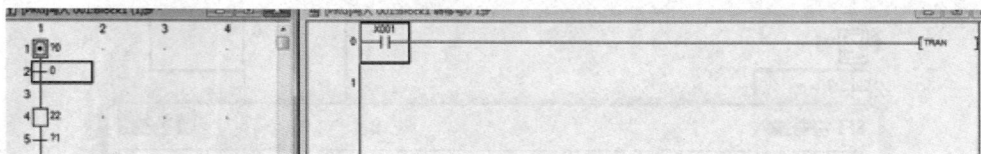

附图 32　条件转移编写

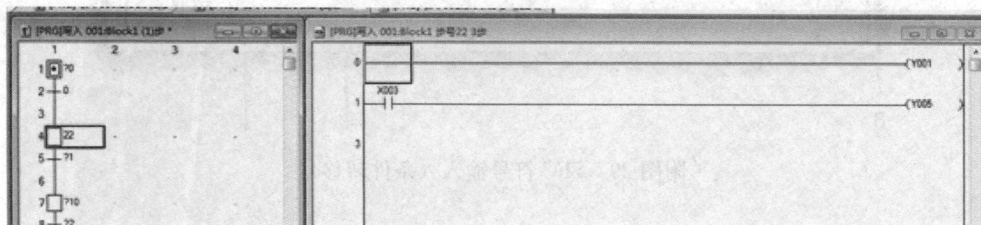

附图 33　对应状态输出的编写

　　其他的以此类推。当所有指令编写后，再转换所有程序（见附图 34），程序写完，最后保存。

附图 34　转换编译

参 考 文 献

[1]　范永胜，王岷. 电气控制与 PLC 应用 [M]. 3 版. 北京：中国电力出版社，2017.

[2]　杜逸鸣，王平. 电气控制综合实训教程 [M]. 南京：东南大学出版社，2014.

[3]　杜逸鸣，刘旭明，徐智. 电气控制与可编程控制技术 [M]. 北京：机械工业出版社，2013.

[4]　戎罡. 三菱电机中大型可编程序控制器应用指南 [M]. 北京：机械工业出版社，2011.

[5]　陈家盛. 电梯结构原理及安装维修 [M]. 北京：机械工业出版社，2011.

[6]　杜逸鸣. 智能电器及应用 [M]. 北京：中国电力出版社，2010.

[7]　佟为明. 低压电器继电器及其控制系统 [M]. 哈尔滨：哈尔滨工业大学出版社，2000.